# 中華美學全史

## 第二卷

陈望衡　著

人民出版社

# 目　　录

# 第　二　卷

## 史　前　编

## 夏 商 编

# 第　二　卷

第二卷

# 史前编

# 导 语

人类的审美意识始于何时，学术界似无定论。按笔者的看法，只要人从本质上告别了动物而成为人，就有了审美意识。

以什么来标志人有了审美意识？主要有三：一是工具的美化，包括工具的造型和表面的光洁度以及装饰性图案；二是人自身的美化，包括文身、美容和使用装饰物；三是原始艺术的出现。这里讲的艺术，当然与现代艺术有所区别，但本质上是一致的，即不以物质功利为主要目的而以获得精神上的快乐为目的。

如果这三点可以成立，那么人类在史前就有审美意识了。

有审美意识，并不等于认识到审美意识。因此，审美意识的自觉非常重要。虽然人类在史前就有了审美意识，但是审美意识的自觉是在史前之后的文明时代。

我们说的史前，是指文明史之前即原始社会。史前史，国际学术界通常的做法，是将其区分为旧石器时代、新石器时代。旧石器时代，人们主要使用打制的石器进行生产；新石器时代，人们主要使用磨制的石器进行生产。世界诸民族进入旧、新石器时代的时间是不一样的。按时下通常的论断，建立于公元前 2070 年的夏朝是文明的开始。这就意味着，以前的历史均为史前史。

中华民族的史前文化分为旧石器时代和新石器时代，新石器时代的开始距今为 12000 年左右，旧石器时代到底从什么时代开始，则还没有定论。中华民族是一个审美意识觉醒很早的民族。距今约 9000 年的新石器早期文化遗址——贾湖遗址发现有用鸟骨做成的骨笛。其中有两支骨笛能发出七声音阶。这一发现说明当时的先民已经有了非常高的音乐审美能力。新石器时代的文化代表是彩陶和玉器，距今 7000—5000 年的仰韶文化、5000—4000 年的马家窑文化，彩陶绚丽华美，大气精致，充溢着生命气息；而距今 6000—5000 年的红山文化、5000—4500 年的良渚文化，玉器非常精美，让人叹为观止。凡此，充分说明史前中华民族的审美已经相当发达了。

史前的人类，我们称之为初民或先民，是我们的祖先。在中国，有关他们的存在，有两种形式记载。一种是文献，按中国的古籍，中华民族的祖先，最早有开天地的盘古、补天的女娲，其后就有更多的人物，种种说法不一，难以备述，比较为大众接受的就是三皇五帝了。问题是，这些记载尚未找到充足的地下考古支撑，因此，我们不将这些文献作为阐述的对象。另一种是地下考古，中国的史前考古有着丰硕的成果，尤其是新石器时代的考古，为我们探索中国古代审美意识的起源与萌芽提供了丰富的资料。本书对于史前审美意识的认识，立足于地下考古发现。

文明的出现人们通常以文字为主要依据。这一看法似乎有些偏颇，文字固然对于文明的认识有着特殊的作用，但不是唯一的。文字是人的一种符号，它的最大优势是联系人的思维而且是理性的思维，但是，它也有弱势，人的精神世界之丰富，往往是文字难以充分表达的。在情感表达方面，也许音乐、舞蹈更有优势；而在视觉审美方面，文字也许比不上绘画与雕刻。中国史前考古发现不少类似文字的符号，但无法认识，因而也就无法判定它是文字。认识史前人类精神世界的重要途径是细细地品味他们创作的石器、陶器、玉器、骨器、绘画、雕刻、建筑作品。本书正是这样做的。

在品味史前初民物质性作品过程中，笔者得出一些结论：

第一，审美具有本原性。它是人类最早感受、体验、认识世界的手段，充分说明爱美是人类本性，这种本性立足于人的动物性——自然性，而在社会活动中，不断地渗透进各种功利的或非功利的内涵，并经过思维与情感共同作用的酝酿、发酵、升华，上升到今天说的审美的高度，成为哲学意识的一个重要组成部分。

第二，宗教是原始文化的重要摇篮。原始宗教的目的是通神，通神手段主要为祭祀和巫术，审美因为它的愉悦性，总是成为通神的最佳手段，因为在原始人看来，神也是爱美的。在这个过程中，审美也被渗透进宗教的内涵，而这宗教后来成为礼的重要组成部分，因而原始审美与原始的礼制难解难分。

第三，中国史前考古虽然尚不能充分地证明文献中三皇五帝以及当时人们诸多生活现象的存在，但是，它在一定程度上支撑着中华民族的精神信仰，主要是龙凤图腾、阴阳思维、家园情怀、自然崇拜。这其中，龙凤崇拜与三皇五帝中相关记载具有某种一致性。三皇五帝都与龙凤有着亲密的关系。

第四，中国史前考古充分说明中华初民的审美与中华民族基本的生产方式——农业生产有着血缘关系，中华初民审美中的龙凤图腾、阴阳思维、家园情怀、自然崇拜均或显或隐地体现出与农业生产的关系，而这些均在他们的作品中得到不同的体现。

从理论上讲，理论形态的中国美学的建构是以文字的发现为前提的，有文字，才有著作，有著作才有可能表达并记载的思想与理论。中国的文字虽然早在史前就有了一些可以称为文字雏形的符号，但一是量少，二是不成系统。真正成系统的文字是商代的甲骨文，论著却产生于周朝。周朝无疑是中国美学的奠基期，但并非为最初发端。夏商二代虽然没有论著，但后来的文献记载以及器物包括地下考古发现，足以证明是有思想的，有理论的，不能因为缺失文字论著而不重视。另外，三皇五帝的传说，虽然均是后代撰写的，但它不是小说，而是根据历代的口头传说整理而成的，这些文献作为历史事实当然不足为据，但是文献中所透显出来的思想、精神却是重要的。三皇五帝的传说中须将尧舜时代突出出来，因为除了文献资料外，有较多地下考古作为支撑，而尧舜前的时代就难以找到相应的考古材料了。

史前进入文明，基础是生产方式的变革，具体为石器工具转变成青铜工具。这个转变，有一个过程，大约在公元前 2000—前 1900 年，甘肃中部地区一带的先民已进入铜石并用的时代。随后，则进入青铜器时代，学术界一般将公元前 2080—前 1580 的二里头文化视为青铜器时代的开始，二里头文化与史书中所记载的夏朝重合，于是，夏朝成为中华民族进入文明时代的第一个朝代。中华美学辉煌的大幕拉开了。

# 第一章
# 旧石器时代石器审美

旧石器时代是人类使用打制石器的时代[①]。这个时代距今约 300 万年到 1.2 万年，属于地球的新生代（从距今 6500 万年开始直到现代）。新生代包括第三纪和第四纪，第四纪大约从距今 300 万年开始，包括更新世和全新世。更新世大体上与旧石器时代相当。人类学学者一般将旧石器时代划分为早、中、晚三个时期，大体上早期划到距今 300 万—20 万年；中期划到距今 20 万—5 万年，晚期划到距今 5 万—1.2 万年。

中国的旧石器时代考古始于 1920 年，是年 6 月，法国天主教神甫、古生物学家桑志华（E.licent）在甘肃庆阳辛家沟发现一件人工痕迹清晰的石英岩石核，又在赵家沟发现了两块石英岩石片。是此拉开中国旧石器时代考古的序幕，然最具历史意义的旧石器时代考古应是始于 1921 年的北京周口店北京猿人的考古，这次考古由瑞典学者安特生主持。虽然具有开创的意义，但没有发现大的成果。1929 年周口店的考古由中国学者裴文中主持，第一个完整的北京猿人的头盖骨被裴文中的团队发现。这是中国学者

① 1819 年，丹麦学者 C.J. 汤姆森率先提出人类史前时期的发展分为石器时代、青铜器时代和铁器时代三个时代，其后，他在《北欧古物导论》阐述这一理论。1836 年，英国学者 J. 伯克把石器时代划分为旧石器时代和新石器时代。1892 年，英国学者 A. 布朗提出“中石器时代”说，主张在旧石器时代与新石器时代之间划出一个中介带。

独立考古最为重大的成果。让人感到非常遗憾又难以理解的是这一珍贵文物在第二次反法西斯战争中不明不白地失落。

中国大规模的旧石器考古工作是新中国成立后进行的。现已发现旧石器时代遗址260多处。这些遗址，出土了大量的旧石器器物。史前旧石器时代文化于审美的意义主要在于审美意识的萌生。

## 第一节 旧石器时代早期

旧石器时代的人类是刚从古猿脱离出来的人类，人类学家将它分成三个发展阶段：直立人、早期智人和晚期智人，分别划属于旧石器时代的早、中、晚三个阶段。处于旧石器时代早期的人类是直立人，顾名思义，这是才刚刚学会走路的猿人，因此，直立人又称为“猿人”。

猿人的生存与猿的生存有质的区别：第一，猿人已经能用自己制作的工具——主要是打制石器来向自然界索取人所需要的生活资料了。第二，猿人已经发明了用火，能用火来烧煮食物，并用来生产，驱赶动物。第三，猿人不仅有了意识，而且有了自我意识，能够自觉地处理人与自然的关系，这种处理能力的获得首先在于对自然的认识加强了。因为有了这三条，猿人较之任何动物都能更好地生存下去，而且能创造文明。尽管如此，猿人的审美意识还不是一成为人就自然地获得的，它需要一个过程——功利到审美的过程。

之所以如此，是因为有两个原因制约着猿人审美的发展：一是生产力低下，史前人类获取生活资料有限，面对强大的自然力，总是感到人的渺小、无奈、无助。生存即活下来，是人类的主题。肉体生命的保存，是人类无上的律令。这无上的律令不可避免地压抑了人类精神生命的需求与发展。二是心智不够健全，史前人类大脑结构与现代人类尚有一些差距，像对从北京周口店第一地点发掘北京猿人直立人头盖骨进行研究，发现脑量较小，平均脑量为1075毫升，而现代人平均为1400毫升。[①] 北京猿人的脑髓小

① 参见王幼平：《旧石器时代考古》，文物出版社2000年版，第22页。

而平，类似黑猩猩的脑髓。事实上，北京猿人的头盖骨在很多方面与猿的头盖骨相似，猿人的头部形象处于人与猿之间。

动物的生存全部为功利，对于旧石器时代早期的直立人来说，他的生存基本上为功利，说是基本上，就是说，他还有别的因素包括审美的因素。功利与审美的关系大体上处于两种状态：第一，功利为显，审美为潜；第二，功利为主，审美为次。两种情况，在旧石器时代早期，前一种为普遍，后一种很少，到旧石器时代中晚期才有所显露。

中国旧石器时代早期遗址，在中国广有发现。主要有山西省芮城县西侯度，河北省阳原县小长梁、东谷坨，辽宁省营口市金牛山、本溪市庙后山，陕西蓝田县公王岭，四川省巫山，湖北省郧阳区龙骨洞、神雾岭白龙洞、大冶章山，安徽和县龙潭洞，江苏句容市放牛山，云南元谋县上那蚌村，贵州黔西县观音洞等。

### 一、尖状器的审美："三"意识

从审美意义上来看旧石器时代的石器，最值得关注的是尖状器。尖状器是旧石器时代早期最为重要的工具之一。旧石器时代早期的文化遗址基本上都有发现，我们介绍三处遗址的尖状器：(1) 北京人遗址[①]。北京人遗址位于北京市房山区周口店镇的龙骨山。这里的第一地点，共发现石器17000余件。这些石器中，尖状器占总数的14%，分为正尖、角尖和复尖三种，以正尖为主。(2) 匼河遗址。匼河遗址位于山西省芮城县风陵渡匼河村，是中国华北地区旧石器时代早期匼河文化的代表遗址，地质时代为距今约60万年。这个地方出土石器138件，其中引人注目的是大三棱尖状器。这具器的三条棱划分出三个面，横断面为三角形。这种三棱尖状器在蓝田、

① 北京人的生存年代，因为测量的方法不同，结论不一。陈铁梅用铀系法测量，第一层至第三层为距今22万—29万年。夏明同样用铀系法（混合模式），第一层至第三层为距今23万年，第六层至第七层为距今35万—36万年，第八层至第九层为距今40多万年，第十二层为距今50万年（参见张之恒等：《中国旧石器时代考古》，南京大学出版社2003年版，第206页）。

西侯度文化、丁村文化等遗址均有发现，说明这些地区的人类有着一定的交往，其文化相互影响。(3) 百色文化遗址。百色旧石器文化遗址分散在平果、田东、田阳、百色和田林县等地。其地质年代距今约 90 万—70 万年。这里发现的尖状器体量大，类型很多，有心形尖状器、三棱尖状器、薄刃尖状器、厚刃尖状器、侧尖尖状器、双头尖状器、扁平尖状器、宽身尖状器、类手斧尖状器等。百色文化遗址的尖状器制作很精美。

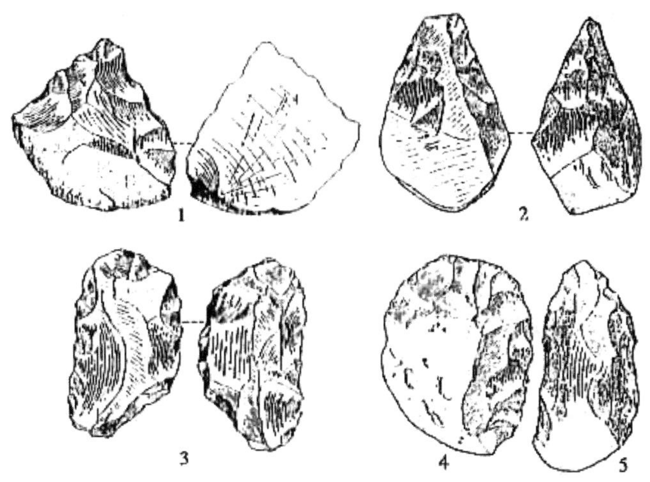


1. 石英岩砾石尖状器　2. 尖状器　3—5. 砍砸器

百色文化遗址尖状器（采自张之恒等：《中国旧石器时代考古》，南京大学出版社 2003 年版，第 144 页图 6—4）

从功能上来看，尖状器是渔猎、采集两大生产活动中的利器。它的价值无疑首先是功能上的。对于史前人类来说，说“首先”，可能还不够准确，应该几乎是全部。史前人类将它制作成各种类型，而且制作得很精致，目的当然是功利的，希望它更能发挥克敌制胜的威力。

即使如此，当我们端详尖状器时，依然能感受到这种器有一种美感。这种美感有两个要素：一是匀称，尖状器的基本形制为锥形，它有一个中心，周围相对对称；二是犀利，具有进击态势。两个因素，前者具有体形的美感，后者具有力量的美感。两者中，后者最为重要，犀利的感觉，激发进击心理，鼓舞英雄气概。这种英雄气概在史前人类的身上体现得非常突出。

密林、猛兽、急流、惊雷、暴雨、山洪、狂风、烈日……史前人类的生存环境难以想象的恶劣，如果没有排除万难一往无前的英雄气概做支撑，那是无法生存下去的。

尖状器是中国冷兵器时代重要兵器枪头与箭镞的源头。

如果从文化心理上来看尖状器，尖状器是史前人类英雄气概的突出体现。史前人类的英雄气概当然不只是体现在尖状器上，其任何一件器物我们都能感受到英雄气概。英雄气概，在美学上，是崇高这种审美范畴的内核。

需要说明的是，虽然尖状器具有强烈的美感，但那是对进入文明时代的人们而言的，在史前人类，他们的审美意识还没有自觉，他们对于尖状器的感觉可能更多的是锐利感——一种锐器的尖锐属性带来的功利感。面对这样的锐器，人们可能会感到胆寒，但正是因为它让人胆寒，所以反倒增强了人克敌的勇气与胜利的信心。

尖状器的美感在于它的锐利感。尖状器的物质功能与精神功能在一定条件下会转化成美感。这条件，就是当史前人类有那么一份闲情逸致，将它的功能暂时性地或永久性地束之高阁。

尖状器对中华民族审美的培育起着重要作用。尖状器的基本形制为三角形。中华民族对“三”这个数字情有独钟。《周易》中，三爻成卦，由此发展出天、地、人“三才”说。

尖状器虽然最早出现在旧石器早期，中晚期继续存在，并更为精美。其中属于旧石器中期的丁村文化遗址出土的大尖锐器，具有三棱，尖角居中，两边对称，体现出平衡对称的审美意味。

## 二、刮削器的审美：“巧”意识

旧石器时代早期的石器类型并不多，主要的石器除了尖状器外，就是刮削器了。刮削器在人类审美心理的萌生上，同样具有重要意义。刮削器的原料是石片、小石块或石核，以石片居多。

刮削器比较多且制作比较精美的主要有这些遗址：(1) 云南元谋人文化遗址。此遗址距今约 170 万年，已发现的元谋人的石器均为刮削器，共三件。两件用石块制成，一件由石片制成。一件为两刃；一件为端刃；一件为复刃。(2) 安徽繁昌人字洞遗址。此遗址距今 240 万—200 万年。此处出土了石器 59 件，多为刮削器。按刃型分，有单边直刃、单边凸刃、单凹刃、单端刃、两刃等。(3) 贵州黔西县观音洞遗址。此遗址距今 240 万—50 万年，出土的石器以刮削器为主。(4) 陕西洛河大荔甜水沟文化遗址。此遗址 T18 出土刮削器很多，分凹端刃、单直刃、多刃、直端刃、双刃、单凹刃等。

刮削器用途非常广泛。然大体上有一个中心——切割。由于切割的对象不同，刮削器的形制就有所区别。剥兽皮与切兽肉都用得上刮削器，但应该是两种不同的刃口的刮削器。只有这样，这刮削的工作才能顺利进行，而只有顺利进行，才能获得快感。

地下考古发现，史前人类所用的刮削器是多种多样的。其不同集中在刃口上。就刃口的数量来说，有单刃、双刃、复刃等。就刃口的形状来说，有直刃、凸刃、凹刃。直刃、凸刃、凹刃又有多种形态。比如凸刃，就有多种：一种凸刃为缓弧形；另一种凸刃为深波形。又如凹刃，也有多种：一种刃口均匀内凹；另一种则刃口特别凹入。另外，刃口的端口有圆的，有平的，不一而足。

如此精细的区分，完全是出于功利的需要，即如何切割好对象，虽然出于功利的需要，但含有美。亦如制作尖状器专注于尖端一样，在打磨刮削器刃口时，也会聚精会神地观察着刃口的变化，这个过程中，史前人类会隐隐地感受到美。他的大脑深处，有一种潜在的审美观念在指导着刃口的打制。

刮削器和尖状器是旧石器时代直立人最为重要的两种工具，就使用的普遍性来说，刮削器超过尖状器。两种器具都是史前直立人不可缺少的，它们功能不同，审美品位也不同。

尖状器的关键点在尖端，刮削器的关键处在刃口。较之刃口，尖端的制作要简单得多，事实上，使用尖状器主要靠蛮力，用力且准确地投掷就行；而刮削器的使用主要靠巧力，巧力在于手与器具的和谐配合。某种意义上，尖状器的美主要靠观赏去认识；而刮削器的美主要靠操作去感受。视觉感受的美可以静观，操作感受到的美则只能体验。

刮削器与砍砸器、手斧有着血缘关系。砍砸器是刮削器的放大，而手斧则是刮削器的精致化。它们有一个共同的特点，就是都重视手感。

刮削器的制作与使用对于中国工匠美学以及艺术美学影响深远。它直接导致"巧"这一美学范畴的诞生。"巧"的实质是操作时，物与人的合一，这种合一在人，又体现为心手合一。这种劳作是一种技，亦是一种艺，是规则与创造的统一，对它的评价，现代称之为美，古人称之为"妙"。按道家哲学，它是"道"的体现。《庄子 · 养生主》中庖丁解牛故事，写的是技，表现的是巧，喻示的就是"道"。美在巧，即美在妙，实质是美在道。

## 第二节 旧石器时代中期

旧石器时代中期文化，一般上限划在距今 20 万年左右，下限则划在距今 5 万年左右。这个时期的原始人已由直立人发展成早期智人。早期智人脑结构较直立人复杂，脑量接近 1400 毫升，比直立人的脑量大。脑型介于直立人与现代人之间。早期智人的手臂相当粗大，关节比较灵活，右肱骨大都比左肱骨精壮，说明右利手在早期智人中比较普遍。早期智人上肢比下肢短，说明他们的腰板比较直，较之直立人更能自由地调节躯干。身体的这些变化既是人类进化的成果，又推动着人类进一步的进化。

旧石器时代中期的文化遗址，在中国已发现 60 余处。主要有：山西襄汾丁村遗址，山西阳高许家窑遗址，陕西大荔甜水沟遗址，北京周口店第 3、第 4、第 15、第 22 地点遗址，辽宁喀左县鸽子洞遗址，湖北长阳县龙洞遗址，安徽巢县银山村遗址，广东曲江马坝遗址，甘肃镇原县姜家湾遗址，贵州毕节扁扁洞遗址，福建漳州莲花池山遗址等。

旧石器时代中期文化与早期文化在生产工具制作与使用方面，没有发生重大的变化，仍然以尖状器与刮削器为主，只是制作更为精致。旧石器时代中期文化在审美上的发展主要有四：

### 一、重视石器原料的选择：石之美

早期智人在制作石器时，较之直立人，对原料的审美性能开始予以关注。制作石器，对石料的硬度、刚度是有一定要求的。原始人类选择哪一种石料来制作生产工具取决于岩石的这些物理性质，当然也取决于当地的出产。直立人对石料的选择有一个无意到有意的过程。开始，随地取材，随后，根据要求选材。经过不断地摸索、探寻，终于选定能做石器的原料。

北京猿人制作石器的原料约有 44 种。周口店第一地点，最常见的石料是石英，占总数的 88.841%，水晶次之，占总数的 4.774%。① 各地采用的石料不一样，就泥河湾盆地东部诸遗址来看，马圈沟遗址石料主要为细粒硅质岩、火山角砾；东谷坨遗址石料主要是流纹质火山角砾岩细粒硅质岩；新庙庄遗址用的石料有安山岩、辉绿岩、凝灰岩、硅质灰岩、石英砂岩、火山角砾岩、玛瑙和水晶。②

这些石料除了石质细密、坚硬外，还具有美丽的外观，有些石料还可以用作玉器的材料。实际上，旧石器时代石器文化不仅直接为新石器时代石器文化所传承，还为新石器时代玉器文化奠定了基础，甚至开了先河。

旧石器时代早、中、晚各期对于石器材料的认识是有一个发展过程的。杜水生的研究结果是：如果分层考虑，北京人在长达二三十万年的时期内，对不同石料的选择重点有差异。大体是：早期，石材主要为砂岩。晚期，石材主要为脉石英。不仅如此，石材质量也有明显提高，质地细腻、乳白色、半透明的石英成为首选。水晶和燧石这样的优质石材也有明显增加。

**周口店第 1 地点四种主要石料在早、中、晚期的含量** ③

| 石料 | 脉石英 | 水晶 | 燧石 | 砂岩 |
|---|---|---|---|---|
| 晚期 | 66.1% | 70.4% | 79.3% | 22.97% |
| 中期 | 14.64% | 10.6% | 6.5% | 7.66% |
| 早期 | 9.2% | 2.8% | 10.36% | 60.36% |
| 层位不明 | 12.8% | 16.05% | 3.8% | 9.46% |

① 参见杜水生：《华北北部旧石器文化》，商务印书馆 2007 年版，第 224 页。

② 参见杜水生：《华北北部旧石器文化》，商务印书馆 2007 年版，第 218—221 页。

③ 采自杜水生：《华北北部旧石器文化》，商务印书馆 2007 年版，第 224 页。

这种情况说明旧石器时代早、中、晚期，原始人对石料的重视程度是有变化的。这个变化的规律见出对石料的审美属性越来越看重。

脉石英、水晶、燧石均具有观赏性，它们所占石料总量的百分比在早、中、晚期有明显差异。中期高于早期，晚期又高于中期，这说明随着生产力的发展，人类的进步，对审美越来越重视了。

旧石器时代对于石器原料的审美直接导致新石器时代玉器的审美。玉，就是美石，它们中的一部分原本是普通石器的材料，而在人们审美意识觉醒后，它就成为玉器的原料，而玉器完全脱离了生产领域，不再具有实用功能，它是一种审美的装饰，一种有意味的摆设，一种物化的精神，因此进入礼制的生活，成为权力的象征、身份的象征、生活品位的象征、精神追求的象征。

## 二、石器打制技术进步：技之美

石器打制是一种劳动，这种劳动是具有一定的技术兼艺术含量的，因此，它具有一定的审美性。原始人打制石器的方式各种各样，有直接打击法、间接打击法。直接打击法又分为锤击法、砸击法、碰砧法。间接打击法又分正向间接打击法、逆向间接打击法、压制法等。打制的步骤分为第一步骤、第二步骤。第一步骤是从石核上打下备用的石片；第二步骤则将石片加工成石器。第二步骤使用的方法基本上与第一步骤的方法相同，也有锤击法、砸击法，但也多了许多更为柔性的方法，如击棒法、压制法等。

大体上，在旧石器时代早期，原始人打制石器的方法比较粗糙，没有章法，如裴文中所说："无论打石片或打砾石，没有一定的严格的方式方法，更由于技术的不熟练，也不能打成一定的形状（类型），使用的时候，不作第二步加工，只是任选一片，即行使用。因此，石器的形状一致性很差，不能分别成有意义的类型。这就是中国猿人使用石器的特点，也代表了人类使用石器的最初阶段。在这一个阶段中一定的制作方法和石器的形态中个别的、进步性质的，只有在以后的时代中，才发扬光大起来，具有一定的代表性。"[①]裴文中说的打石片或打砾石，没有一定的严格的方式，是在旧石器时代的早期。那个时期，石器制作，很少有第二步加工。而第二步加工与石器的成型确实是至关重要的。裴文中说"以后的时代中""石器中具个别的进步性质"的石器的制作方法得到"发扬光大"，这"以后的时代"应该开始于旧石器时代的中期。张之恒先生说："旧石器时代中期，旧石器文化进入了一个新的发展阶段。首先是石器制作技术的进步，前一时期已经出现的修理台面的技术，到中期得到广泛运用；在中期还出现用'指垫法'修理石器的技术；旧石器中期可能出现用软锤打制石片和用击棒法（最原始的间接打击法）打片的方法。"[②]

"台面"指从石核或石片上打击石片或者石叶时石核或石片上受力的平面。这个平面是否好，对于石器打制时身体的感受如何及石器成型的效果如何十分重要，早在旧石器时代早期的后一阶段，原始人已经开始重视台面的修理，不再是拿起一块石头就随意打击起来，这无疑是一个很大的进步。"指垫法"，一般用在石器的加工中。这种方法是：将石片拿在手上，用食指垫在需要加工部位的背面，然后用石锤敲打，打下的石片刃缘匀称，石片痕小而浅平。[③]"软锤"与"硬锤"相对。"硬锤指用硬度较高的砾石或石块等制作的打击工具；软锤是用质地较软的岩石以及鹿角、骨和硬木棒等制作的打击工具。"[④]"击棒法"也是修理石器的一种方法，具体做法是："一手握石片，同时用拇指和食指夹住作为中介物的棒，并使其尖端顶在石片要修理的部位，另一手握锤打击中介物的尾端，达到剥片修整的目的。"[⑤]可以想见，这样的修理加工石器的方法，一定需要精巧的手艺，打击的力度、角度均要做到恰到好处，精确无误。这个过程一定像是玩艺术、玩戏法。这让我们联想到《庄子・达生》中说到的"工倕旋"。此故事云"工倕旋而

---

① 裴文中：《中国的旧石器时代的文化》，见《裴文中科学论文集》，科学出版社1990年版。

② 张之恒等：《中国旧石器时代考古》，南京大学出版社2003年版，第234页。

③ 参见张森水：《中国旧石器文化》，天津科学技术出版社1987年版，第62—63页。

④ 张之恒等：《中国旧石器时代考古》，南京大学出版社2003年版，第57页。

⑤ 张之恒等：《中国旧石器时代考古》，南京大学出版社2003年版，第63页。

盖规矩，指与物化而不以心稽，故其灵台一而不桎”。庄子强调的是工的技术之高，能做到合规矩而不知规矩，心到指到，无须用心，以致心手合一，名之曰“指与物化”。他忽视了一点，就是工倕旋所用的工具，只有合适的工具才能让工得心应手，以入化境。

### 三、标准化的倾向：标准之美

旧石器时代制器技术的进步，使得旧石器时代中期的石器质量总体上优于旧石器时代早期。除了注重细节外，还有一个突出特点，就是开始出现标准化的倾向。

尖状器是旧石器时代早期审美代表性器物，这一器物在旧石器时代中期修理得更为规整。湖北荆州鸡公山文化遗址的石器类型主要有大尖状器、砍斫器和刮削器。大尖状器是鸡公山文化遗址最具特色的器物，数量较多，有意思的是，它们形制一致，长度一般在 15 厘米左右，宽度为 7—8 厘米，厚度在 4 厘米左右，尖部长度在 6 厘米左右。

制器标准化在手斧的制作上也有所体现。大体上，旧石器早期的手斧用硬锤打击，制作者不能很好地实现意图，所做成的手斧，身厚，痕深，刀脊曲折，轮廓不匀称。此种手斧称之为非标准化手斧。到旧石器中期，手斧的制作有了改进，多用软锤打击，制作者比较容易控制力度，石核不致损坏，打制有一定的程序，因而多能做到比较规整。此种石斧称之为标准化石斧。

标准化除了具有功能上的意义外，还具有审美上的意义。美，最一般的定义，是标准。中国美学是重标准的，先秦宋玉的《登徒子好色赋》说东家之子的美就是“增之一分则太长，减之一分则太短；著粉则太白，施朱则太赤”。

### 四、石球的出现：圆之美

石球在旧石器时代早期就出现了，但不突出，在旧石器时代中期，石球做得相当精致。其中最具代表性的是两处文化遗址：(1) 山西襄汾丁村文化遗址。关于它的地质年代、文化时代和绝对年代的测定，数据较多，目前尚不统一。陈铁梅等用骨化石铀系法测定，它距今 21 万—16 万年左右。丁村文化遗址出土的石器中，石球是常见的器形，原料多为石灰岩，也有角页岩与闪长石。(2) 山西许家窑文化遗址。此遗址距今约 10 万年。出土石器约 2800 件，石球有 1059 个，石球如此之多，构成许家窑文化的突出特色。许家窑的石球原料为脉石英、石英岩、灰岩。大小不等，最大的达 1500 克以上，直径超过 100 毫米，最小的不足 50 克，直径 50 毫米以下。石球是狩猎的工具，通常绑上索带，向猎物投掷，名为“飞石索”。石球也用来锤砸、加工器物、食材等。

石球作为狩猎的工具，其功能的优越是显然的，值得我们重视的是，石球的出现，还标志着史前人类在审美上的一个重要拓展。生活在地球上的史前人类最早对圆的感受来自太阳与月亮。太阳、月亮在原始人看来，代表无限的崇高、神秘，从来就是膜拜的对象，虽然也可能偶尔产生美感，但不太可能将这种美感生活化，并且肯定下来。地面上，也有圆形的物件，最多的是花朵，它们是美的，但这种美感一般要到农业社会出现才能产生，对于处在狩猎阶段的旧石器时代的人类来说，花的美还没有进入审美视野。很难猜定，原始人是从什么地方获得灵感制作出石球这样的狩猎工具的。当然，最大的可能是从自然界事物获得灵感，但灵感之后会有思维的飞跃，最后成为无中生有的创造。石球的创造过程是神秘的，但创造成功的喜悦是可以理解的。由于石球为人赢得了重大的战果，爱屋及乌，原始人因此而钟爱、喜爱石球是完全可能的。因为钟爱而品赏，因为品赏又发现球形诸多的美。于是，就有球形装饰物的出现。在山顶洞人的洞穴中，考古学家就发现过许多具有装饰功能的石珠、骨球。进入新石器时代后，用玉珠串联而成的项链、手链，广泛常见，此种装饰一直延续到现在，还会继续延续下去。

石球要做得圆，不是很容易的。在制作的过程中，原始人只有反复地、多角度地观察，并准确地砸击石核，才有可能达到要求。现在留存的原始人石球，布满小石片疤，可以想见修复的用心。这个制作石球的过程既是科学认识及实践的过程，也是审美及艺术创造的过程。

球形的审美，进入人们的哲学思维与审美思维领域之后，其意义就更为重大了。

首先，人们根据对天地的观察，提出“天圆地方”的理念，此理念既是科学的，又是哲学的，还是美学的。《周易》说：“大哉乾元，万物资始，乃统天。乾道变化，各正性命，保合太和，乃利贞。首出庶物，万国咸宁。”含义非常丰富。“保合太和”四字，更是圆天性质的精辟概括。而关于地，《周易》说“直方大，不习无不利”。地的性质是“万物资生，乃顺承天。坤厚载物，德合无疆。含弘光大，品物咸亨”。其次，人们将圆作为生活理想的总概念而提出，由之派生出圆满、圆融、圆活、圆通等概念。于是，圆成为美满的象征。最后，它成为宗教特别是佛教的重要理念。佛教重圆，将圆看成修行的最高境界。佛教的圆成说、圆寂说，不仅成为佛门子弟的精神支柱，而且进入世俗生活，成为普通人的精神追求；它也进入艺术与审美，又成为一种美的象征。

## 第三节　旧石器时代晚期

中国的旧石器时代晚期大约距今 5 万年，到距今 1.2 万年结束。地质年代属于晚更新世晚期，此时的人类已进化为晚期智人，又名新人。

旧石器时代晚期于人类审美意识萌生具有极其重大的意义，从某种意义上讲，虽然在此以前人类的活动已经见出审美的内涵，但基本上还是潜在的，潜在于功能之中。不管是旧石器时代早期就开始的尖状器审美、刮削器审美，还是旧石器时代中期石球的审美，都是潜在的。但是，从旧石器时代中期的末端始，人类的审美意识就如地平线上露出了曙光，代表性的器物，就是装饰品和玩具的出现。许家窑遗址的石器多为细小石器，最小的只有 1 克重，大部分在 30 克以下。这样小的石器，不可能是生产工具，也不会是生活用具，而用作装饰或玩具的可能性则比较大。在旧石器时代晚期，人类已经有了审美的需要，史前的遗址中出土了大量的装饰物就是明证。

人类审美意识的觉醒产生于旧石器时代的晚期，这是有原因的。

第一，人类的身体与大脑发育达到了接近现代人的程度。

之所以这样，与火的使用密切相关。中国旧石器时代早期就有用火的痕迹。北京人的洞穴堆积中，有紫荆木炭、火烧过的土块、石块、骨头、朴树籽，并有很厚的灰烬层。这些灰烬与被烧过的东西散落各处。到旧石器时代中期，人类已经具备丰富的用火经验，可能已懂得人工取火，属于旧石器时代中期的周口店第 4 地点，发现用火痕迹。灰烬层宽 1.1 米，宽 90 厘米，最厚处 1 米多。灰烬中含有动物化石。① 旧石器时代晚期，人类已经善于用火了。火的运用，让人能够吃熟食，对于人身体的发育，特别是大脑的发育起着重要作用。旧石器时代晚期的人类，大脑容量为 1200—1500 毫升。在体质形态上的原始性质已很少，与现代人的体质没有明显差别。晚期智人这种身体上的进步，为他们审美意识的觉醒提供了前提。

第二，母系氏族社会与族外婚制的确立。

论及社会形态与审美意识的关系，值得我们高度重视的有三：

一是女性在社会中的地位。按人类学家的看法，旧石器时代早期与中期，氏族社会还没有建立，称之为前氏族社会。氏族社会的确立是在旧石器时代的晚期。最早的氏族社会是母系氏族社会。中国史前母系氏族社会存在时间很长，大致从旧石器时代晚期（距今 5 万年左右）到新石器时代中晚期（距今 5500 年左右）。这个时期一直是女性担任部落的首长。女性之所以受到尊崇，一方面与史前社会的经济有关。史前人类的生产方式，一直以采集为主，狩猎为次。采集这项劳动主要由妇女承担。另一方面与人口繁殖有关。史前人类有两种意义的生命保存：一是个体生命的保存；二是种族生命的保存，在两者发生矛盾时，种族生命的保存是摆在优先地位的。对于史前人类来说，没有比繁殖后代更重要的事了。史前人类认为，繁殖后代以及相关的哺育后代主要是女人的事，正是因为如此，女人在部落中的地位比男人高。这种状况一直维持到父系氏族社会出现。

二是男女性爱的特点。从自然人性来说，男女相互具有性的吸引。这

---

① 参见杜水生：《华北北部旧石器文化》，商务印书馆 2007 年版，第 126 页。

种吸引，应该分出高低。但男女各有自己的生理属性，一般来说，男人对女人的爱要比女人对男人的爱更直接、更强烈，而且它具有一种征服的气概。而女人对男人的爱则一般显得内敛、含蓄，体现出接受的意味。由于男女这种自然性上的差别，在史前社会，女性美要比男性美突出。母系氏族社会女性社会地位一般高于男性，这也促使女性美较男性美更受到社会的重视。

三是婚姻制度。旧石器时代时期，人类已排除上下辈通婚，区别于动物，但允许同一家族内的兄弟姐妹通婚。之所以这样，是因为当时人类的活动，均以家族为单位，对于外族一般是不接触或很少接触。族内婚产生的后代许多不优秀。因为如此，族内的发展与壮大受到影响。逐渐地，人类交往扩大，家族与家族间有了交往。在这种背景下，族外婚产生了。人们发现，族外婚产生的后代要比族内婚产生的后代优秀。到旧石器时代晚期，族外婚成为主要的婚姻形式。族外的男女不是一起长大的，相互产生好感后，进一步地接触与来往也不是太容易，因此，族外男女的恋爱就远比族内男女的恋爱有魅力。恋爱中，为了吸引对方，男女均力求美化自己的身体，正是美化身体的需要，推动了装饰艺术的产生与发展，装饰艺术的产生与发展的过程与审美意识的产生与发展的过程是同步的。

第三，石器生产技术大幅度提高。

大脑功能完善让旧石器时代晚期智人有可能产生审美意识，从而能够自觉地按照美的观念来进行生产，这是前提。但是，只有前提还不行，还要有一定的技术手段，这是实现美的保证。旧石器时代晚期，在石器打制上，人类已经积累了丰富的经验。行之有效的生产技法经过长期实践得以确定，如打击石片中的软锤法、击棒法、第二步加工中的指垫法等，特别是钻孔技术包括给石器钻孔和给骨器钻孔，这些技术为美的产生创造了条件。

审美的萌生可能与人的产生是同一时候，也就是说，人之成为人，其标志之一是具有了审美的需求，但审美独立则很晚。在中国旧石器时代，能够见出审美独立的是山顶洞文化。早在 20 世纪 30 年代，以裴文中先生为首的中国考古工作者在北京猿人洞穴不远处，发现了地质年代晚于北京猿人的史前人类的洞穴，这处洞穴被命名为“山顶洞”。裴文中先生与他的团队经研究，认定“山顶洞为一种具有旧石器时代晚期类型和文化的人所占有”①。现经测定，山顶洞人遗址的年代为距今3.4万—2.7万年。②

审美独立在山顶洞文化上的体现主要有两点：

其一，装饰物的产生。

旧石器时代早期、中期，人类制作的石器均是实用器，也就是说，它有明确的功利性的。到了旧石器时代中期的末期，这种情况悄悄发生变化，出现了一些疑似装饰品的石器角器，而在旧石器时代晚期，这种装饰品就多起来了。

山顶洞在旧石器考古学上的重大意义，是在此洞发现了大量装饰品。据裴文中先生的研究著作《周口店山顶洞之文化》的介绍，山顶洞人装饰艺术可以分这样几类。

一是石器类装饰品。

(1) 石珠。

一共七件石珠，均由白色钙质岩石做成，表皮深深地染上了红色的赤铁矿粉。石珠大小相近，但形状各异。石珠一面平而光滑，另一面粗糙一些。石珠边缘不够整齐，呈多面体。所有的石珠有孔，孔壁不够圆滑，用放大镜观察可以看到边缘有贝壳状的破裂，可能是打制而成的。七件石珠是裴文中和他的团队在研究室修理102号人头骨时发现的，它们存在于附着头骨的土中。由此推测，它们或许是主人的项链，是他的心爱物。

(2) 穿孔的小砾石。

发现于山顶洞下部的第四层。砾石质料是火成岩，长39.6毫米，宽28.2毫米，厚11.8毫米。中有孔，一面上孔最大直径是8.4毫米，另一面上孔的直径是8.8毫米。石块呈扁平状，椭圆形，光滑，圆润，裴文中先生说“非

---

① 裴文中：《旧石器时代之艺术》，商务印书馆1999年版，第68页。

② 参见陈铁梅：《山顶洞遗址第二批加速器质谱$^{14}$C年龄数据与讨论》，《人类学学报》1992年第2期。

常好看”[①]。这块石头可能是主人的玩物，也可能是饰物。

二是骨器类装饰品。

(1) 穿孔的牙齿。

山顶洞人的遗存中，有大量的穿孔牙齿。这些牙齿均是动物的，有鹿、獐、狐狸、野猫、獾、虎、鼬等，大体完整的为 116 件，残破的 9 件。其中有部分牙齿染了色。牙齿的孔，不是打制的，而是从齿根两侧刮挖而成的。孔显然是用来穿绳的。这些牙齿在一小片地方成群地发现，说明它们可能是同一饰物上的零件。其中，一枚鹿的牙齿与石珠在一起，很可能它们是连缀于同一饰物。

(2) 骨坠。

骨坠标本共四件，一件发现于第二地点，另三件是在筛检中发现的。骨坠是某种大型鸟类的长骨制成的，中空没有海绵质，表面光滑，但呈波浪形起伏，两端有切割痕，不整齐。让考古学家惊讶的是骨坠身上有各种横沟，不像是磨损造成的，而像是人工刻出来的。骨坠是装饰品，这大致可以肯定。然而这在鸟骨上刻出的短横是什么意思，是出于装饰的需要，还是别有意义？不得而解。

(3) 穿孔的鱼椎骨和穿孔的鱼骨。

鱼椎骨共发现九枚，均发现于山顶洞西部的第四层。三枚为鱼的胸椎，属于同一条鱼；六枚为尾椎，亦属于同一条鱼。这九件标本没有人加工的痕迹，裴文中认为，“很可能它们是颈饰的一部分，用一条线通过其神经孔把它们串起来”。另外，在山顶洞的遗存中，还发现一件鱼骨，“是一条个体很大的鱼（Ctenopharyngodon idellus）的眼上骨，边缘处穿了一个小孔。”[②]裴文中说，“除山顶洞外，在世界上任何一个旧石器时代遗址中都没有发现过用鱼的眼上骨作装饰品的例子”[③]。

三是介壳类装饰物。

---

① 裴文中：《旧石器时代之艺术》，商务印书馆 1999 年版，第 90 页。

② 裴文中：《旧石器时代之艺术》，商务印书馆 1999 年版，第 101 页。

③ 裴文中：《旧石器时代之艺术》，商务印书馆 1999 年版，第 102 页。

在山顶洞西部的下部第四层位，发现三件穿孔海蚶壳。两件标本为圆孔，一件标本为方孔。“三件标本发现时与穿孔牙齿相距不远，它们很可能是同一件头饰、颈饰或臂饰的组成部分。”①

这些装饰品都是有孔的，据此可以判断它们或是头饰或是颈饰或是臂饰，一句话，是用来装饰身体的。

对身体的装饰如此重视，说明他们重视人体的美化。人体为何要美化？是因为人体重要。人体的重要不是在力量上，而是在美观上，显然，这是为了吸引异性，取悦异性。进入旧石器时代晚期的人类，族内婚转为族外婚。为了吸引陌生的族外异性的好感，青年男女莫不重视身体的美，就这样，装饰物应运而生。

身体的装饰既然主要为了取悦异性，就可以推测生殖崇拜在当时社会非常盛行，由于生殖的最后完成是由女性担负的，女性就成为生殖之神。中国的母系氏族社会长达数万年，而父系氏族社会只不过一两千年，由母系氏族社会培育的审美观念自然影响更为深远。中国美学中的审美概念，溯其源均与女性有关，“美”本为“媄”，“妙”作为“道”的魅力也是用少女来比喻的。

中华民族的审美应该是两大来源，一大来源是人自身，另一大来源是自然。也许在史前，人类的审美更多来自人自身，也就是说，关注人自身的美丽胜于关注自然对象的美丽。之所以会是这样，也许是因为在史前时代人类与自然尚未能很好地建立起审美关系来。由于人类生产力的低下，人类关于自然的知识极度缺乏。人类对自然充满着恐惧、神秘，除了一味顶礼膜拜外，就没有别的了。在这种背景下，人类与自然不可能建立起审美关系来，因为审美关系至少是亲和的。进入文明社会后，虽然自然对人而言其神秘与恐惧的一面尚未完全脱出，但是其亲和的一面给充分展示出来了。不再为生存担忧的人类也就能够与自然建立起审美关系。自然美的发现远晚于人体美的发现，这是不争之事实。

① 裴文中：《旧石器时代之艺术》，商务印书馆 1999 年版，第 100 页。

其二，红色审美及其作为象征的意义。

山顶洞人的装饰物，诸多是红色的，不是原料本身的红色，而是染上赤铁矿粉的。也就是说，这是人类有意为之的。这就带来一个问题：染上红色为的是什么？这涉及山顶洞遗址是怎样的一个遗址。关于此，学术界有不同的看法，考虑到所有的人骨集中发现在一个地方，裴文中倾向于认为这块地方是一处葬地。染上赤铁矿粉的装饰物恰好也就在人头骨附近，这就可以推定，装饰物是作为陪葬品摆放在死者头部周围的。

至于为什么要让它染上赤铁矿粉，有三种可能：第一种可能，生前就给染上了；第二种可能，作为陪葬品才给染上去的；第三种可能，既是生前给染上去了，又是作为陪葬品必须染上这种颜色的。

根据上面说的三种可能，对于赤铁矿粉的意义，可以作出两种猜测：

第一，审美的需要。不管装饰物早就给染上了赤铁矿粉，还是作为陪葬品给补染上去的，都可以认定为红色，在原始人看来是一种美丽颜色。它说明，原始人不仅有色彩美感，而且在色彩中认为红色是最美的色彩。

色彩美感，是人类审美觉醒的标志之一。动物也有色彩感，但动物的色彩感都囿于自身的色彩，它可能对异性的色彩产生“美感”（之所以打引号，是因为它仅仅是性感的媒介），但对于别类的动物就难以产生这种色彩“美感”。人类则不同，人类之喜欢红色，不是自身是红色的，不是为了性。它别有原因与意义在。

色彩中，红色也许是最为普遍的美感，所有的人类均对红色有着特殊的感觉，这与红色的自然性质还有人眼的生理性质有关。但是在红色美感的发展过程中，各民族给红色美感注入了许多与本民族生活相关的内涵。中华民族于红色情有独钟，如果要溯其源，也许可上溯至山顶洞人文化。

第二，巫术的需要。中国古代巫风昌炽，部落不仅有专职巫师从事关系部落大事的巫术活动，普通百姓也无师自通地从事着各种巫术活动。诸多巫术活动中，与死者相关的巫术活动是最为丰富的。既然山顶洞西部集中发现头骨处是葬地，那撒在尸骨上的赤铁矿粉，还有染在陪葬品上的红色，均可以理解成一种巫术。这是一种什么样的巫术呢？按巫术学，巫术分两种，一种是模仿巫术，一种是接触巫术。在尸骨上撒赤铁矿粉，应属于模仿巫术。模仿物，很可能是鲜血。鲜血是生命的保障，在尸骨上撒赤铁矿粉，意味着向死者输入鲜血，输入生命。

这样，作为陪葬品的装饰品上的红色具有两种意义：第一，美丽的体现；第二，生命的象征。由模仿巫术派生出象征。象征虽来自巫术，但不是巫术，它是艺术创作常用的一种方式，艺术是生活的反映，反映有多种，有如生活相似的反映，这种艺术通常称之为现实主义艺术；还有与生活有几分相似但内涵与意义比生活要丰富的反映，艺术中的内涵与意义既来自生活，又来自艺术家。当艺术家的主观情感与思想在相当程度左右着生活时，这种艺术就不属于现实主义艺术，而属于象征主义艺术。这两种艺术形式中国传统文化中都有，但以后一种居多。这种艺术多为诗歌、绘画。

象征是中国艺术主要的审美方式，它的源头同样可以溯源到山顶洞人文化。

# 第 二 章

# 新石器时代彩陶审美

旧石器时代与新石器时代的区分主要在于经济生活的变革，旧石器时代是攫取性经济，而新石器时代是生产性经济。攫取性经济直接从自然界获取生活资料，而生产性经济则是通过生产劳动获取生活资料。农业是第一或者说是基础性的生产性经济。农业作为生产性经济，它的本质是代替自然司职，主要分为种植与畜牧两种事业。农业萌生于旧石器时代晚期，却是在新石器时代得以发展的。所以，一般将农业看作新石器时代的第一要素。

农业的出现对于人类的发展具有重要的意义。此前，人类主要是以动物性食物为主要食物，农业出现后，人类的食物是动物性食物与植物性食物兼具，而以植物稻、麦、黍为主食，这就促使了陶器的产生。陶器主要是食物的炊器与盛物器。虽然新石器时代的生产工具主要还是石器，但是，基于对生活质量的重视，陶器在原始部落中的地位远高于石器。陶器的制作是需要一定的科学技术作保障的，因而可以说是新石器时代科学技术水平的最高代表。最初的陶器是素陶，后来出现彩陶，彩陶均有纹饰，大都是烧制前用兽毛笔等笔类工具蘸上矿物颜料画上去的，也有一些彩陶上是在烧制后的成品上画出纹饰来。① 不管是哪一种，彩陶特别重视陶器的质量，

---

① 李济说："带彩的陶片显然分作两大类：一类先着色衣——红的、白的，或者两种都有——然后着彩；又有一类把彩直施于陶骨上，没有色衣居间。"（李济：《西阴村史前的遗存》，见《中国现代学术经典 · 李济卷》，河北教育出版社 1996 年版，第 342 页）

特别是审美质量。彩陶的外表颜色大多为红、赭、黄等色，美轮美奂，因此，与其说新石器时代文化代表是陶器，还不如径直说新石器时代文化代表是彩陶。

大汶口文化出现黑陶、白陶。至龙山文化，黑陶极为精美，薄如蝉翼。让人叹为观止！

彩陶，还有黑陶、白陶，当然也具有实用功能，但是，最好的彩陶，其实用功能已由物质性转为精神性。精神性的功能主要是两项：祭祀的器物，权力的凭信。前者为敬神，后者为尊主(部落主或部落中的上层)。敬神与尊主的出现，意味着礼制的萌芽。彩陶之所以能成为礼制的象征物，主要是因为它美。

从陶器身上，我们发现中华民族两种重要的审美意识——功美统一、礼美统一的萌芽。

## 第一节 仰韶文化

仰韶文化是瑞典人安特生发现的。1918 年 12 月 8 日，受邀为北洋政府矿业顾问的安特生首次来到河南渑池县仰韶村，在这里采集了一些动物化石。1920 年，他派助手刘长生至仰韶村做进一步的考察，刘长生带回的六百件器物中，除了动物化石外，还有一些史前人类的石器。1921 年 4 月 18 日，安特生第二次来仰韶村考察，连续两日均发现诸多精美的彩陶片，还有石器。他断定这是一处大型史前人类文化遗址。安特生在他的《黄土的儿女》一书中详细地描写了他发现彩陶的过程：“我到深谷北边后，在一条沟渠边上看到有段特别重要。沟底红色的第三纪泥土显露着它清晰的一层满含灰土和陶片的特有的松土覆盖着，可以肯定这是石器时代的堆积。搜索了几分钟，于堆积最底层发现了一小片红陶片，其美丽磨光的表面上为黑色的彩绘……这天我还发现了另外一些重要的物品，很快就清楚了我必须在这里研究这些非同寻常的重要堆积、丰富的遗物，特别是容器碎片，包括我上面提到的美丽的磨光彩陶。”①

仰韶文化其分布范围主要是黄河流域。陕西、山西、河南是其中心地区，向北近河套、熊耳山地带，向南达江淮流域，向西达渭水上游及洮、湟二水，向东达河北中部以远，这是一个广袤的地域，在史前新石器时代的诸多类型文化中，没有哪种文化比它的影响更大更广了。

整个仰韶文化的绝对年代上限为公元前 5000 年，下限为公元前 2923 年②，延续时间 2000 多年。它上接老官台文化（大地湾文化）、裴李岗文化，下开马家窑文化、龙山文化，属于新石器时代中期文化。仰韶文化的类型众多，主要有半坡类型、庙底沟类型、后岗类型、大河村类型等。

考古学家许顺湛曾把炎黄时代与仰韶文化对应，其绝对年代是距今 7000—5000 年。炎帝 8 代共 500 年，约相当于仰韶文化早期，黄帝 10 代，约相当于仰韶文化中晚期。黄帝涿鹿之战前后，与炎帝、蚩尤等许多部落联合了，黄帝成为中原各部落联合后的共主，这一时期相当于黄帝时代的后期，对应考古文化，相当于仰韶文化大河村类型文化。大河村类型文化远可溯裴李岗文化，近可接仰韶文化庙底沟类型文化，大河村类型文化又融会了海岱地区大汶口文化、长江流域屈家岭文化的一些因素，许顺湛认为“大河村类型仰韶文化可以称为黄帝时代晚期文化”③。某种意义上，仰韶文化大河村类型具备了多部族统一的中华民族的文化特征，类国家的文化特征。

彩陶的历史早于仰韶文化，距今 8000—7000 年前的大地湾文化（亦称“老官台文化”）就已发现彩陶。但是大地湾文化的彩陶表现出相当的原始性，器类单纯，纹饰简单，多为宽窄不同的带条纹。仰韶文化则不同了，器类丰富，纹饰非常讲究，含意深刻。在已出土的仰韶文化陶器中，彩陶只占极少数，说明它的珍贵。从彩陶身上，我们可以发现中华民族一些重要的审美意识源头。

---

① [瑞典] 安特生：《黄土的儿女》，转引自巩启明：《仰韶文化》，文物出版社 2002 年版，第 6—7 页。

② 巩启明：《仰韶文化》，文物出版社 2002 年版，第 168 页。

③ 许顺湛：《五帝时代》，中州古籍出版社 2005 年版，第 56 页。

## 一、人物审美

### (一)女性审美

1970年，在秦安大地湾遗址河边台地仰韶文化中心区出土了一件人头形器口平底彩陶瓶。专家认为，系仰韶文化早期的作品。距今不少于6000年。

此器口径4.5厘米，直径6.8厘米，通高31.8厘米。瓶口为少女头，长发，刘海；脸庞椭圆，下巴略尖；眼镂空而成，深邃有神；鼻梁挺秀，嘴唇闭合，小巧匀称，两耳钻孔，巧妙地与器耳合一。少女的脸部各器官精致、和谐，透露出平和高雅的贵族气息，而又显得稚嫩单纯。

人头形器口平底彩陶瓶（秦安大地湾遗址出土）

这种女性的面容与气质，让人的思想穿越时空，回到原始时代，那个时代虽然蛮荒，但不失文明，就如这女子，健硕的身躯展现出青春的活力，俏丽的面容与整齐的刘海，透出可贵的清纯。那双略显迷茫的眼睛眺望着远方，似在憧憬着未来，眼神坚定，面容严肃。看来，未来如何不够明确，但女孩坚定地相信它会美好。

瓶体覆盖着繁复的花叶纹饰，似是女孩的衣袍。花纹分为三层，每层纹饰一样，但重叠后，不显得重复，反而见出一种和谐的韵味。

将瓶解析，口部是少女人头雕塑，与纯艺术相差无几；瓶体还是瓶体，是器物，不是艺术。从整体来看，既可以看成比例协调的瓶，也可以看成身着锦袍已经怀孕的少女。总之，不管怎样看，都是和谐的整体，让人看起来舒服。作者的艺术造型的整体把控力达到了精妙的地步，让人赞叹叫绝。

这件作品的重要意义，还不在这里，它的深层意义主要是显示出女性崇拜和女性审美意识。

人类史前期均有过女性崇拜的阶段，这主要是人类史前均有过母系氏族社会的缘故。中华民族的史前期，母系氏族社会存在的时间很长，绝大多数的学者认为，仰韶文化的晚期才出现父系氏族社会。既如此，崇拜女性就是很自然的事。

问题是崇拜女性，主要崇拜什么？从这具彩陶瓶来看，崇拜的只能是两点：一是女性的青春之美；二是女性的生育之功。

史前的女性雕塑，世界各地均有发现，其造型多是突出腹部，其他部位则比较草率，脸部甚至浑然一体，不辨轮廓。然而此件作品则完全不是这样，脸部精雕细刻，是重点，是主体；身体只能隐约猜测有孕。也就是说，这件作品的女性崇拜，崇拜的不是生殖，而是美。

从这位女子的头部造型来看，主要是两种美：一种是青春之美，另一种是端庄之美。青春之美在于生命的蓬勃向上；端庄之美不只在脸部各部件和谐，让人看起来舒服，还在人物整体所透显出来的那种气定神闲的风度，让人感受到对象似乎具有一种达观超然的人生态度。

汉字中用以表示美的词主要有二：一是美，二是妙。美，据《说文解字》，同于“媄”，从构字法可以得知，指称的是女性的美；妙，按构字法，指称的是少女的美。《老子》首用“妙”来论道，于是，“妙”，就不只是用来指称少女的美，还用来指称道的美。道的美，既有理性的形态，存在于人们对于道的理解之中；也有感性的形态，广泛存在于自然与社会的事物之中，凡是能体现道意味的感性事物，不论是人，还是物，均可以用美来评价。

中国新石器时代的女性雕塑以表现美为主题的作品还有一些，如陕西洛南出土的一具女性头瓶，少女头部轮廓清晰，同样是眺望着远方，但她的神情显得轻松，面带微笑。显然，她更单纯，更幼稚。未来于她似乎就像天上的云霞，一定美好。

（二）神人的审美

在甘肃甘谷县西坪出土一件系仰韶文化晚期的彩陶瓶，此瓶的腹部有一人首鲵身图案。

鲵鱼纹平底彩陶瓶

此瓶口径 7 厘米，底径 12 厘米，高 38.4 厘米。瓶上的图案耐人寻味。人头，鲵鱼身。细看人头，脸部似画有一个“大”字，一横下部，分别画有两只大眼，大眼为两个同心圆。“大”字开叉的下部，像大口，排着五条竖线，疑是胡须，又疑是牙齿。此物，鱼身，疑为鲵，不能确证。有一前肢，两爪掌，一爪掌向上，一爪掌向下，总体形象怪异。可以肯定不是写实，而是写意，它是想象中的神。

在初民看来，神有几种形态，低级的为动物，中级的为人与动物合体，高级的为人体。这具图案中形象，为人与动物的合体。它的寓意是什么，首先让人想到的是伏羲。伏羲的形象，古籍中说：“伏羲人头蛇身。”① “太皞庖牺氏，风姓，代燧人氏继天而王。履大人迹于雷泽，而生庖牺氏于成纪，

① 《艺文类聚》卷二二引《帝系谱》。

蛇首人身，有圣德。”[①] 史前中华民族的始祖中，同样被说成是人首蛇身的还有一些：“庖牺氏（庖牺氏，有学者认为即伏羲——引者注）、女娲氏、神农氏、夏后氏、蛇身人面，牛首虎鼻。”[②]

将此具陶瓶上的形象说是伏羲或女娲或神农或夏后氏，包含有两个认定，一是鲵身认定为蛇身，也许在古人或者说在某些地区，这种长条身体的水族统称为蛇。二是人头认定为伏羲或女娲或神农或夏后氏。

如果这个认定不无道理，那么，这图像就是中华民族始祖的象征。始祖是人，当然不可能如此模样，这样画，目的是想表示始祖与蛇具有一种特殊的关系。蛇是爬行动物，人主要生存于地，能下水，但无自由可言。人羡慕蛇能在水中自由地生存，故将伟大始祖的神像描绘成人首蛇身。

图像中的鲵也可以认定为鱼的代表，鱼属水族，鱼是人的可口的食物，人们畏惧蛇，不一定喜欢蛇；但人们喜欢鱼，不太会畏惧鱼。因此，人与鱼的关系比较亲和。能不能将这形象理解成人首鱼身呢？应该也可以。《山海经》中记载有诸多人鱼异物，如：

> 熊耳之山……浮濠之水出焉，而西流注于洛，其中多人鱼。[③]
>
> 陵鱼，人面手足，鱼身，在海中。[④]

如果这样理解，这人首鱼身的图像就别有一种意义。虽然不便将它认定为已有文字记载的伏羲等始祖的神像，但可以将它理解成具有某种特异功能的神人像。它不是始祖神，但也是神。

中华民族的始祖崇拜是审美意识的重要内涵之一。始祖崇拜有各种形式，人与动物合体是崇拜的原始方式，人的意识只是初步觉醒。人们仍然恐惧、崇拜动物，故想象中的始祖是半人半动物形象。黄帝时代，也就是仰韶文化晚期，人们对自然的恐惧与崇拜大为下降，黄帝就不再是人与动物合体的形象，而是人的形象。黄帝能驾驭可怕的雷雨，《太平御览》卷五引

---

① 司马贞：《三皇本纪 · 补史记》。

② 《列子 · 黄帝》。

③ 《山海经 · 中次四经》。

④ 《山海经 · 海内北经》。

《春秋合诚图》云："轩辕，主雷雨之神。"掌控雷雨的"神"，或掌控"雷雨之神"。《说郛》卷三十一引《奚囊橘柚》云："轩辕游于南浦，有物焉，龙身而人头，鼓腹而遨游，问于常伯，伯曰：'此雷神也。……'"从这个故事看，雷神并不是黄帝。黄帝是人形。

中华民族的崇拜意识其内容主要是自然与始祖，二者有分有合。大体上，最早的崇拜是自然崇拜，体现这种崇拜的象征是动物造型，动物均写实；其后是自然崇拜与始祖崇拜合一，体现这种合一的象征是人与动物合体造型，如上面说的彩陶器上的人首鲵身图案；最后，是始祖崇拜，体现这种崇拜的象征是人像造型。黄帝时代，也就是仰韶文化晚期，就是这种崇拜了。

中华民族的审美意识中的崇高意识源头可溯自然崇拜与始祖崇拜。源自自然崇拜的崇高重在自然的伟力，而源自始祖崇拜的崇高重在人伦精神的伟力。

## 二、动物植物的审美

史前人类的审美对象除了人类自身，就是自然对象了。自然对象中，动物与植物的审美也许是最普遍，也是最重要的，原因很简单，它们就与人们生活在一起，是朝夕相处的邻居，而且，它们中有一些还是人的食物。

仰韶文化的自然物审美，既有感性的意义，能让人悦耳悦目，又能让人悦心悦志，之所以能悦心悦志，是因为它具有人赋予的精神内涵。

### （一）鸟的审美

鸟在史前，普遍受到人们的喜爱进而尊崇。原因可能主要有二：一是鸟非常美丽，二是鸟能飞。第一点满足人类审美悦耳悦目的需求；第二点满足人类审美悦心悦志的需求。前者为审美感性，后者为审美理性。后者较前者更为重要，道理很简单：美丽的自然物很多，然而美丽而又能飞的自然物就只有鸟类。人类之所以特别看重能飞，是因为高远的天空是最神圣也最神秘的地方。太阳、月亮、星星、云彩均在天上。人们认定，主宰大地一切包括人的至高神一定住在天上。天空，人没有任何办法进入，而鸟可以进入。于是，鸟就不仅成为人万分羡慕的对象，而且进而被视为神的使者。

从某种意义上来说，人对自然的审美典范形态就是对鸟类的审美！审美的全部特点与要素无不在鸟类审美上得到充分的展现。

中华民族对于鸟类的审美内涵是丰富的，而且有着自身的特点。仰韶文化中的鸟类审美，以庙底沟类型为代表。庙底沟彩陶上的鸟纹，形象像燕子；鸟的形象有的与太阳纹联系在一起。

庙底沟类型彩陶上的鸟与太阳图案

从神话传说来看，五帝时代均有崇鸟的记载。五帝之一的颛顼不仅崇龙崇虎也崇鸟，《山海经 · 大荒北经》云："附禺之山，帝颛顼与九嫔葬焉，爰有……鸾鸟、皇鸟……有青鸟、琅鸟、玄鸟、黄鸟……"

舜的始祖是燕。《绎史》卷六引《田俅子》云："赤燕一羽，飞集少昊氏之户，遗其丹书。"据神话，舜的前身为凤凰。《法苑珠林》卷六二引刘向《孝子传》云："舜父夜卧，梦见一凤凰，自名为鸡，口衔米以哺己，言鸡为子孙，视之，是凤凰。"舜的时代是仰韶文化的晚期，这传说至少说明在那个时代就有凤凰崇拜了。

燕也是商的始祖。《诗经 · 玄鸟》云："天命玄鸟，降而生商。"《史记 · 殷本纪》云："殷契，母曰简狄，有娀氏之女，为帝喾次妃。三人行浴，见玄鸟堕其卵，简狄取吞之，因孕生契。"这里说的"玄鸟"就是燕子。

因为燕是舜部落的图腾，又是商部落的始祖，所以，人们将玄鸟文化视为中华民族的图腾——凤凰文化的组成部分。

庙底沟类型的鸟与太阳纹联系在一起，意义同样不凡。《山海经 · 大荒东经》云："大荒之中，有汤谷，上有扶木，一日方至，一日方出，皆载于乌。"这故事说，汤谷地方，有一树名扶木，这是太阳的家，太阳的至家与出家，均乘在乌的背上。乌是黑色的鸟，亦即玄鸟，也可以理解成燕子或是乌鸦。《山海经》所述的太阳与乌的故事，在仰韶文化庙底沟类型彩陶上的鸟与太阳纹上找到了源头，而在《淮南子》《论衡》及汉画像石、汉帛画中找到发展。《淮南子・精神训》云："日中有踆乌。"《论衡・说日》云："日中有三足乌。"汉代的画像石和帛画中多有三足乌在日中或载日飞行的图案。

阳乌的重大意义是它与炎帝、祝融联系在一起。《白虎通・五行》云："其帝炎帝者，太阳也；其神祝融。祝融者，属续，其精为鸟，离为鸾。"另，《太平御览》卷八一三引《河图》云："赤帝（炎帝）有女謞铁飞之异。"

传为郭璞撰的《玄中记》将阳乌的故事世俗化了。《古玉图谱》卷二四引《玄中记》云："蓬莱之东，岱舆之山，上有扶桑之树，树高万丈。树巅常有天鸡，为巢于上。每夜至子时，则天鸡鸣，而日中阳乌应之；阳乌鸣，则天下之鸡皆鸣。"天鸡，是根据地上公鸡的想象。有意思的是，阳乌能应天鸡而鸣，由于阳乌鸣，太阳就出山了，言下之意，人们该起床劳动了。这一故事反映中国人的一种审美想象方式：由地上到天上，再由天上到地上。

庙底沟类型彩陶上的鸟纹常与花叶纹组合在一起，营造一种吉祥、喜庆的审美氛围。让人感到惊异的是，这样繁复的构图不仅一点也不呆板，而且特别活泼、灵动。表现出创作者极高的审美构图能力。

庙底沟类型彩陶上的鸟与花叶纹图案

庙底沟的鸟形象有具象与抽象两种形态，将它们排列起来，可以发现由具象到抽象的发展过程。这个过程的基本规律是由繁到简。虽然简，但由于保留了鸟的主要特征：翅与头，仍然能让人认出是鸟，鸟的形象也许因简而受到一定的损害，但它的内涵因简反倒丰富了。

庙底沟类型鸟纹由具象到抽象发展图

仰韶文化时期鸟的造型基本上像燕，与后来成型的凤凰形象有差距。所以，只能说这个时期的鸟造型是凤凰造型的雏形，还不能说是凤凰。比较接近标准化的凤，分别发现于凌家滩文化、石家河文化的玉器佩饰中，距今4000年左右。那个时候接近于夏代开国了。

(二) 鱼的审美

庙底沟类型的动物审美主要为鸟，半坡类型的动物审美主要是鱼。半坡类型年代为公元前4900—前4300年；庙底沟类型年代为公元前4000—前3500年。半坡类型的代表在西安的半坡村。这处遗址出土了大量的彩陶，彩陶纹饰以鱼居多，鱼的基本姿态差不多，鱼头大，嘴张开，翘唇，大眼，显得比较凶狠。鱼身不画鳞片，简化为黑色的三角形，有鳍。半坡陶器上的鱼纹，有具象、抽象之别，抽象的鱼纹基本上看不出是鱼了。

仰韶文化半坡类型具象鱼纹彩陶盆

仰韶文化半坡类型抽象双鱼彩陶盆

鱼的图案，在史前彩陶纹饰中，是不多见的。半坡之所以鱼纹多见，主要原因是半坡临着浐河。半坡社会渔猎经济比较发达，半坡遗址出土了鱼钩、鱼镖、网坠。

鱼在史前受到人们的喜爱，原因是多方面的，除了是人们美好的食物之外，它的体形之美，它的善游，它的多子，很可能也是重要的原因。

鱼的流线型的身体，让它在水中获得较高的速度与自由。鱼体的这种源自功能的美，逐渐为人所认识，不仅成为人的一种知识，也成为一种美的形式。人类制作一些需要克服空气阻力的器具如梭镖、飞行器均取流线型。鱼的善游，为人羡慕；鱼是多子的，这同样为人钦羡。在生命朝不保夕的史前社会，没有比子嗣繁衍更可贵的了。因此，在史前社会，鱼也被看成神物。

(三) 鱼鸟故事审美

在仰韶文化中，鱼与鸟可以共存于一幅图案之中，而且它们之间会构成一种关系，这种关系，其文化意味耐人寻味。

1958 年，陕西宝鸡北首岭出土一件仰韶文化半坡类型的鸟啄鱼纹蒜头壶，距今 6800—6000 年。

这件图案的含义耐人寻味。学界多有将其解释为鱼鸟两个部落的争夺，此种解释诚然精彩，但总是让人感到阐释过度，难道它就不可能是日常生活中见到的某一场景的写实？事实是，现实中有些鸟就是以鱼为食的，这些鸟的捕鱼过程相当精彩，定然为史前人类所惊羡。

仰韶文化姜寨二期遗址第 467 号灰坑出土一件系半坡类型的葫芦形彩

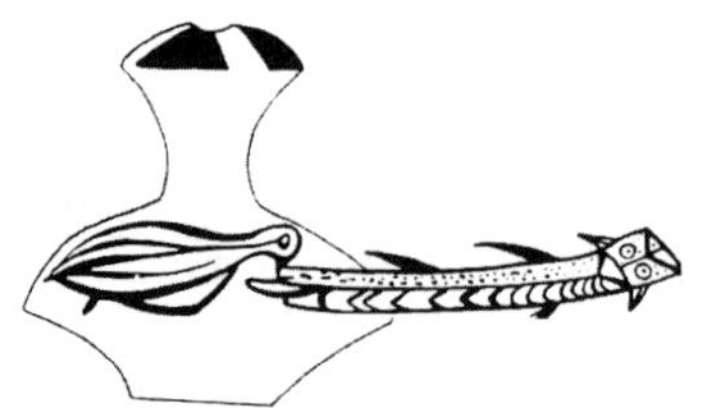

仰韶文化半坡类型鸟啄鱼纹蒜头壶

陶瓶。瓶上有比较复杂的鱼鸟关系图。同样地，有学者将其解释为鱼鸟部落争斗的形象表现。笔者同样存疑。

仰韶文化鱼鸟故事纹饰，某种意义上预示着阴阳思维的萌生。阳为鸟，阴为鱼。鸟鱼相斗意味着阴阳的对立与统一。

(四) 花的审美

庙底沟类型彩陶有美丽的花纹。花叶纹是中国史前彩陶上比较普遍的纹饰，早于仰韶文化的河姆渡文化陶器上就有花叶纹。但是河姆渡文化陶器上的花纹表现的主要是叶，称之为叶纹也许更为准确。仰韶文化中的花叶纹，有两种，一种比较注重描绘花瓣，另一种则比较注重描绘叶片。花叶纹广泛出现在仰韶文化早、中、晚各个时期的陶器上，说明对花的喜爱已经凝结为一种民族的吉祥意识，中华民族以华命名，而华就是花。

庙底沟类型玫瑰花瓣纹彩陶盆

庙底沟类型抽象花叶纹彩陶盆

## 三、葬具图案审美

仰韶文化半坡时期，孩子的地位比成人高，成人死亡多裸体埋葬，而孩子夭折可以有葬具。半坡已发现 76 座儿童葬，有 73 座为瓮棺葬。半坡遗址出土的著名人面鱼纹彩陶盆就是瓮棺的盖。

半坡类型人面鱼纹彩陶盆

此图案是何意思，一直在猜测之中，没有定论。笔者认为这是巫术图。画上的小孩就是瓮棺的主人，刚刚死去，所以，眼睛是闭着的。孩子头上戴着山形的帽子，他的嘴唇两边各有一条鱼，这鱼分别在向他的嘴里吹气。孩子的两耳部各有一条鱼似在向孩子发出声音。图案的性质是巫术：企望通过鱼的吹气、发声，使死去的孩子复活。

1978 年，河南临汝阎村仰韶文化遗址出土一件瓮缸，缸上有鹳鱼石斧图。

此器上的图案同样争论不休，学界比较主流的看法是，此图案上的鹳

仰韶文化阎村遗址出土庙底沟类型鹳鱼石斧图陶瓮

与鱼分别是两个部落的图腾，画面鹳叼鱼意象表达的是鹳部落打败了鱼部落，而石斧是部落主人的武器。这一解释也存在解释过度的问题。

基于陶瓮是葬具，同样可以将此画视为巫术画。鹳叼鱼的图画，意味着死去的人在另一个世界不缺鱼吃。石斧作为死者的武器，是应该让他带到另一个世界去的。

仰韶文化彩陶纹饰在中华民族审美意识形成与发展史上的重要意义主要有四：

第一，构建神人以和的审美模式。仰韶文化彩陶上的纹饰最为重要的是鸟纹与鱼纹。鸟腾飞于天，鱼畅游于水，这均是人最为向往的两种本领。高远的天与深邃的水，均是神秘的，是神的住地。人不能直接与神接触，鸟与鱼就成为与神沟通的信使。因此，这两种纹饰寄寓着中华民族最重要的审美意识——神人以和。

第二，奠基太极思维及太极审美的基础。太极思维的基础是阳与阴的对立与统一。这一思维最为精彩的象征是阴阳鱼太极图。这图在仰韶文化中没有出现，但是，仰韶文化彩陶纹饰中鱼与鸟的组合，隐含阴与阳的对立与统一的意味。北首岭的鸟啄鱼图案的重要意义就在这里。

第三，仰韶文化彩陶纹饰色彩明艳，构图完整，具象与抽象合一，体现出仰韶人重形式审美的趋向，为文明时代形式审美开了先河。

第四，仰韶文化彩陶上的纹饰体现出巫术向文明的过渡。这突出体现在半坡遗址的人面鱼纹和阎村遗址的鹳鱼石斧图案上。这是巫术，又是艺术。画面的神秘感透出巫术意味，画面的明朗见出生活的情趣。说明巫术与文明在这两幅作品中实现了统一。进入文明时代后，巫术在减弱，但一直没有被淘汰。在青铜器上，从饕餮纹、夔龙纹、夔凤纹及其他诸多诡异的纹饰身上均可以看出巫术的影响，但是，我们更多地看到的是文明在发展。仰韶文化的花纹、鱼纹、鸟纹以更为清新、更为美丽的形象在艺术中出现，它们或成为中华民族的吉祥纹饰，或成为中华民族的图腾纹饰。

按诸多历史学家的看法，仰韶文化的中晚期应是炎黄时代，因此，仰韶文化可以看作华夏文化的开始。

## 第二节 马家窑文化

马家窑是位于甘肃临洮的一个村。1924 年初瑞典考古学家安特生在甘肃兰州地摊上发现一件旧陶器，得知来自甘肃临洮，遂立即来到临洮，沿洮河进行考察，在一个名为马家窑的村子发现很多彩陶陶片，认定这是一处古文化遗址。经过持续的考古发掘与研究，安特生将马家窑遗存以及文化性质与马家窑类似的遗存认定为仰韶文化的一支，为了将它与河南的仰韶文化相区别，命名为甘肃仰韶文化。1945 年，中国考古学家夏鼐认为，甘肃的仰韶文化与河南的仰韶文化有诸多不同，应另定名称，建议用“马家窑文化”这一名称。这一主张得到中国学术界普遍认同。

马家窑文化的绝对年代，在仰韶文化之后，距今 5000—4000 年。学界一般将它们分为六个类型：石岭下类型、马家窑类型、边家林类型、半山类型、辛集类型、马厂类型。各个类型的彩陶器，在器型上差别不大，纹饰也有一定的连贯性，特别是风格上一致。概而言之，则是大气磅礴，神秘诡异，精致巧思，整体和谐。充分见出原始艺术的野蛮与生气、文明初启的凝重与霞彩、人性觉醒的迷茫与力量。

### 一、人物的审美

人物审美一直是史前文明的重要主题，重视人，是人的自我意识觉醒的体现。虽然，彩陶纹饰人物不占多数，但只是极少数的表现就足以反映史前人类自我意识发展的水平。

（一）女性

女性审美一直是史前审美关注的中心。仰韶文化如此，马家窑文化亦如此。甘肃天水师赵村出土一件女人纹饰彩陶罐。

天水师赵村出土一件女人纹饰彩陶罐

这件彩陶罐，红泥陶质，器体涂敷了一层薄薄的红彩即陶衣。罐高21.7厘米，口径15厘米。大口短颈。腹部圆鼓，肩部略高，腹部下端向内曲收，鼓腹处有两个对称的小耳。此器系半山—马厂类型的典型器型。

此器通体施黑色彩绘，最为出彩的是女人纹饰。此女人，头部为浮雕，面形椭圆，鼻隆挺直，眉弯如月，眉头略蹙，眉尖向下，眼如杏核，眼光向下，似带忧愁。凭脸相，活脱脱地，一个远古的林黛玉。然而看她的身子，就感到可怖。女人的身子不是浮雕，而是画上去的，两只手左右展开，胸腹连为一体，中轴为黑色，两旁各为展开的四条浅色块，像是肋骨。两腿叉开。较之头部，身体制作得非常粗疏简率。

这形象是神还是巫？不得其解。神是人想象的超人，巫是人装扮的超人，不论是哪种，人的形象是基础。问题是：为什么头部要做成人，身体可以做成非人？头部要做得精细，身体可以做得粗疏简率？

对头部审美的重视意味着什么？

众所周知，人这一生命物，其诸多的部件中，没有比头部更重要的了。头是生命的中枢。生命的存在与否，决定于头部能否正常活动。史前人类虽然没有现代的生命科学知识，但凭着生活实践，懂得这一点。

更重要的是，大脑是人的精神生命之本。人的精神生命一为思想，二为情感，二者均是大脑的功能。思想与情感以多种方式表达出来，语言以外，就是肢体。肢体中，以面部器官的表情最为重要。面部器官的表情，因传达出内在的思想，故称为神情。

人类进化的过程中，精神的重要性与优先性不断得到强化与发展，与之相应，人类的面部表情也越来越丰富，越来越细腻。基于此，人类的审美也就集中在面部表情上。

品赏这形象，我们发现，马家窑文化时代对于女人面相的审美已经接近现代。这幅图像中的女人的面部，俏丽、匀称、清秀、端庄，与现代对于女人的审美标准相一致。

马家窑文化有一具陶器，器内壁的底部，有一幅女娃头部纹饰。

马家窑彩陶女娃头部纹饰

图案中三个女娃的正面头像，间隔匀称，贴着圆圈的边沿。面部有刘海，简化为三条短直线，有大眼睛；有微微翘着的嘴唇，像是在微笑。女娃的面容洋溢着喜悦。图案的中心是一个圆点，圆点周围张开着八片花瓣。花朵外绕着一个圆圈。图案空白处，飘荡着几条波浪线，渲染着欢乐的气氛。

这幅以表现女孩美为主题的图案，几乎看不出年代的痕迹，成为超越岁月的永恒之美。

（二）男性

在青海马家窑文化柳湾彩陶博物馆陈列一件世界罕见的陶瓶，瓶身上有人物浅浮雕。此人物面目清晰，腹部有三个凸出的点，上二为乳头，下一为肚脐。两手捧腹。下身显出阴部，虽外鼓凸出状，似为男阴，亦似女阴，双腿略向外张开。

此雕塑人物性别问题，引起诸多猜测，有认为女性的，也有认为男性的，还有认为男女合体的。从面部看，不似女性，应为男性。

重要的是，这具裸体试图向人们展示着什么。从两个凸出的乳头、凸出的阴部以及双手捧腹的动作来看，此雕塑似在展示"性"。这是一件以性崇拜、生殖崇拜为主题的作品。雕塑周围有蛙的指爪图案，似在提示着什么。

人物没有衣着，但头上有一个山形的小帽，这山形的小帽似是在提醒人们，这不是普通的男人或女人，他有特殊的身份。

马家窑文化马厂类型裸体人像彩陶瓶

（三）巫师

马家窑文化博物馆收藏一件奇特的陶罐，属于半山类型。陶罐上的人物造型与上面所说的基本一致，不同的是人物胯下有一个杏核形或车轮形的东西，为四个套着的圈，图外排列锯齿。有学者说是女阴。如果诚如此言，

马家窑文化半山类型神人纹彩陶罐

这作法的巫，系女巫了，而且所作的法与生殖相关。

马家窑文化彩陶上的人物形象，基本上是两种风格：表现女性，多只突出面部，秀雅、美丽；表现巫师，则表现全身，神奇、怪诞。前者用的是写实的手法，真实、严谨、细致；后者用的是写意的手法，浪漫、变形、粗疏。

## 二、舞蹈的审美

马家窑文化陶器中最著名的纹饰是乐舞。舞蹈纹陶盆发现好几件，其中最著名的是青海省大通县上孙家寨墓地出土的舞蹈纹陶盆，出土于1973年。盆高14.1厘米，口径28厘米，底径10厘米，呈橙红色。上腹部弧形，下腹内收成小平底。口沿及外壁以简单的黑线条作为装饰，内壁饰三组舞蹈图。

青海大通县上孙家寨出土的马家窑文化的舞蹈纹陶盆

此件作品的重大意义主要在二：

第一，某种意义上可以看作中华民族礼乐传统的开端。

西周初年，周公建立完整的礼乐文化体制。礼为国家各种制度，乐是音乐、舞蹈、诗歌一体的艺术形式。此体制经过儒家不断阐释以及最高统治者的实践，成为国家的上层建筑及意识形态。乐的起源，从考古发现，可以推到近万年前，距今9000年的裴李岗文化贾湖遗址发现用鸟骨制成的骨笛，骨笛多为五声音阶，也有七声音阶，反映当时社会音乐的发达（参见史前编艺术章）。乐，当其在祭祀等公众场合表演一般伴随着舞蹈。史前岩画有大量的集体舞蹈场面（参见史前编艺术章），由此可以推想中华史前以音乐为中心的乐的发达。陶器上舞蹈纹饰的发现，以更直接的方式证明了这一点。中国的古代文献记载过史前舞蹈场面。《吕氏春秋》载："帝喾命咸黑作为声歌，九招、六英、六列；有倕作为鼙鼓、钟、磬、吹苓、管、埙、篪、鞀、椎钟，帝喾乃令人抃，或鼓鼙，击钟磬，吹苓，展管篪，因令凤鸟天翟舞之。"这里说的是人作乐凤鸟作舞。《尚书》记载虞夏朝廷的人兽共舞："夔曰：予击石拊石，百兽率舞。"事实上，人不可能与兽、鸟共舞，这兽、鸟只能是巫师所扮的，也就是化装成兽、鸟的人。这种情况，恰好在马家窑陶器舞人纹饰上有所表现。这陶盆上的舞人，有一条鸟的尾巴，头发做成鸟的尖喙，这就是化装成鸟的舞者。这鸟可以理解为《吕氏春秋》中所说的"凤鸟天翟"。

这种化装成神鸟神兽的乐舞当然就不是一般的歌舞了，它具有神圣性。具有娱神的功能，通天的功能。古人认为装扮成神鸟就仿佛成了神鸟，至少可以让神鸟视为同类，就可以与它交流，就可以像它一样翱翔于天空，实现人最向往的自由。

第二，它反映了中华史前人民的娱乐生活。

歌舞可以用来祭祀，成为与礼相配的国家意识形态，也可以用于日常生活，成为人民的娱乐方式。无疑，人的各种娱乐方式，没有比歌舞更方便的了，这是不需要任何辅助设施，只需运用身体器官就可以达到娱乐目的的活动方式。

歌舞娱乐的意义其实是很多的，除了娱乐本身外，它还有很多副产品：(1) 在劳动中，可以减轻劳动强度，协调肢体动作。(2) 在劳动中，可以用模仿动物声音和动作的歌舞引诱猎物，这相当于巫术。(3) 可以用歌舞来培养孩子劳动本领和作战本领。(4) 可以用歌舞表示恋情。(5) 可以用歌舞来沟通情感，联络友情。当然还不止这些。

## 三、漩涡的审美

漩涡纹是马家窑文化标志性的纹饰。这种纹饰以马家窑类型的彩陶最多，也最美。

马家窑类型漩涡纹彩陶瓶

半山类型漩涡纹彩陶瓶

这种纹饰的审美意义主要有四点：

第一，它形象地反映了水在马家窑人生活中的地位。水于农业文明的重要性是不言而喻的。生活在黄土高原上的马家窑人，已经学会了种植，农业已成为主要的经济手段了。

第二，它可能记录下了曾经给马家窑人生活造成重大灾难的洪水的回忆。

第三，漩涡纹隐约见出相反相成的太极思维，有可能是阴阳鱼太极图的雏形。

第四，漩涡纹的构图方式含有诸多形式美的规律。漩涡纹的构成，大体上是：圆圈为漩涡中心，漩涡中心顺时针漩出多束水流。若干个漩涡纹连缀在一起，相互勾连，波浪式向前发展，这种构图方式反映出马家窑人极高的艺术创作水平和审美水平。

### 四、蛙的审美

蛙纹是马家窑彩陶另一标志性的纹饰。蛙纹在马厂类型彩陶中最多，也最美。

马家窑文化具象蛙纹彩陶盆

马家窑文化抽象蛙纹彩陶壶

马家窑的蛙纹丰富多彩，有具象的，有抽象的；有的造型为竖着的，有的造型为横着的；有的蛙肚子饱圆，里面藏着“卍”字符号；有的蛙纹仅只是在折纹转角处点缀蛙爪。

蛙纹标志是蛙掌，蛙掌有三只或四只蛙爪。不管蛙纹是如何变化，只要能看到蛙爪，就基本上可以判断它是蛙纹。

蛙纹在马家窑文化彩陶大量出现，一方面说明此地气候温润，水面很多，适合于蛙类生活；另一方面也说明此地农业比较发达，可能有了水田耕作。

蛙纹的审美意义是丰富的：

第一，它是史前人类对于两栖自由无比向往的审美反映。人类较之动物有一个重大差别，就是人不安于现状，人有理想、有向往，正是这理想、这向往，让人生发出无穷的想象。凡是在现实中不可得到的东西，在想象中均可以得到。

哲学家们之所以将自由定为人的本质，就是因为人是有向往的。所有向往无不可以归结为自由。于人来说，自由既是真的实现，也是善的体现，更是美的辉煌。人是陆地上生活的生物，不能飞升上天，也不能长时间地遨游于水中。然而人向往着这两种生活。于是，能飞且能两栖的鸟和蛙就成为人向往的对象。蛙纹可能与鸟纹一样，是史前人类对于自由向往的审美表现。

第二，它是史前人类对于农业丰收热诚向往的审美反映。蛙主要生活在水田中，它于农作物的健康生长有益。它的大量出现，意味着今年是一个丰收年。

第三，它是多子多福的审美象征。蛙繁殖能力很强，小蛙即蝌蚪受到人们普遍的喜爱。“蛙”与“娃”同音不是偶然的，在蛙的身上寄托着人类多子多福的情感与愿望。

第四，它是人类对于预知未来的审美体现。蛙具有一定预知天气与地理变化的能力。从蛙声及它的生活方式的改变，人们可以判断某种天气或地理现象的到来。正是因为如此，人们视蛙为神。

崇拜蛙、喜欢蛙是世界性的文化现象。在中国，蛙备受喜爱，主要在民间，也就是说，这种审美很接地气。

## 五、凤凰审美

马家窑文化陶器中的动物形象，最美丽也最具特征的不是蛙纹，也不是鱼纹，而是凤凰纹。凤凰简称为凤。

凤有诸多分类：

> 凤之类有五：其色赤者文章凤也，青者鸾也，黄者鵷鶵也，白者鸿鹄也，紫者鸑鷟也。①

> 凤之青者曰鶡，赤曰鹑，黄曰焉，白曰鹔，紫曰鷟。②

凤是现实中没有的神鸟。它的标准相是《说文解字》中所说的：

> 凤之象也，鸿前麐后，鹳颡鸳思，龙文龟骨，燕颔鸡啄，五色备举。

从这个说明来看，凤是综合了诸多动物的外形成分，在鸟的基础上创造而成的。也就是说，凤是人们想象中的神鸟。

史前彩陶上诸多的鸟纹，可以看作凤纹的前身，但不可看成凤纹。当然严格地按《说文解字》来找凤纹，也很难。彩陶上还没有这样的纹饰，马家窑文化彩陶上的鸟纹算是比较接近凤凰标准相。

下图是出土于甘肃天水杨家坪的马家窑文化彩陶上的凤纹。

出土于甘肃天水杨家坪的马家窑文化彩陶上的凤纹

此图比较抽象，但是得凤的神韵。凤的头部为一个圆圈，眼为黑点，居中央；头反顾，回视，长长的脖颈弯成圆弧状，韧而秀，劲且美。左右翅不

---

① 《朝野佥载》卷三。

② 《涌幢小品》卷三十一。

对称，右翅上扬，左翅尖朝下，显飞动之姿，尾翎为四，后三为一束，一支离束，与左翅并排。如此造型，简洁灵动，整饬中见出变化，为极为难得的工艺精品。

凤的变体很多，甘肃秦安田家寺出土的一件彩陶器上的凤纹，呈平行状。造型极为简洁，凤头，加三支长叶线，中支为凤身，上下支为凤翅。

出土于甘肃秦安田家寺的马家窑文化彩陶上的凤纹

让人称奇的是马家窑的凤鸟多是成对的。

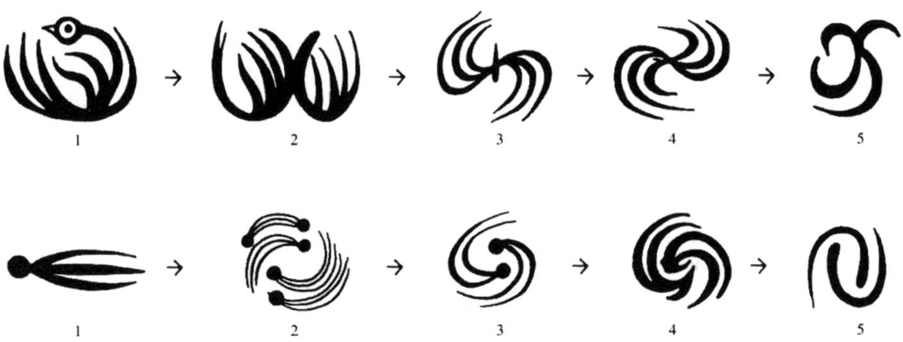


马家窑文化马家窑类型陶器上各种双鸟纹

强调成双成对，这正是中华民族重要的审美传统！

马家窑的凤纹不多，凤纹不是马家窑文化代表性的纹饰，但它的出现具有重大的意义。众所周知，中华民族是以凤为图腾的。《山海经》中关于“凤”的记载有很多。《山海经·南山经》云：

> 有鸟焉，其状如鸡，五采而文，名曰凤皇，首文曰德，翼文曰顺，背文曰义，膺文曰仁，腹文曰信。是鸟也，饮食自然，自歌自舞，见则天下安宁。

“德”“顺”“义”“仁”“信”是中华民族主要的道德，这些道德集凤于一身。可以说，凤是中华民族优秀精神的集中象征。

龙与凤是中华民族的两大图腾。两大图腾的形成均可以溯到史前。龙与凤均非实有的动物，它们的形成有一个漫长的过程，其标准像直到汉代才完成。龙的形象，在彩陶纹饰中极少出现。史前的龙造型更多地存在是在玉雕中。比之龙，鸟的造型，在史前文化中普遍得多。造成这种现象的原因，是耐人思索的。可能主要有三个原因：第一，自然条件。中国大地，史前时代，气候温润，森林丰茂，鸟类繁多。第二，审美心理。人们天生喜爱小巧可爱的事物。自然界诸事物，就于人的审美喜好来说，可能没有哪种物品能全面地胜过鸟类。第三，社会原因。史前经过一个漫长的母系氏族社会，中华民族在长期的社会生活中所形成的阴阳概念，是将女性与鸟类划为一类的，都属于阴。凤凰崇拜的形成与女性崇拜、生殖崇拜有着密切的关系。

在中华民族的传统文化中，龙凤两大崇拜的产生有些不同，凤崇拜孕育于母系氏族社会之中，龙崇拜孕育于父系氏族社会之中。凤崇拜的本质是崇尚母权、母爱、女情，后来发展为阴柔、智慧、善良、美丽、天下安宁的象征；龙崇拜的本质是崇尚父权、君权、男威，后来发展为阳刚、理智、力量、公正、社会发展的象征。在中国传统文化中，龙兼具正邪、善恶、美丑的两重性，也就是说，龙有善龙，也有孽龙。而凤只具真善美的一维性，基本上没有反面形象。两大崇拜的孕育应是同时的，也许，凤崇拜的形成要早一些。尽管龙崇拜后来在一定程度上超过了凤崇拜，但是，凤崇拜的重要性并没有被削弱，只是凤崇拜的内涵发生了一些变化。凤原初具有阴阳刚柔两重性，而在龙崇拜崛起后，它阳刚的一面逐渐淡化，阴柔的一面逐渐突出，最后成为阴柔的代表。这样，就与以阳刚为本的龙崇拜构成绝妙的相对相成的关系——太极关系。于是，龙凤崇拜就成为中华民族精神两面不可或缺的旗帜。

马家窑文化与仰韶文化具有内在的联系，它很可能是仰韶文化西迁的产物。这两种文化，都崇拜水，马家窑文化更为突出，显示出它们与伏羲文化的内在联系。伏羲在传说中是人首蛇身。据此可以推定，仰韶文化中的人首鲵身图案、马家窑文化的蛙形象均可以推定是伏羲文化的遗存。仰韶文化、马家窑文化与炎帝文化也存在内在联系，炎帝，顾名思义，是太阳神，传说中炎帝故里在宝鸡。宝鸡即凤凰。据此，可以推定，马家窑文化中的凤凰可以视为炎帝文化的遗存。仰韶文化、马家窑文化与炎帝文化在地域上完全一致。黄帝氏族的发源地大约在今陕西北部，炎帝氏族的发源地在今陕西西部偏南，两地相距并不很远。这两个氏族合并后，陕西、河南、甘肃就成了炎黄联盟活动的基本地区，而这一地区正是仰韶文化与马家窑文化所在地。

## 六、线条之歌

马家窑文化陶器上的纹饰虽然有具象的，类似绘画，但更多的是抽象，应是图案。不论是绘画，还是图案，其造型的方式均以线条为主。线条造型成为马家窑文化纹饰的一大特色，要说线条造型，仰韶文化、河姆渡文化中的纹饰也是如此，但仰韶文化、河姆渡文化的线条造型，毛笔的意味不是太明显，但马家窑陶器纹饰的线条造型，其毛笔的意味则非常明显。这只要将马家窑的陶器与半坡的陶器、河姆渡的陶器比较一下就非常清楚。河姆渡陶钵上的猪纹是浅浮雕。刻前的纹样，像是用树枝蘸颜料画上去的；半坡陶盆上的鱼纹，线条生硬，虽然不是刻的，用的不是毛笔，而是某种硬性的木棍或石片。马家窑陶器上的纹饰之所以说它是用毛笔绘制的，主要是因为线条流走之时颜色有深浅之别，而且特别流畅。

马家窑文化舞人及三鱼戏水纹陶盆

线条造型是中国绘画艺术的主要传统之一，这一传统滥觞于新石器时代陶器上的纹饰造型，延续下来，到唐代达到巅峰，构成中华绘画的基本特色。唐代的人物画家吴道子、阎立本、张萱和五代的周文矩、顾闳中等为线条艺术均作出重要贡献。线条艺术始于史前陶器的纹饰，成就于唐代的人物画，流泽及山水画。又由画影响到中国的雕塑艺术，甚至音乐、戏剧等非造型艺术，成为中华美学的一种风格，而与西方美学重块面造型、色彩造型区别开来。

线的艺术，重线本身的意味，这里线由造型的工具变成了审美的本体。这就好像京剧的唱腔，本来演唱是为了演绎故事，然而演唱的故事倒不是重要的了，演唱的声韵却成了欣赏的主要对象。中国艺术在某种意义上讲是一种高度形式化的艺术。

线是空间的存在，但是，它的流走则成为时间的轨迹，线的艺术尽管仍然是空间的艺术，但因为线的流动意味，竟获得了时间艺术的品格。所以，欣赏中国的线条艺术，哪怕是写实性的绘画，也能产生如聆音乐的感觉。这一点，在中国独特的艺术——书法中体现得最为突出，因为书法是典型的线条艺术。

附：马家窑彩陶歌

彩陶领风骚，史前马家窑。距今四千年，惊现在临洮。瑞典安特生，首见勋名标。

器体美风采，端庄共窈窕。瓶秀少女姿，罐肥蟠桃腰。有瓶为尖底，形状如梭标。

花纹遍体满，漩涡听惊涛。长蛇任翻腾，鲵鱼态夭娇。大网撒向鱼，鱼儿已遁逃。

蛙人蹲举手，似向天祷告。巫师脸有泪，为何哭号啕？巫风遍大地，原始萨满教。

舞女摆长袖，礼序乐和调。醒眼看世界，不再同虎豹。山水有清音，灵府已开窍。

双手合十纹，最像花含苞。玫瑰夹长叶，快意畅妖娆。华夏本性华，崇花近宗教。

纹饰繁而简，回环往复绕。伏羲做八卦，于此得奥妙。天地玄黄意，阴阳太极道。

琼枝集凤凰，双双共舞蹈。凤凰美且吉，号称太阳鸟。炎帝为太阳，乢是族徽号。

黄帝牛首人，乘龙上云霄。中华初创时，初民皆同胞。江河育华夏，养猪种黍稻。

当是炎黄后，许是在舜尧。文明步伐疾，彩霞满天照。红日待喷出，晨钟响云霄。

2017 年 8 月于嘉峪关马家窑彩陶国际会议

## 第三节 大汶口文化

大汶口文化以 1959 年在山东泰安大汶口遗址而得名，距今大约 6000 年。

大汶口文化地处中国的东部，主要遗址在山东东南部、江苏东北部一带，东部临海，西部与山西、河南相连。大汶口文化内涵非常丰富，大体上，既有仰韶文化的因子，又有龙山文化的因子，而在地域上与龙山文化大体上相共。这就让人猜测，此文化可能是仰韶文化东扩的产物，但实际上，它虽然有仰韶文化一些因素，但总体上不是仰韶文化的新形态，而是一种有自身特色的史前文化；另外，它虽然有龙山文化的因子，基于它与龙山文化共地域，可以视为龙山文化的前身，但不能视为龙山文化，因为龙山文化在性质上与它有明显区别。

大汶口文化存在时间大约 2000 年。

从美学上来看，它具有五个重要特点：

### 一、农业审美的新发展

中国人发明农业可以追溯到 1 万年之前，而在距今 6000 年时候，农业已经相当发达了。农业发达主要见之种植业发达和畜牧业发达，而在审美上的体现则主要见之植物的审美与动物的审美。

### (一) 花叶的审美

大汶口文化出土有几件花叶纹的彩陶器，有盆，有壶，器体为花叶装饰。

大汶口文化花叶壶

大汶口文化花叶钵

大汶口文化花叶杯

这三件器具，均全身布满花叶纹，只是前者花叶比较具象，后者则比较抽象。对花叶的兴趣应该说与农业的发明有着某种内在关系，农业主要是种植业，因为种植，人类不能不对植物有着更浓厚的兴趣。这种兴趣基于食用等功利的需要，但正是这种功利的需要将人类心理本具有的爱美潜能激发出来了，由对农作物的兴趣延伸到对别的植物的兴趣。审美虽然往往溯源于功利，但并非一切审美都源于功利，审美本身具有一定的超脱功利的性质，当人类成为人，审美的这种本性就连同审美行为一同在人身上产生了。正是因为这一原因，原始人对于花叶有着浓厚的兴趣与喜爱。

大地湾文化、仰韶文化也有美丽的花叶纹，根源是一样的，植根于农业；但作为审美，又超越了农业。

大汶口文化的花叶纹明显具有仰韶文化玫瑰花瓣纹的意韵，严谨、整饬、大气，但是，它又比仰韶文化的花叶纹丰富多彩，更能展示先民活泼的生活情趣以及高雅的审美意味。

农业的审美还见之猪、狗等家畜的审美。

大汶口时期，居民们不仅养猪、养狗，还养牛、养羊。大汶口文化刘林遗址早期的一条灰沟底部有 20 多个猪牙床，堆放在一起，在文化层内，出土猪牙床 170 余件，牛牙及牛牙床 30 件，狗牙床 12 件，羊牙床 8 件。

大汶口出土的彩陶器上可以见到猪、狗的造型。

大汶口文化猪鬶

大汶口文化狗鬶

猪的造型，在陶器上出现，在史前文化中比较普遍。同一时期的江南河姆渡文化陶钵上就有猪的刻纹，比较一下大汶口文化中猪的造型，我们发现，它们共同之处就是逼真，说明史前人类对于猪的形象极为熟悉，而且关系极为亲和；不同之处就是，河姆渡文化中的猪形象仍然有着一定巫术色彩，猪身上的刻纹有神秘的符号，这说明，在河姆渡人眼中，猪是一种通神的动物；而大汶口文化的猪造型则全然没有这种神秘的意味，反倒透出儿童般的情趣，猪鬶仰着头，似是向人吠叫，口大张着，然而并不凶恶，似是在与人玩耍。猪耳高耸，见出猪的生气与活力。猪的背上有圆形开口，说明此猪鬶是适用器，然而它又像是玩具。

狗的造型在史前陶器中罕见，大汶口文化出土的狗鬶也就仅此一件，为什么狗的造型在史前文化中罕见，可能与狗的凶恶有关系。狗是人类最早驯养的动物之一，它的主要功能是看门，在农业社会，一般是一家一座住宅，这看门显得比较重要。另外，就是跟随主人出门牧牛或牧羊了。大汶口这具狗鬶突出特点是逼真、生动，狗站立着，略后撑，显得稳健、坚定，而脖子前伸，头上扬，似在狂吠，明显地，它看到生人，或是野生动物，在向对方发出警告。此件也是适用器，狗的背部有鬶口。

大汶口的动物造型总体特点是：

第一，它是生活的，不具巫术的色彩。这一点将它与诸多史前文化的动物造型区分开来。

第二，它是生动的，见出大汶口人极高的艺术写真能力与审美水平。

第三，它是功能与审美的统一。首先，它是适用器，有一定的功能；其次，它是艺术品，具有一定的审美功能。这两者和谐统一。具体在仿生鬶的造型中，鬶口的高低、大小、位置极为讲究，既不让它过于彰显，以免破坏形象，又不让它过于压抑，以致不好使用。

## 二、代表性审美器物的出现

时代、社会，往往有其代表性的审美器物。

商周青铜礼器是商周社会文明的代表，青铜礼器中，以食器为代表，食器中，又以鼎、簋、尊为代表。商周青铜礼器虽然都以鼎、簋、尊为代表，但它们的造型、纹饰、风格各异。以纹饰来说，商尚饕餮纹为代表，而周则以凤凰纹为代表。

史前陶器中，仰韶文化、马家窑文化、河姆渡文化均可以找到具有一定代表性的器具与纹饰，但不是很明显，因为每一种文化中的不同类型差异很大。马家窑文化中，马家窑类型与马厂类型均有不同的代表性器具与纹饰。马家窑类型代表性的器具为瓶，纹饰为漩涡纹；马厂类型代表性的器具为罐，纹饰为变形蛙纹。

然而在大汶口文化中，这种情况得到一定的改变，大汶口文化历时2000多年，有诸多类型，但是，有一种器具是贯穿始终的，它就是鬶，鬶是一种炊具，为鬲的一种，有三个袋足，有阔口。这种器具在大汶口文化中最为普遍，而其造型则丰富多彩，堪称仪态万方。下面，我们挑四件作品略作赏析：

大汶口文化陶鬶（一）

大汶口文化陶鬶（二）

大汶口文化陶鬶（三）

大汶口文化兽形陶鬶（四）

这四具陶鬶功能是一样的，但它们的造型各有特色。前三具是一种类型，后一具是另一种类型。前三具，基本上为几何形，略有鸟的意味，袋足，鸟喙流，后一具则为仿生形，像动物，但不能认定为何种动物。前三具鬶，虽然基本格式是差不多的，但造型差别很大。大汶口出土的陶鬶几乎每一具都有自己的特点，几乎没有完全一样的。

陶鬶作为大汶口文化代表性的器具，它的出现，其意义是巨大的：

第一，它显示这个时代的文化有一种共同的指向性、凝聚力、向心力。

第二，从陶鬶基本形制来看，其流部比较多地取鸟喙的神韵，反映大汶口人对于鸟的审美情结。鸟的造型在史前文化中比较普遍，这说明当时的中国大地森林繁茂，鸟兽成群，生态良好。鸟，因为能飞，又不伤人，在所有的动物中，最受人青睐。大汶口文化所在地区，为中国东部，且临海，气候湿润，雨水丰沛，更适合鸟的栖息、生活。鸟在大汶口文化地区，对于居民来说，更多的不是神物，而是好友、知音，因而更多地具有生活性。红山文化的玉鸟，显然不是一般的饰物，它具有神秘性、神圣性；马家窑文化彩陶中的凤凰图案，更是富有想象性，它是人们心目中的神鸟。而在大汶口文化中，鸟没有这样让人尊崇的身份，将鸟喙造型用在陶鬶的流部，可能更多的是出于有趣。流部的挺拔，更多的是表现出大汶口人对于天空的向往。

大汶口文化陶鬶延续到龙山文化，龙山文化遗址也出土了不少陶鬶，只是多为黑陶，且形制有些不同，这一方面见出大汶口文化与龙山文化的承续性，也见出大汶口文化向龙山文化的发展性。

值得一说的是，陶鬶在大汶口文化中是代表性的器物，而在龙山文化中却不是。龙山文化中的器物，也许，高柄薄壳黑陶杯，更值得成为文化的代表。

### 三、阴阳变化的审美意味

大汶口人在自然界和生活中常感受到阴阳变化的意味，于是，就将这种意味表达在陶器的图案造型之中。

大汶口陶器的图案，多为两方重复式，最多见的是山形的重复。山形边线的高低起伏，见出阴阳变化的意味：对立、反转、重复、延续，这种阴阳变化的意味也可以理解为节奏感、韵律感。

大汶口文化山折形纹陶盆

阴阳变化在纹饰中的表现形式多种，折形是最简单的，也有复杂的。如下面这具陶釜的纹饰。

大汶口文化折形纹陶釜

这具陶釜的纹饰既复杂又简单。基本构图为几字形的连缀，在两个几字形的连接处则加上一个圆形。圆形的构成比较复杂，但主要为方形的云雷纹与直线纹。

这具陶器的纹饰设计不只是体现出设计师的阴阳思维方式，还见出设计师求险、求奇的艺术探求精神。几字形之简与圆形之繁，在设计师这里处理得恰到好处，两者相得益彰、互生情趣。

在大汶口陶器的纹饰中，还可以看到漩涡纹。漩涡纹在马家窑文化中很常见，甚至可以看作代表性纹饰，这种纹饰突出体现出阴阳变化的意味。大汶口陶器上的漩涡纹是受马家窑文化影响所致，还是独立创造出来的？应该说都有可能。

大汶口文化漩涡纹陶鼎

1978年在山东泰安大汶口遗址出土一具彩陶豆。口径26厘米，足径14.5厘米，通高28.4厘米。这件作品不仅在大汶口文化中，而且在整个史前文化中都堪称精品。此器处处体现出阴阳变化的韵味。首先，是器型，从外翻的口沿到倒喇叭的器座，其边线为一条极具艺术感的曲线：或大开大合，或舒徐轻柔，处处恰到好处，触目皆心悦神畅。其次，是纹饰，器腹，一只八角星邻着两条竖线，重复回环。星的灿烂，与心花共放；线的严肃，共礼制相惬。圈足上有两排由圆唇组成的图案，似舞女翩翩，绕场而过。

八角星图案，在大汶口出现，其文化意味深长，难以备说。其造型同样见出阴阳变化的意味，总体的圆形与内核的方形以及八只角的三角形与内核的四方形，都构成一种对立的和谐，协奏出天地之歌。

大汶口文化八角星纹彩陶豆

另外，大汶口文化出土的象牙梳，其上端把手的部位，用平行的三道条孔组成“8”字形，内里填“T”字形图案，具有浓郁的阴阳鱼太极图的意味。

大汶口的酒器类陶器重视器座、器身的设计，多取高挑式，器体或凸或凹，或圆或方，亦见出某种阴阳变化的意味。

## 四、大汶口陶器上的文字

大汶口文化的陶器最受人关注的也许是文字。1960 年在山东日照莒县陵阳河遗址的调查中发现大汶口文化陶尊上的文字符号，其后，在大朱家村和前寨遗址也采集到同类的陶尊文字符号。1979 年在陵阳河墓地的发掘中又发现大汶口文化陶尊文字符号。这些陶尊文字的绝对年代为距今 5000—4600 年，属于大汶口文化的晚期，有 20 余例，大汶口陶尊文字中最引人注意的就是在莒县陵阳河遗址出土的陶尊上的这四个文字：

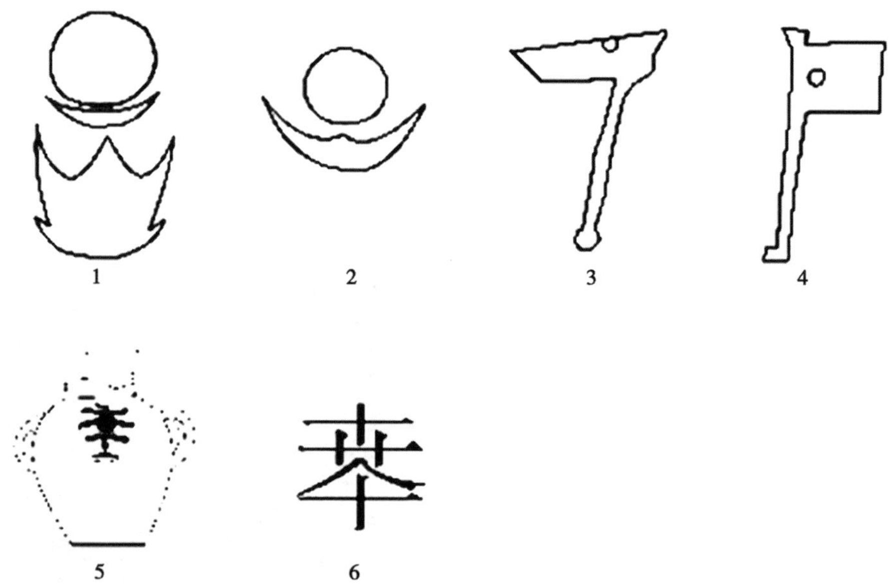


(1) 1、2 形：于省吾认为都是“旦”字，裘锡圭、邵望平从其说。唐兰则释为“炅”字，为同一字的繁简体。李学勤基本上认同唐兰先生的说法，但

将有山形的那个字认作“炅山”。田昌五、杜金鹏等认为是“昊”字，为族徽。

(2) 3 形：唐兰释为“斤”；邵望平则认为是“锄”的象形字。

(3) 4 形：唐兰释为“戉”，即“钺”。①

发掘报告《大汶口》这样介绍这四个文字符号：

> 陵阳河发现的这四个早期阶段的文字，都有意识地刻在器物一定的部位上。前两个字都象太阳升起之形，太阳下面是云气，第一个（第 2 形——引者注）还有耸峙的山峰，看来应是同一个字的不同写法。其结构同我国古代的象形字十分接近。后两个字，都是装柄的工具之形，一个是石斧，一个是石锛。在我国后来的青铜器铭文中，也往往有模写物形的刻铭。
>
> 原始时代，“日出而作，日入而息”，太阳的升起，给人们以光明，以温暖，以时间的观念。每天日出之后，人们最主要的社会实践活动，就是拿起石器等工具进行生产活动。这些象形文字，应是原始时代人们辛勤劳动生活在意识上的反映。②

陵阳河遗址出土的陶尊文字，均为象形字和会意字，其造字的思维方式突出体现为形象思维或者说审美思维。

大汶口遗址 75 号墓出土的陶背壶

① 参见高广仁、栾丰实：《大汶口文化》，文物出版社 2004 年版，第 133 页。

② 山东省文物管理处、济南市博物馆：《大汶口》，文物出版社 1974 年版，第 117 页。

另外，大汶口还出土一件背壶，出土于大汶口遗址75号墓，背壶上有一个类似文字图案，像花朵。

唐兰认为，它也是一个字——𡗗。①

### 五、少昊氏文化

关于大汶口文化的性质，唐兰先生认为是少昊氏文化。② 这一观点值得重视。中国古代的神话传说中，有太皞（昊）、少昊的故事。太昊的故事与伏羲的故事纠缠在一起，太皞即伏羲，但学者认为，较古的传说，太皞不应是伏羲。伏羲主要活动在西北地区，今甘肃、陕西一带；而太皞则活动在东部地区，今山东、江苏、河南东部一带。据《左传·昭公十七年》，太皞的遗墟在陈，即今河南淮阳县境内。据《左传·定公四年》，少昊的遗墟在鲁，即今山东曲阜市境内。太皞的故事比较少，《左传·僖公二十一年》说他的后代的封国在任、宿、须句、颛顼等地，而少昊的故事则比较多，少昊出了一个大名人——蚩尤。《周书·尝麦》篇中云："蚩尤于宇少昊"，即蚩尤居住在少昊的地面。太皞、少昊、蚩尤均属于东夷集团。东夷集团崇拜鸟，喜爱鸟，《左传·昭公十七年》说东夷族的政权以鸟名官："凤鸟氏，历正也；玄鸟氏，司分者也；伯赵氏，司至者也；青鸟氏，司启者也；丹鸟氏，司闭者也；祝鸠氏，司徒也……五雉为五工正，利器用，正度量，夷民者也。"联系到大汶口文化中无处不在的鸟的身影及鸟的意味，可以认定大汶口文化属于东夷文化或者径直说少昊文化。

以太皞、少昊、蚩尤为首的东夷集团与以炎帝、黄帝为首的华夏集团在政治、经济、文化上有许多交集，最著名的是黄帝与蚩尤有过一场大战，战争的结果促进了两大集团的融合。在出土文物上的体现则是大汶口的彩陶有着仰韶文化、马家窑文化影响。

---

① 参见唐兰：《中国奴隶制社会的上限远在五六千年前》，见《大汶口文化讨论文集》，齐鲁书社1975年版，第125页。

② 唐兰：《中国奴隶制社会的上限远在五六千年前》，见《大汶口文化讨论文集》，齐鲁书社1975年版，第127页。

## 第四节 龙山文化

龙山文化因20世纪30年代首先发现了山东省历城县龙山镇城子崖遗址而得名。

1928年4月，历史学家吴金鼎在山东历城县龙山镇发现城子崖遗址。此后，在同一年内，吴金鼎三次考察。1930年11月至12月，在著名历史学家李济的主持下，对城子崖做了一个月的发掘，发现大量的以黑陶和灰陶为主的文物，城子崖遗址初步确定为史前文化遗址。1934年，考古队发表了《城子崖——山东历城县龙山镇之黑陶文化遗址》。城子崖发掘是中国学者自行发现并有目的地进行较大规模发掘的第一处史前遗址，这一发掘具有重大的意义。李济说："要是我们能把城子崖黑陶文化寻出他的演绎的秩序及所及的准确范围，中国黎明期的历史就可以解决一大半了。"①

其后，与城子崖遗址类似的文物，在山东省诸多史前遗址中广有发现。不仅如此，浙江、河南、陕西的诸多史前遗址中也有类似的发现，于是，龙山文化的概念泛化了，为了有所区别，考古学界将山东的龙山文化称为"典型的龙山文化"，而将各省的龙山文化，冠上省名。1981年，历史学家严文明提出"龙山时代"的概念，将同一时期诸多史前文化统括其内。他依据碳14测年数据，将龙山时代的年代大体定为公元前26—前21世纪，认为相当于古史传说中的唐尧虞舜时代。②

随着对龙山文化研究的深入，学界逐步将山东以外的龙山文化排除在龙山文化之外，比如浙江良渚文化原来称为浙江龙山文化，后来，就不这样称呼了，而径直称为"良渚文化"。

关于龙山文化的绝对年代，20世纪80年代以前，一般定为公元前2400—前2000年，而随着龙山文化新发现的遗址不断增多，新的碳十四测

---

① 李济给苏秉琦的信，见《苏秉琦考古学论述选集》，文物出版社1984年版，第58页。

② 参见严文明：《龙山文化与龙山时代》，《文物》1981年第6期。

年数据大为丰富，特别是山东济宁泗水县尹家城的龙山文化包含有龙山文化发展的各个阶段，因而，关于龙山文化绝对年代，学者们的认识有所发展。主要根据尹家城文化的碳十四测年数据，龙山文化的上限可以定为公元前2600年左右，下限可以定为公元前2000年左右。这样，它的上限与大汶口文化相衔接，而下限与夏文化相衔接。

龙山文化达到史前文化的巅峰，经济繁荣，政治进步，文化发达，而在审美上出现新的特色，在陶器上的体现主要是：

## 一、审美品位：精致、素雅

### （一）精致

何谓精致？精致主要指造型的细致、到位、传神。这主要体现在黑陶杯的制作上。且看下面四尊黑陶杯：

龙山文化黑陶杯（一）

仅从这四件黑陶杯的形制来看，黑陶杯的精致已经体现出来了：

第一，注重风格。杯体基本上为两种风格：一为高挑，重在杯柄，杯柄可分为多段，或为圆柱体，或粗或细，或缓或急，其边缘曲线形成一条美丽的蛇行线。二为稳健，杯柄加粗，或为上下一律的圆柱体，或为上细下粗的

龙山文化黑陶杯（二）

龙山文化黑陶杯（三）

龙山文化黑陶杯（四）

宝塔体。

第二，注重关键。杯口、流是黑陶杯的传神的关键部位。大多数黑陶杯的造型，将注意放在这里。杯口宽，而流多为全口沿，为外翻形，让人联想到潇洒、大气的男士服装领口。杯口是杯的风神所在，既不能过于收敛，也不能过于张扬，恰到好处显得特别重要。龙山文化的黑陶杯的杯口都能做到这一点，可见其精致。杯腹也极讲究，将肥胖改造为丰满而有风姿。

第三，注重细部。黑陶杯的任何一个部位都经过精心设计，不留空缺。杯柄上多有装饰，或为镂空的圆点，或为轮状的圆圈，等等，几乎每一个设计都匠心独运。

第四，突出绝活。黑陶杯的绝在杯壁的薄。有些杯薄到与蛋壳差不多，因而被称为“蛋壳杯”。

精致是生活质量的体现，如此注重生活器具的精致，说明生活已经向着精神层面发展了，而能向着精神层面发展，至少在物质生活上能够得到一定的满足。也就是说，对于物质功能性有一定的超越性。

史前人类生活器具的精神性，主要为三：宗教性、礼制性和审美性。三者往往融会在一起，或者说相兼而一体，但审美性是其基础，也就是说只有具备较高的审美性，它才能具有宗教性与礼制性。而审美性的突出体现就是精致。

精致的酒杯的出现，说明两点：第一，酒文化的发达。龙山人已经好喝酒了，而喝酒至少在粮食有一定盈余才有可能。据考古发现，龙山人的农业生产达到一定的水平，遍种黍、稻。有些遗址还发现麦类作物的遗存。龙山文化遗址多有相当数量的窖穴，这些窖穴有一部分就是粮食仓库。另外，龙山文化遗址还发现有不少陶瓮、陶缸，它们是用来盛装粮食的。中国的酒文化由来已久，应该说，它的发明应与农业的出现同步。自然散落的粮食成为酒，让原始人产生了人工酿酒的冲动，经过多次试验，终于获得了酿酒的要领。大汶口文化时期，山东地区就有很发达的酿酒业，龙山文化时期有进一步的发展。基于酒的美味，它成祭祀、宴会不可或缺的食品，自然，这盛装美食的器具也不能不讲究。第二，科学技术的发达。制陶是一件综合了多种学科科研成果的生产过程，而烧制薄如蛋壳、光亮如漆的陶杯，更是需要高精尖的科技手段作支撑。中国史前制陶，长时期采用贴型、泥条盘筑及慢轮加工工艺，直到公元前4000年左右，才出现快轮技术。龙山文化制陶，已经采用了快轮技术，这就保证了陶坯轮廓的均匀完整。与快轮技术相关的，还有刻纹技术。陶艺师在用快轮制坯时，用手按压坯体，或制作出各种纹饰如弦纹，或将陶豆、陶杯的高圈足做成竹节形，或穿孔镂眼，等等。

龙山时期，陶窑也有改进，窑温可达1000°C。烧制技术也有重大进步，黑陶杯是用一种名为烟熏渗碳的方法烧制而成的。这种烟熏渗碳的制陶法不仅对中国后世的陶器制作而且对瓷器制作均产生深远的影响。

(二) 素雅

素雅是一种高品位的审美。

素雅其实可以分成“素”与“雅”。“素”主要来自道家文化。老子以自然为本，自然是本色。说是本色，一是反对非自然的人工加入；二是反对脱离功能的额外修饰加入。这种本色，老子说是“朴”。老子说：“道常无名朴。”① “朴”，没有雕刻的木头，也就是本色。“朴”的形象为“素”。老子提出“见素抱朴”，形象为素而本质为朴，这样的东西即为“道”，“见素抱朴”，就是守道、据道、行道、合道。

“素”字面上的意思是没有染色的丝，那就是本色。本色，并非无色，只是反对非本色的色，老子反对的“五色”为非本色的色，多出来的色。

作为本色的“素”后来延伸出无色、少色、白色等。

由于素与道的这重关系，人们由重道引申出对于无色、少色、白色的推崇。

以文明时代培养出来的“重素”或者说“崇素”的审美意识，观察龙山文化的黑陶，就发现黑陶非常素。黑陶一为纯色，二为没有纹饰，给人一种本色之感。

在龙山文化，除黑陶、灰陶外，还有一种白陶。此种陶器表面为白色，

① 《老子·三十二章》。

这种陶器也给人素之感。

除了从色彩上见出“素”以外，龙山文化陶器的造型简洁、明快也能见出朴素感。如下面这具白陶鬶，它的造型几乎全是几何化的，没有过多的变化。这种造型，让人视觉爽朗、轻松，节省精力。审美活动中的精力节省，常能给人一种愉快。这种愉快也是审美愉快。

龙山文化白陶鬶

人们对于素的要求其实放得很宽。对于装饰，并不因为对朴素的追求而全部放弃，只是要求这种纹饰简洁。所谓简洁，一是结构不过于复杂；二是纹饰不过于密集。在龙山文化的陶器中，器物纹饰都比较简洁，常见的纹饰多为凸弦纹、压印纹、堆纹、刻画纹、篮纹、波纹、竹节纹、镂孔、方格纹和绳纹。这些纹饰易于给人简洁感。

中国史前文化陶器纹饰，按审美趣味，有两种趣味：一种是趋烦琐、趋怪诞，如马家窑文化的陶器。另一种是趋简洁、趋平易，龙山文化追求的是后一种风格。

雅，也是中华民族推崇的一种审美风格，这种风格的哲学源头可以追溯到儒家诗教传统。儒家诗教传统建立在对《诗经》的阐释上。汉代《毛诗正义》创“六义”说，雅为一义。雅多义，既指《诗经》中的一个部分，这个部分的诗，产生于京畿附近，接受王化教育，崇礼尚仁。然而，《毛诗序》

将其从《诗经》分类学中拉出来，赋予它另外的意义，这意义就是内容的端正。《毛诗序》说："雅者，正也，言王政之所由废兴也。"

儒家的雅，主要体现一是具有家国情怀，关心天下大事；二是崇尚礼义，以周礼为旨归。然而，后来雅的内容有所扩展，道家的崇尚自然，洁身自好，也成了雅的内容。雅的含义虽然多元化了，但雅的本质——"正"并没有变化。"正"本来可以作两种解释：正当、正确。正当即正义，正义是儒家的礼义的体现；正确为合道，合道是道家的自然哲学的体现。

反观龙山文化黑陶，之所以导出"雅"这一判断，不是因为它合乎礼义，而是因为它素朴合道。

中国传统文化中两种雅传统，各有千秋。然而由于中国的知识分子虽然向往入朝做官，但毕竟绝大多数知识分子只能在野，在野的知识分子在情感上更为倾向于道家，因而，知识分子的审美趣味更多的尚道家的素雅。这就使得龙山文化的黑陶在知识分子中更受青睐。

## 二、审美趣味：崇鸟、尚黑

### （一）崇鸟

龙山文化陶器在造型上，比较喜欢鸟的造型。

龙山文化鸟形壶

龙山文化鸟首形足鼎

这几件陶器均以不同方式给人以鸟的意象。龙山人对于鸟的情感与大汶口人是一样的，他们都自以鸟为吉祥物。龙山文化与大汶口文化在地望上是相重的，它们的文化有着承袭关系。大汶口文化在年代上与史书中所说的少昊氏文化相当。《左传・昭公十七年》记郯子见昭公，宴席上，昭子问郯子："少皞氏鸟名官，何故也?"郯子回答："吾祖也，我知之"，承认有这回事。郯子来自郯国，郯国故城在今山东郯城县西南二十里许，这说明，山东省一带是少昊氏的地盘。少昊氏之后有颛顼，颛顼之后有尧，尧之后有舜。《墨子》说"舜耕于历山"，历山即今山东济南。舜的时代应属于龙山文化时代。舜也是以鸟为吉祥物的。传说："舜父夜卧，梦见一凤凰，自名为鸡，口衔米以哺己，言鸡为子孙，视之，是凤凰。"[①] 又说："舜造箫，其形参差象凤翼，长二尺。"[②]"箫韶九成，凤凰来仪。"[③]

值得我们注意的是，还有舜的助手伯益，伯益又名伯翳，从翳名来看，与鸟羽有关，显然也是崇鸟的。春秋时代的郯氏，据《汉书地理志》"为少昊后，盈姓"，而"盈"即"嬴"，这又与秦国联系上了。

客观地说，爱鸟，是中华民族普遍的爱好，正是这种爱好，产生了凤凰崇拜。这一崇拜的来源可能是多元的，寻找这一来源，要放眼整个中国大地东南西北诸部族的生产与生活，但居于中国东部及南部地区的远古部族可能要列为首选。

(二) 尚黑

龙山文化的陶器从色彩来看，黑色最受追捧。这一审美趣味值得重视。华夏史前陶器本来以红陶为主，仰韶文化、马家窑文化就是这样，但龙山文化的陶器则黑陶居多。从视觉效果来看，黑陶未必比红陶更好看，为什么黑陶受到追捧，这一审美现象耐人寻味。

龙山黑陶，其精美者有一种墨玉般的光辉。龙山人极尽心智，让黑色产生这一种审美效果，不会纯然出于一种审美的追求，很可能与当时人们

① 《法苑珠林》卷六二引《刘向孝子传》。

② 《世本・作篇》。

③ 《尚书・益稷》。

的宗教情怀有着某种关系。由于文献资料的缺乏，我们无法推测这是怎样的一种情怀。然而联系进入文明时代之后，黑色在人们心目中的地位，我们可能会受到某种启发。

“黑”首先进入典籍是《虞夏书》，文中曰：“桑土既蚕，是降丘宅土。厥土黑坟，厥草惟繇，厥木惟条。”这“黑坟”中的“坟”，据马融的解释，为“有膏肥也”。这膏肥的土壤，其外在色彩为黑。众所周知，农业文化，实质是土壤文化，土壤肥美对于收成至关重要。是不是首先对于膏肥之地的热爱而移情于黑？

西周时，五行理论开始出现，五行为水、火、木、金、土，配上色彩：“一黑位水，二赤位火，三苍位木，四白位金，五黄位土。”①《礼记·月令》云：“五行自水始，火次之，木次之，金次之，土为后。”是不是因为这个原因，“黑”享受最高的待遇？值得指出的是，五行的排列有多种，这只是其中一种。但不管哪一种排列，“黑”总是水的象征，而众所周知，水作为生命之本。《周礼·春官·保章氏》说保章氏的工作之一是“辨吉凶，水旱降、丰荒之祲象”。郑玄引郑司农云：“黑为水，黄为丰。”

值得我们注意的是，《诗经·小雅·大田》中的“以其骍水”，其“水”，“毛传”解释为“羊豕”。众所周知，农业社会中，“羊豕”是财富的标志。

龙山地区，为黄河长江下游及入海口，龙山文化为中华民族两条大河荟萃之处，当然深深地懂得水的重要性，因水崇拜而至黑色崇拜也完全说得过去。

黑，与火也有着不解之缘。《说文解字·黑部》：“黑，火所熏之色也。”火的重要性同样是不言而喻的。人类正是因为创造了制火的方法，才使人类的生产生活以及人的身体心智产生质的变化，从而由动物变成了人。龙山人制作亮如墨玉的陶器，其核心技术正是对火候的掌控。

以上这些关于黑色的意义立足于中国人的物质生活，如果联系到中国

---

① 《逸周书·小开武》。

人的精神生活，黑色的意义就更加突出了。《老子》论道："玄之又玄，众妙之门。"玄色就是黑色。

当黑色与水联系起来，水又进入五行，并进入东南西北四方之北方的象征，于是，黑色就随同五行、五德、四方进入中国的礼制行列，成为某种礼的代表。

### 三、审美气度：艺术个性

龙山文化陶器丰富多彩，就色彩来看，除了黑色外，还有灰、褐、红、白、黄陶。而就器型来看，种类繁多，有鼎、鬶、甗、豆、匜、壶、罐、瓮、罍、双耳杯、单耳杯、三足杯、蛋壳高柄杯、盆、盂、钵、碗、盒、皿、瓶、盉、尊、鬲、斝、器盖等二三十种。重要的是同一种中，它的造型多种多样，几乎没有完全相同的。如杯，不仅主要用作礼器的薄壳高柄酒杯形式多样，就是用于日常生活的水杯也千姿百态，像下面的这几种水杯：

龙山文化黑陶杯

龙山文化黑陶杯

龙山文化黑陶杯

龙山文化黑陶杯

龙山文化黑陶杯

龙山文化黑陶杯

龙山文化黑陶杯

按李济的说法，史前陶器可分两类："日常生活用具和专用于装饰或宗教的器具。后一类即所谓'彩陶'。"① 一般来说，日用生活用具比较粗糙，只有专用于装饰或宗教的器具才精美，而在龙山文化陶器中，日常生活用具也很精美。上面黑陶杯到底是日常生活用具还是装饰或宗教的器具，就难说了。在笔者看来，它们还是生活用具，只是在龙山时代，制陶技艺大为发达，日常生活用具也做得如装饰或宗教的器具一样精美了。

上面的黑陶杯都为单耳杯，然而它们的造型各异。每一具水杯，都能看得出制作者的匠心。显然，他们在追求产品的个性，希望每一件作品都是"这一个"。

产品包括艺术品均有共性与个性的问题，而且都追求两者的统一。在统一中，重在共性还是重在个性，见出实用品与艺术品的区别。实用品以共性为主要追求，只有艺术品才以个性为主要追求。实用品对于审美的要求一般是比较低的，只有艺术品才将审美作为至高无上的追求。审美的重要属性是个性，任何美都是个别的，具有特色的，不同一般的。

陶器作为产品，兼有实用与艺术的性质，一般将它们看作工艺品。龙山文化陶器都是工艺品，然而它们获得了艺术品的地位，因为它们是讲究个性的。每一件作品都是唯一的"这一个"。不能说龙山文化的陶器制作无须追求经济效益，只能说，龙山文化的制陶人具有至高的审美理想和至高的审美才能。

龙山文化的制陶师没有留下名字，我们无法知道是谁的作品，但是，如果细细品味，还是能够辨别出不同制陶师的艺术个性。艺术个性相同或相近的作品，可以认定它们出自某一制陶师或他的团队之手。

### 四、审美成就：纹饰、造型

史前的陶器的审美成就，我们可以从两个方面总结它们的成就：

① 刘梦溪主编：《中国现代学术经典 · 李济卷》，河北教育出版社 1996 年版，第 586 页。

（一）纹饰

纹饰有两种，一种是绘制的纹饰，一种是刻制的纹饰。就绘制的纹饰来说，马家窑文化的陶器绚丽多姿，为中国彩陶纹饰艺术的顶峰。龙山文化的陶器绘制的纹饰极少，因为多为黑陶，也无法绘制。然而，它也有纹饰，这种纹饰为刻纹。李济先生说："吴金鼎在《中国史前陶器》一书中指出，刻纹作为陶器的纹饰技术第一次发现在山东城子崖的黑陶文化中。在较早的史前遗址中，当彩陶盛行时，似乎没有刻画纹的陶器，虽从技术上讲，在软泥上刻画要比彩绘容易。然而考古研究已证实，中国史前陶器的表面纹饰，彩绘技术较刻划出现早。当彩绘支配仰韶器且形成它的最显著特征时，就通常称为黑陶文化的龙山文化来说，似乎有着比陶器纹饰更重要的文化因素，如骨卜。但作为陶器纹饰技术的刻划逐渐代替彩绘的事实，似较最初的想法更有意义。"① 李济的意思是陶器上的纹饰由彩绘转为刻划启发了骨卜文化，以至于产生了《周易》，产生了甲骨文，就中华民族文化的发展来说，这是重大进步。李济还认为"……弦纹，最初发展于龙山文化时期，殷商时期的青铜器铸造者似乎广为摹拟过，尤其是他们铸造无装饰的爵和觚甚至鼎时"。②

不过，如果仅从审美来说，彩绘比之刻纹更具有视觉冲击力，内涵也更丰富，在这方面，马家窑文化的陶器彩绘纹饰似乎比龙山文化陶器的刻划纹饰更具价值。马家窑文化陶器纹饰多具象，也多神秘，而龙山文化陶器的刻纹则多几何形，多平易。这似乎也反映出人类审美的某种进步。

（二）造型

造型也是审美重要的关注点。就造型来看，龙山文化的陶器似乎比仰韶文化、马家窑文化的陶器更加丰富多彩。这不仅涉及审美含量，还涉及科技含量。龙山文化中的黑陶高柄杯，造型的别致、优美，当为史前陶器之极，重要的还不是它的造型，是它的绝技。绝技主要在杯壁之薄，它只有

---

① 刘梦溪主编：《中国现代学术经典 · 李济卷》，河北教育出版社 1996 年版，第 586 页。

② 刘梦溪主编：《中国现代学术经典 · 李济卷》，河北教育出版社 1996 年版，第 647 页。

0.5—1 毫米厚。这种厚度即使放在今日也让人惊叹叫绝。

龙山文化的成就不只在陶器上，它的玉器也是中国史前玉器的顶峰。1986 年在山东省临朐县朱封村龙山文化大型墓 M202 中出土了四件人首形饰玉饰，极为精美，这四件作品均藏于美国。1974 年在山东胶县三里河龙山文化遗址还发现了两段铜锥，经鉴定为含锌 20% 以上的黄铜。1983 年，在山西襄汾陶寺龙山文化遗址出土铜铃一只，为含铜量 97.86% 的红铜铸件。铜器制品在龙山文化遗址中还有诸多发现。由此可以证明，龙山文化时期，中国已开始进入铜器时代。龙山文化下限与夏文化相连接，实际上，龙山文化是中华文明时代的黎明。

中华史前彩陶，从族属分类来看，大体上，仰韶文化、马家窑文化属华夏族，始祖为炎帝神农氏、黄帝轩辕氏，主要生活在中国的西北；大汶口文化、龙山文化属东夷族，始祖为太皞（昊）氏、少昊氏，主要生活在中国的东南。它们的彩陶有所区别，仰韶文化、马家窑文化的彩陶以红陶为主，而大汶口文化、龙山文化的彩陶以黑陶、白陶为主。然而这种不同，与其说出于民族的习性，还不如说主要是资源与技术条件所致。在器型上、纹饰上，中华史前彩陶基本上相同，或者说可以找到明显的血缘性。这足以说明，哪怕在史前，生活在中国大地上的各民族其实是有诸多交流的，中华民族的大融合始于旧石器时代，兴旺于新石器时代，彩陶文化是中华民族文化融合的鲜明体现。

# 第三章
# 新石器时代玉器审美

史前的器物文化主要为三大类：石器、陶器和玉器。石器主要是生产工具。陶器源于生活的需要。玉器来源于石器，其功能既不是生产，也不是日常生活，而是审美。《说文解字》释“玉”：“玉，美石也。”早在旧石器时代，史前人类就会欣赏这种美石了，除了观赏，还用来装饰身体。为了装饰，需要将玉器打磨，做成珠子，并且钻孔。山顶洞人的洞穴中，发现有这样的石珠。玉石不是一种石，而是多种石。旧石器时代的遗址发现的玉石，有水晶、石英、玉髓、玛瑙、透闪石玉、蛇纹石玉等。新石器时代早期（距今约 8200—7000 年）内蒙古敖汉旗兴隆洼文化和辽宁省阜新查海文化出土的玉石，有闪石玉、蛇纹石玉、玛瑙、水晶、萤石、煤精和滑石等；河南新郑裴李岗文化出土的玉石为绿松石、萤石和水晶等；新石器时代中晚期（距今约 7000—4000 年）出土的古玉有闪石玉、蛇纹石玉、绿松石、玛瑙、玉髓、水晶、独山玉等。①

玉石是非常美丽的，它之所以引起先民的重视，是因为它美丽。先民并不满足它天然的美丽，还要将它雕琢成艺术品。这一工作，在没有金属工具的时代，是非常艰难的。史前人类不惜耗费巨大的劳动去雕琢并无实

---

① 参见梁秉璈：《古玉鉴别》上，文物出版社 2008 年版，第 5、7 页。

际物质功利价值的玉器，足以说明史前人类对于美的无比热爱与无限追求。虽然旧石器时代人类开始喜欢美丽的玉石并且也开始对玉石进行雕制了，但是规模很小，所制的玉器品位不够高，用途多限于观赏与装饰，而到了新石器时代，玉器的制作成为部落的集体事业，直接为部落主掌控。采玉人和琢玉人成为专业人士，无须为生计发愁。在这种背景下，玉器的种类也大为增多，更重要的是，玉器的审美品位也大为提高。玉器成为新石器时代审美的极致，集中体现新石器时代人类的审美观念。

史前，玉器以它的崇高的无可替代的审美品位，只能为部落主和贵族所拥有，他们用玉作为通神的工具和娱神的供品，于是，美玉成为巫玉或者说神玉；部落主和贵族也会将玉器作为权力、地位的象征，于是，美玉就成为权玉或者说禄玉。不管是巫玉、神玉，还是权玉、禄玉，当其成为一种制度时，它就成为礼玉。礼，作为社会制度的概念，它的出现，说明社会已经有了准国家的形态，社会上的各色人等有了准阶级性的差别。礼制虽然成熟于西周，却发源于史前。史前，精美彩陶只是部分地具有礼制的品位，但只有玉器才完全地承担着礼文化的代表。

在坚硬的玉石上雕塑人物、动物以及各种物件，在没有金属工具的时代，其难度是可以想见的。一是造型难度的制约，二是审美的需要，玉雕较之其他雕塑，更讲究抽象造型，更重视标准化、简洁化，更看重形式美。玉器将人类的审美提升到新的高度。这个高度，即使现在也没有超越。

由于地理等诸多条件的差别，史前各个文化遗址所拥有玉，其数量、质量是不均衡的。在对史前玉文化的考察中，我们惊奇地发现，玉文化在中华大地是交流并相互影响的。不仅其内在精神沟通，而且其形制也具有相当的类同性。

## 第一节 红山文化

史前玉文化，首推红山文化。红山文化以内蒙古赤峰红山后遗址的发掘而得名。红山文化的发现可以推到 20 世纪初。1908 年，日本学者乌居龙藏在内蒙古林西县和赤峰英金河畔调查，采集到一些陶片和石器标本。其后，中国学者对此地区多次进行过发掘，除陶器外，也发现了玉器。1954年，考古学家尹达在《中国新石器时代》中正式提出“红山文化”概念，为考古学界肯定。20世纪70、80年代，以及21世纪初，红山文化的发掘有重大突破，大量精美的玉器得以发现。一个史前最为完整的玉文化体系呈现在人们面前。红山文化距今约6500—5000年，它前期与距今约8200—7000年的兴隆洼文化，后期与距今约4000—3600年的夏家店文化相接。但是“目前所见红山文化的玉器绝大多数属于红山文化晚期，距今约5500至5000年”①。从审美意识视角来看红山文化中的玉器，主要有三个意义：

### 一、准国家：国之重器

1979年，在对辽西地区喀左县大城子镇东山嘴红山文化遗址的发掘中，发现了大量的玉器，多为陪葬物。玉器种类甚多，大致上可以分为两类：一类为非拟物形体器，有勾云形玉佩、马蹄形玉箍、玉环、玉璧、玉璜、玉珠等；一类为拟动物形体器，有玉龙、玉猪龙、玉鸟、玉鹗、玉龟、玉人等。各墓中的玉器门类及摆放的位置不尽相同。

2002年，辽宁省文物考古研究所在对牛河梁第16地点进行发掘，发现一座大型石棺墓。墓主人，男性，年龄45—50岁。墓中有大量的玉器陪葬，其摆放的位置是：“玉凤置在墓主人头顶部下侧；箍形器放置在右侧胸部；玉人和两件玉环出自左腹下侧，两件玉环相叠放置；还有一件玉环佩戴在墓主人右臂上。这是目前所发现的规格最早的一座红山大型墓葬，虽未见勾云形器，但和箍形器共出的有玉人和玉凤，代表了一种高规格玉器组合关系。”② 显然，这是一种葬制。由于资料的不完整，我们尚不能对红山文化

① 刘国祥：《红山文化玉器研究》，见《海峡两岸古玉学会议论文专辑（1）》，台北，2001年，第175页。

② 席永杰：《红山文化研究回顾与展望》，见《红山文化研究》，文物出版社2006年版，第15页。

的葬制作出科学的、全面的分析，但是，有一点是可以肯定的：玉器是重要的陪葬品，这就引出一个问题，为什么要用玉器陪葬呢？只能有一种解释，那就是玉是死者生前的心爱之物或者能让死者超生、升天，因此，这些玉无一不是神玉。墓中的玉器，最值得注意的枕在墓主人头下的玉凤。此物长达19厘米，看来不是佩饰。玉凤不做展翅飞翔状，而做蜷缩状，许是在孵卵。这种造型耐人寻味。箍形器也不是佩物，具体用途，也不知晓，它可以肯定的是，它与灵魂有关，它置于墓主人胸部，那么，它的中通，可以猜测是为人的灵魂提供通道。

玉凤（牛河梁第16地点出土）

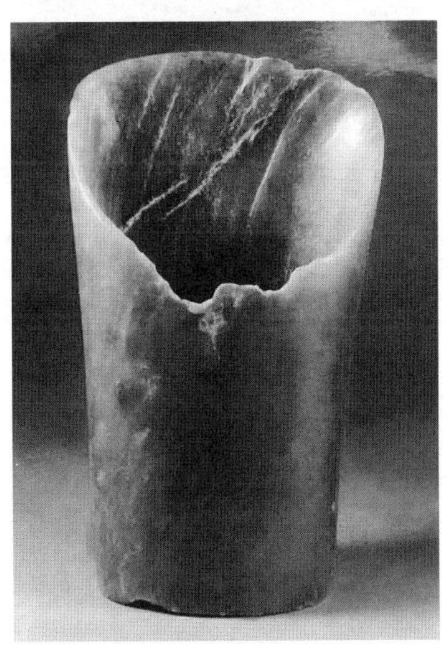

箍形器（牛河梁第16地点出土）

部落中拥有如此玉器的人，自然不是普通人，只能是两种人：一是部落主和部落中的贵族；二是祭司。祭司是部落中专门的通神之人，他或由部落主兼任或由部落主指定。

红山文化，有“唯玉为葬”的规矩，人死了，只用玉为陪葬品而不用别的陪葬品。① 这一功能充分说明它在现实生活中的重要地位。

在现实生活中，与部落主和祭司身份相关的用玉，主要有二：

（一）玉是祭具或祭品

《周礼》云：

> 以玉作六器，以礼天地四方。以苍璧礼天，以黄琮礼地，以青圭礼东方，以赤璋礼南方，以白琥礼西方，以玄璜礼北方。②
>
> 天子圭中必。四圭尺有二寸，以祀天。③
>
> 牙璋、中璋七寸，射二寸，厚寸，以启兵旅。……璋邸射，素功，以祀山川，以致稍饩。④

这里说的礼制虽然是周朝的，但我们可以据此推测史前红山文化的礼制。

作为祭具的玉器，多为非拟物形的玉器，如《周礼》说的圆形玉璧；也有拟物形的玉器，如玉龟。

（二）玉是身份、权力的象征

当玉体现了以上这两项功能时，它就具有了意识形态性，成为国家的重器——礼玉。

史前虽然没有国家，但不能否定有准国家的社会组织存在。红山文化“礼玉”的发现，说明距今6500—5000年，中华大地上，已经有“准国家”的存在了。

---

① 参见郭大顺：《红山文化的唯玉为葬与辽河文明起源特征的再认识》，《文物》1997年第8期。

② 《周礼·春官宗伯》。

③ 《周礼·冬官考工记》。

④ 《周礼·冬官考工记》。

## 二、社会：吉祥之物

红山文化中的玉器，从准国家层面的意义而言，它是礼玉。作为礼玉，它的制作及拥有原则，体现的是准国家的意志。

红山文化的玉器也是吉玉。作为吉玉，它的功能是祛除害人的鬼魅，保一方平安，赐个人、家庭、社会以幸福，吉玉体现的是社会的意志。

吉玉多为佩物，在红山文化佩玉中，有三件玉佩最为重要：

### (一) 三星他拉玉龙佩（C 形玉龙）

1971 年，在内蒙古翁牛特旗三星他拉村出土一件红山文化龙形玉佩。蜷体龙形，由绿色岫岩玉圆雕而成，吻部前伸，略上翘，嘴闭，鼻端截平，有对称的双圆鼻孔，双眼凸起呈梭形，颈项长鬣上扬。背部有两个对钻的圆孔，可以系绳。器物给人的总体感觉是飞动昂扬，有不羁之气概。三星他拉龙与后世的龙造型最为接近。《论衡 · 龙虚》云："龙之象，马首蛇尾。"又《涌幢小品》云："鹿角，牛耳，驼首，兔目，蛇颈，蜃腹，虎掌，鹰爪，龙之状也。"龙是以多种动物身体部件为因素创造而成的神物，为中华民族的图腾。龙的基本造型在红山文化出现，意味着中华民族族群意识已经萌芽。

之所以说意味着族群意识的萌芽，是因为龙原本是多样的，据中华古籍载：

> (龙) 形类青牛焉。(《水经注 · 漯水》)
>
> 有黑龙如狗。(《陈书 · 五行志》)
>
> 龙类最众，有如猫者。(《邵氏闻见后录》卷三十)
>
> 有龙如蜥蜴而五色。(《辨惑编》卷一)
>
> (龙) ……如五方之色，有如牛马驴羊之形。(《太平广记》卷四二五引《录异记》)
>
> ……

这些记载说明，在史前，人们对于龙的认识其实是有很大差异的。每一部族都有一个自认为的龙的形象，这龙的形象就是他们部族的图腾。然而，这种情况并没有发展，人们对于龙的认识，逐渐朝着兽首蛇身这样的方向发展。龙的形象定形，应该是在汉代了。东汉哲学家王充著《龙虚》，批判种种关于龙的神话，这说明龙在当时的社会生活中已经具有崇高的地位，为神物了。它的突出本领是出入于天地之间，兴风作雨，决定人间祸福。龙的形象，大体上为："马首蛇尾""鱼之类""龙乘云""龙闻雷声则起，起而云至，云至而龙乘之。云雨感龙，龙亦起云而升天"。目前我们能见到的标准龙是明清皇宫作为装饰的龙。

红山文化三星他拉遗址出土的C形玉龙在汉代以前诸多龙形象中，最为接近汉代龙的形象。

三星他拉玉龙佩

### （二）玉猪龙形佩

玉猪龙形佩为玦形龙佩，在红山文化中多有发现。玉猪龙形佩一般呈水滴状造型。头部像猪、熊、马、虎、猩猩、牛。其特征是眼睛特别大，应是虎眼；额上多皱纹，又似猩猩；吻扁而宽，似鸭嘴兽；口大却又紧闭，似牛；蜷曲的身子圆而胖，似蚕，或昆虫；耳大贴面，似大象。玉猪龙也是部落的图腾。玉猪龙背部有对钻过的圆孔，可以穿绳，说明它是佩饰。器物给人的总体感觉是柔和可爱。在某种意义上，玉猪龙与C形玉龙的审美意味是对立而互补的，玉猪龙之美为阴柔之美，而C形玉龙之美为阳刚之美。

玉猪龙是今人的称呼，红山人肯定不是这样称呼。红山人如何看待这一神物，我们不可能知道，我们只能猜测。其实，将此器的头部认作猪首也

玉猪龙形佩

不是不可以讨论的。事实上，有些学者认为它更像胎儿，然而胎儿的眼睛不会这样圆睁，猪的眼睛也不会这样圆睁。也许模糊地认定它为兽首蛇身的怪物可能更妥当，而兽身蛇身的怪物，我们通常视为龙，因此，称为龙还是过得去的。

红山人对于龙的形状感兴趣是可以做一番追溯的，早于红山文化的兴隆洼文化辽宁阜新查海遗址出土一龙形物，为红褐色的石块堆成，长约19.7米，宽约1.8—2米。最有意思的是，龙首用一具猪的头骨。这样一种造型肯定用作原始宗教活动，当时是不是称作龙，不能肯定，但它是神物。兴隆洼文化距今8000年，晚于兴隆洼文化但早于红山文化的赵宝沟文化出土有由各种动物组合的灵物图案，图案总体意味像是诸多的龙在云中飞翔。兴隆洼文化、赵宝沟文化与红山文化接壤，有些地望还重叠。学界认为红山文化的源头就是兴隆洼文化和赵宝沟文化，因此，有理由认定红山文化的C形玉龙和玉猪龙为兴隆洼文化、赵宝沟文化的继承与发展。红山文化下接小河沿文化、夏家店文化，与夏朝连接，它的龙文化为夏文化吸收。

(三) 勾云形佩

勾云形佩在红山文化遗址也广有发现，基本形制差不多，为四方形，四角伸展出或向上或向下的勾云状物，中心镂空，有卷曲状的云状物。器上有孔，孔的多少不一，可以系绳。下为内蒙古巴林右旗汉苏木那日斯台遗址出土的勾云形器。

勾云形器

勾云形器可能是佩饰，也可能是祭具。不管哪种用途，它体现的是社会意志，实现的是社会普遍认可的利益。

勾云形佩的制作具有重大意义：

其一，从勾云形佩我们隐约见出红山人“天圆地方”的宇宙观念和阴阳哲学。“天圆地方”的观念成形于商周，而发端于史前。这一观念源于人类对天地的直接观察，其深刻内涵超出了对天地的认识，中国人将它概括成阴阳哲学。中国人掌握这一规律后，不只是用来认识天地，还用来认识世界上的万事万物。阴阳哲学遂成为中国人独特的智慧。

其二，从勾云形佩我们隐约见出红山人的生命理念。勾云形佩的中心，类螺旋式的弹簧，它像人的心脏，是力量之源；勾云形佩的四耳，类人体四肢。生命就是这样：心提供动力，大脑发出指令，四肢去完成指令。

其三，从勾云形佩我们隐约见出红山人对立统一的审美观念。从造型来看，勾云形佩圆中有方，方中有圆；圆而不圆，方而不方；亦方亦圆，亦圆亦方。从线条来看，勾云形佩基本上为曲线造型，舒徐有致，张弛有度。红山人喜欢的就是这样一种美：稳定而又变化，柔曲而又刚健，简单而又复杂。

从艺术创造来看勾云形佩，这完全是想象的产物。现实中、自然中没有这样的参照物，红山人是怎样创造出这样美妙而神秘、怪诞而又浪漫的作品，只能归之于灵性了。

勾云形佩在墓葬中摆放的位置颇为一致，常以反面向上的方式竖着置放于墓主人胸脯上，或近右上臂抑或肩部上方。若是带齿的勾云形佩，则齿尖朝外。这说明巫在使用勾云形佩时，是将齿尖朝向外面的。齿尖应有其特殊的指向，具体是什么，不清楚。

就审美意味来说，勾云形佩是最耐人寻味的。就造型的现实根据来说，它类云，然又见出某些动物的肢体因素；就形式构成来说，它既重视平衡对称，又讲究灵动变化；就审美效应来说，它给人以几分亲和感，又给人以几分陌生感，温馨中见惊赞，可爱中见恐惧。可以判断，勾云形佩为主人心爱之物，它既是主人尊贵地位的信物，又是他用以通神的工具。勾云形佩俨然具有礼器的地位。

### 三、技艺：北国风格

红山文化中的玉器从技艺层面来说，称得上奇绝。它将人的创造力发挥到极致，也将人的审美力发挥到极致。玉器的造型，体现出四个特点：

#### （一）个性化与标准化的统一

红山文化的一些玉器是有一个统一名称的，而且大致上有一个规范，

红山文化各种勾云形佩

如玉猪龙、勾云形器，但没有完全一样的。在个性化与标准化的统一上，红山玉器达到一个让今天的设计师叹为观止的高度。

（二）形神兼备

红山玉器以动物雕塑见长。这些雕塑均形神兼备，如玉鹗。

红山文化玉鹗

（三）浑厚

红山文化的玉器总体风格为浑厚。有力度，但不粗糙；有体感，但不缺精致。比如，这具玉龟比较写实，但是这种写实重在大体，而不拘细节。在结构上，它有意将龟背稍许加宽，而将它的腿加以收缩，造成一种稳健感。良渚文化有玉龟，也基本写实，但总体上却是横向收缩，纵向加长，让玉龟见出一种灵性来。

红山文化玉龟

良渚文化玉龟

（四）简朴

红山玉器线条多为碾磨所致，较少刻镂。只要将红山玉器与良渚玉器做一个比较，就非常清楚。良渚玉器刻纹多而细密，像良渚玉琮上的神人兽面纹，刻纹之精细让人惊叹不已，这种现象在红山文化玉器中完全没有。

红山文化作为中国北方的史前文化，似乎隐约见出一种北方风格：沉稳、大气、劲健、雄浑。这种风格后来成为一种美学传统，直到现在，仍在发展。

## 第二节　凌家滩文化

1985年在安徽省巢湖市含山县凌家滩发现史前人类生活遗址。经考古鉴定，凌家滩遗址年代为距今5600—5300年左右。凌家滩文化因发掘地而得名。遗址出土了许多精美的玉器，装饰类有镯、管、璧、玦、珩、璜、菌状饰、纽扣形饰、刻纹饰、三角形饰等；祭器类有人形器、动物形器等；礼仪类有玉钺、玉斧等。

### 一、玉人：神巫的世界

凌家滩文化中的玉器最引人注目的是玉人。有两种类型：一为立姿，出土于 1987 年 87M1 中。共三件，形制大致一样。其中标本 87M1 ：1，通高 9.6 厘米，最宽 2.2 厘米，最厚 1 厘米，长方脸，大眼浓眉，大嘴，蒜头鼻，大耳。头戴扁圆冠，两臂弯曲，十指张开置于胸前。一为坐姿。出土于

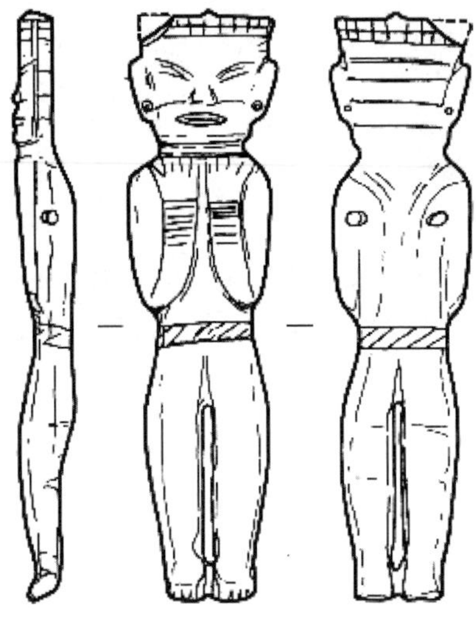

凌家滩立姿玉人

凌家滩坐姿玉人

1998年98M29中。共三件，形制亦大致一样。其中标本98M29：14，通高8.1厘米，最宽2.3厘米，最厚0.8厘米。长方形脸，浓眉大眼，蒜头鼻，两臂弯曲，十指张开置于胸前。

首先，玉人透露出的信息很丰富：其一，这是当时真实人的造型。说明当时人已经与现代人在身体上没有什么区别。其二，这不是普通的人，从他们表情与姿势来看，应是巫师。他们正在行巫术，似是在向神祈祷。中国远古出现过巫风昌炽的时代。《国语·楚语》说："少皞之衰也，九黎乱德，民神杂糅，不可方物，夫人作享，家为巫史，无有要质。"其三，人物造型如此准确，反映史前先民模仿能力已达到相当高的水平。凌家滩玉人在石家河文化中也可见到，石家河文化晚于凌家滩文化达1000多年，可见巫文化延续的时间很长，而且范围很广。人类史前文化均受到原始宗教的影响，中华史前文化也不例外。中华文化在这方面的特点是，即使受到原始宗教的影响，但仍然表现出浓重的世俗风味。玉人的造型跟普通人几乎没有区别，因而让人感到亲切。

值得我们特别注意的是，玉人面上的表情：眉毛上扬，眼微闭，嘴角微翘，颧骨凸起，显然是一副笑模样。他在笑什么？是隐隐悟到了天机，还是心走了邪，见到了梦中的情人？不可知，但这副笑容的意义非同小可。作为人的笑，这笑不是神性的皈依，只能说是人性的觉醒，是自我的享受，更是精神上的光华。史前人类，虽然生产方式落后，生产力低下，但是他们的生存并没有困难，未经破坏的大自然为他们提供了丰富的食物①，因此，他们有精力、有时间去从事精神上的追求。他们的幸福是综合的，兼有物质与精神，而更多的是在精神上。

其次，是双手抚胸的动作，它意味着先民已经对于心有一定理解：其一，心就在胸腔内，它有序地、不停地跳动着，支撑着生命，一旦心不跳了，生命就没有了。所以，心在人体中最为重要，这种对生命的理解，一直延续

---

① 关于史前人类的生存状态，美国人类学家马歇尔·萨林斯说原始人类在"维持温饱之外，人们的需求通常很容易获得满意"，他将这种社会称为"原初丰裕社会"。参见［美］马歇尔·萨林斯：《石器时代的经济学》，生活·读书·新知三联书店2009年版，第13页。

到近代。其二，心不仅是生命的支撑，而且是精神的大本营。古代人对于大脑的认识较迟，许多大脑的功能均认为是心的功能。因此，思想、精神以及由思想与精神产生的各种意识包括宗教意识、审美意识都归属于心了。玉人抚心的姿势，意味着用心与神灵对话。此后，抚心的姿势一直成为中华民族表达真诚的符号。

### 二、玉版：阴阳哲学萌芽

1987 年在凌家滩文化遗址 87 号墓发现一块玉版，长 11 厘米，宽 8.2 厘米，厚 0.2—0.4 厘米。

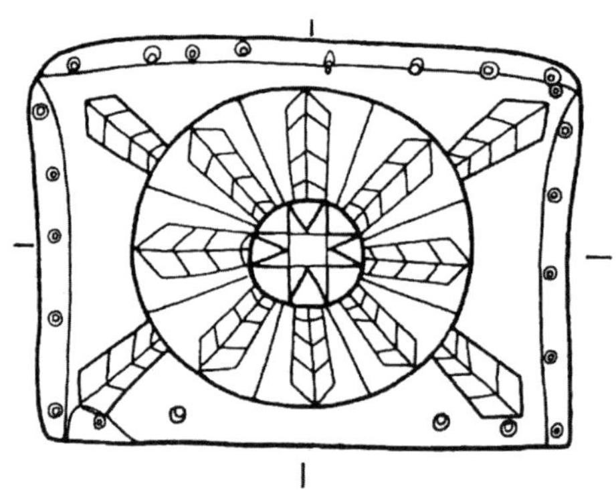

凌家滩文化的玉版

这块玉版包括极丰富神秘的信息。其一，玉版的上下短边各钻 5 孔，左长边钻 8 孔，右长边钻 4 孔。其二，玉版内图案为圆圈形与羽箭形。圆圈又有一个圆圈，两圆圈之间分为八等分，排列八支羽箭；圆圈外，对着玉版的四角排列四支羽箭。中圈内为八角星形。其三，所有数字、图形的关系均见出一种规律性。

玉版中的数字与图形关系隐约见出六种意义：第一，天地观念。如果此玉版具有观测天地的功能，或者说有占筮的功能，玉版的造型可能表达了史前人类的天地观念：玉版中的圆形为天，而方形为地。第二，阴阳观念。阴阳观念实质是相对、相生、相成。此图形中可以找到诸多体现阴阳观念的成对关系。第三，太阳崇拜。玉版中的图形，羽箭像太阳的光芒。第四，“八”崇拜。史前先民对八这个数字特别崇拜。此玉版中，“八”这个数字出现在三处：八个孔、八个尖头羽箭物、八只尖角。“八”的最重要的含义就是《周易·系辞上传》中所说的：“是故《易》有太极，是生两仪，两仪生四象，四象生八卦，八卦定吉凶，吉凶生大业。”第五，“五”崇拜。“五”这个数字在玉版中出现了两处，即玉版上下边沿各有五个孔。五，作为十之中，它充分表达了稳定、对称、和谐、中庸的意义。另外，《周易·系辞上传》说：“天数五，地数五，五位相得而有合。”第六，规律观念。天地万物的生成与运行是有规律的。玉版用数字反映他们对宇宙运行规律的一种理解：上下两边沿各有五孔，应合《周易·系辞上传》所说的“天数五，地数五”的概念，左右两边沿为八孔与四孔的关系，可以理解为《周易·系辞上传》中所说的“四象”与“八卦”的关系。“四象”，是世界小成，“八卦”是世界大成。《周易》用八卦概括了全部世界。

玉版上面的信息充分说明距今6000年前凌家滩先民的理性思维水平达到了很高的程度，它可以看作中国先民哲学观念的符号。玉版很可能是远古的《河图》或《洛书》。

玉版出土于一处较大的墓地中，墓地中心有祭坛，祭坛为长方形，面积600平方米。玉版出土的墓葬中，有玉龟，玉版就夹在玉龟的背甲、腹甲之间。龟在中国古代一直被视为神物，玉龟是筮具，据此可以推断墓主人是一位巫师，此巫师很可能兼任部落最高首领。玉版是他用于祭祀的工具，具有沟通天地神灵的作用。

### 三、玉龙、玉鹰：部落联盟的图腾

1998年在凌家滩文化遗址第16号墓葬中出土了一具玉龙。长径4.4厘米，短径3.9厘米，厚0.2厘米。玉色白而泛青，首尾相接，整体呈圆圈状。此龙有两个突出特点：一是龙首为兽首，眼圆而凶，吻部凸出，有用阴线刻出的獠牙，有一对角，附着头。二是有长鬣，从首延及尾图。

凌家滩文化玉龙与红山文化三星他拉玉龙有诸多相似之处，都有兽首，都有长鬣。相比较而言，凌家滩文化的玉龙形象更接近后世的龙，这是不是意味着凌家滩文化的玉龙更为进步？

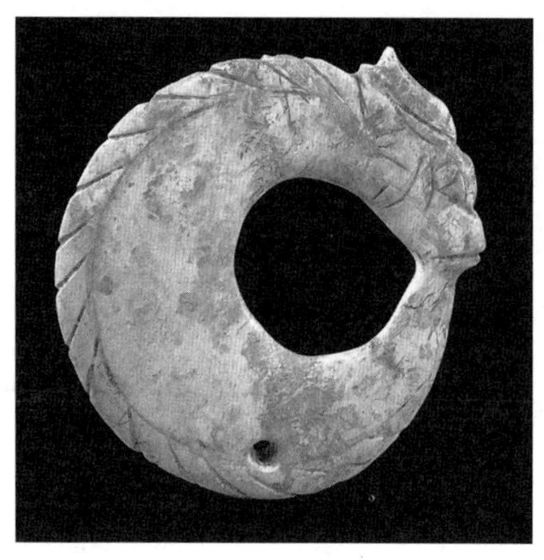

凌家滩文化玉龙

凌家滩文化玉龙的意义应该与红山文化三星他拉玉龙的意义是一样的，它们都是部落联合的象征。

1998年在凌家滩文化遗址29号墓葬中出土了一具玉鹰。通高3.6厘米，宽6.35厘米，厚0.5厘米。玉色灰白，体扁平，做展翅飞翔状。最具神秘意味的是，鹰的两翅像猪首。鹰的胸部有一个双线刻成的圆圈，直径1.8厘米。圈内饰以双线刻成的八角星纹。八角星内有两重圆圈，均由双线刻成。

凌家滩文化玉鹰

此器具有极高的艺术价值和认识价值。从艺术价值言，一是兼写实与写意的统一。鹰头基本写实，但又有意做了某些重要的变形，鹰喙拱起，喙尖朝下，见出雄猛与犀利。头为圆球形，眼圆睁，为了刻制的方便，也为了特殊的艺术效果，头扭向一侧。鹰的尾翎基本写实，做张开状，便于立放，也便于展现鹰昂扬的气概。二是兼写真与变形的统一。整具器以鹰为基础，融入猪首造型。就鹰首、猪首这些部件言，它是写真的，但整具器造型，是变形的。三是奇异与活力的统一。奇异，因为它是一具怪物；活力，因为它是一个活物。四是不可理解性与可接受性的统一。整具器是不能让人理解的，因为现实中没有这样的怪物；但它能让人接受，因为它适宜于观赏，切合视觉的审美要求。

当然，此器最重要的价值还是在于它的内涵。玉鹰作为图腾，是部落融合产物，以鹰为图腾的部落，纳入了以猪为图腾的部落。鹰是禽中之王，游猎部落崇鹰，也许以鹰为图腾的部族是游猎部落。农耕部落都养猪，从现有考古材料来看，猪是人类最早豢养的动物。可以说，猪是农业文明的标志，鹰是游猎文明的标志。鹰与猪的组合的造型，意味着游猎生产方式与农耕生产方式的合一。

玉鹰胸部的图案具体是什么，只能猜测，也许它包含这样的信息：一是圆的概念。圆是大全的象征，引申为幸福、强大、永恒、活力等众多意义。二是太阳崇拜。八角星可能是太阳的象征，也许整具图案是太阳的象征。

玉鹰具体用途不详，它很可能是筮具，也可能是部族的标志。

从认识价值言，玉鹰是当时社会诸多信息的载体，它对于我们认识当时社会具有重要意义。正是这种价值，加上卓越的艺术造型，创造了玉鹰神秘而又伟大的审美魅力。

凌家滩文化遗址年代距今5600—5300年左右①，较红山文化晚近千年。这两种文化的玉器有诸多相似之处，特别是玉龙。专家们一直怀疑红山文化与凌家滩文化是不是存在一种血缘关系。但是，我们也发现这两种文化还是存在着一定的差异。就玉器文化的深层内涵来说，红山文化的玉器更侧重于表达原始宗教的意义，而凌家滩文化则更侧重于表达哲学的意义。这是不是意味着凌家滩文化较红山文化进步？

---

① 安徽省文化考古研究所编：《凌家滩——田野考古发掘报告之一》，文物出版社 2006 年版，第 278 页。

## 第三节 良渚文化

1936年，原浙江省西湖博物馆的施昕更在良渚一带考古，发现了10余处史前人类遗址，随后出版了《良渚（余杭县第二区）黑陶文化遗址初步报告》。1960年，著名的考古学家夏鼐在《长江流域考古》一文中正式提出了“良渚文化”这一概念。从现在已发掘的100多处良渚文化遗址来看，良渚文化最突出的是玉文化。无论从量来看，还是从质来看，良渚的玉文化都当得上史前玉文化的高峰之一。良渚文化位于长江下游太湖流域与杭州湾地区，距今5200—4000年[①]，它与夏代文化相接并存在一些交叉，在一定程度上，它填补了夏代前期文化发掘之不足。良渚玉文化从总体上显示出由“神玉”文化向“礼玉”文化的过渡。它开启了中华民族礼文化的曙光，并奠定了中华民族文化性格重礼尚祭的传统。

### 一、神人到人神：人性的觉醒

良渚的玉器中，诸多玉器刻有兽面纹或神人兽面纹。兽面纹的基本形制是两只大眼，有一横梁连接，有短直鼻梁连着打横的鼻翼，下有嘴为一横梁。神人兽面纹是在兽面纹的基础上添加人形象而组成的，良渚反山遗址

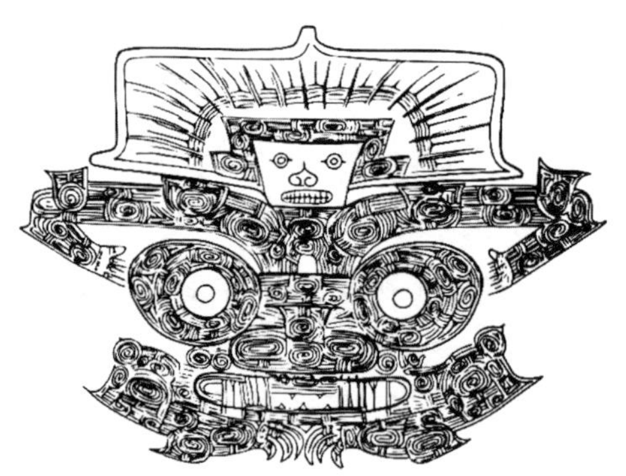

良渚反山遗址12号大墓玉琮上的神人兽面纹

① 方西生：《良渚文化年代学的研究》，见《良渚文化论坛》，中国文化艺术出版社2003年版，第75页。

12 号大墓出土的玉琮上所刻的神人兽面纹最具代表性。

这具神人兽面纹的重要意义是反映出人性的觉醒。史前人类的人性从哪里觉醒？从动物性觉醒。人本来自动物，人身上原初的生命性即为动物性，动物性的生命发展成人的生命有一个从量变到质变的过程。质变的标志是人自我意识的觉醒，人能自觉地将人与动物区分开来。尽管人能够将自己与动物区分开来，但在一个相当长的时间内，人性并没有得到张扬，其突出表现就是人对于动物的恐惧以及由恐惧而导致的崇拜。就在这个过程中，随着人认识自然、改造自然能力的提升，人与动物关系逐渐发生新的变化。大体上分为三个阶段：

（1）按动物的模样造神，是为动物神。在这个阶段，人虽然意识到自己是人不是动物，但对动物心生恐惧，故将动物神化，以动物为神灵，即使杀了动物，也还需要向动物神灵道歉，以求得宽恕。

（2）按人的模样造神，是为神人。在这个阶段，人们对于神的概念有所觉醒，这神，不是动物神，而是既能管动物又能管人而且主要为管人的神，于是要造人之神。人之神如何造？开初，可能也有按动物模样造的，后来逐渐以人的模样造，这个过程中，会出现人与动物合体模式。在这个过程中，动物神没有消失，人们仍崇拜动物神，但更崇拜人之神。这个阶段，人性有新的觉醒，有新的进步。

（3）按神的能量造人，是为人神。这个阶段仍然在造神，神的外形会明确地取人的模样，不会取动物的模样（不排除个别细节取动物的肢体），较之前一阶段不同的是，在神性上会更多地按人性来造，比如，此神也会爱，对亲人的爱，对情人的爱，对朋友的爱。这种神，较人之不同，不在情感与思想上，而是在能量上，所以，这种神可以称为人神。其实，与其说是人神，不如说是超人。

良渚玉琮上神人兽面纹是什么样的形象？主体是人的形象。此神人，有人的头，人的身子，但神人胸腹部前有一具兽头。神人展开两条臂膀，紧紧抓住兽的眼眶。这意味着神人在驾驭着兽头。神人的下身蹲着，看不清楚他的脚，因为被羽毛状物遮蔽，但露出鸟爪，很可能神人跨在一只巨鸟身上。如果这种理解不差，那么，神人兽面纹透露出这样的意思：神人控制着动物。神人是按人的模样做的，因此，可以理解为人控制着动物。

良渚年代为距今 5000—4000 年之间。作为文明时代之初的夏朝开国为约公元前 2070 年，距今 4000 多年，同时期的良渚神人兽面纹是人性觉醒的标志，也是文明开启的标志。

尽管文明的曙色已经开启，但黑夜并未退去，兽面纹的保留就是一个标志。兽面纹不仅在良渚时代普遍存在，在夏商周三代仍然存在，只是变成了饕餮纹。

### 二、神玉到礼玉：权力的觉醒

据考古发现，良渚时代有都城，有祭坛，有城墙，为了保障都城的供应，还兴修了水利工程。良渚墓等级分明。反山遗址高规格的墓很多座，其中 12 号大墓特别值得注意。此墓出土玉璧两件，均大孔，出土于墓主人右臂部位。此墓还出土玉琮 6 件。其中 M12 ：98 位于头骨一侧，正置，纹饰朝上，此具玉琮重 6500 克，通高 8.9 厘米，上射径 17.1—17.6 厘米，下射径 16.5—17.5 厘米，孔外径 5 厘米，孔内径 3.8 厘米。此具玉琮纹饰繁复，四个角刻有兽面纹，每一面的中部凹槽上下两部位刻有神人兽面纹，共 8 个。此件玉琮，专家们定为“琮王”。

反山遗址 12 号大墓中的玉琮

《周礼 · 春官宗伯》云：“以玉作六器，以礼天地四方。以苍璧礼天，以黄琮礼地，以青圭礼东方，以赤璋礼南方，以白琥礼西方，以玄璜礼北方。”

12 号大墓中既有璧，又有琮，可知墓的主人既祭天，又祭地。什么样的人能有资格祭天祭地，在古代，只有国君。此墓还出土有玉钺一套三件，由钺、瑁、镦组成。钺的身上有神人兽面纹，此纹与玉琮上的神人兽面纹完全一致，此外，还有浅浮雕的鸟纹。玉瑁、玉镦非常精美，有着精细的花纹。钺本是武器，但材质改为玉以后，功能发生了变化，不再是武器，而是权杖。

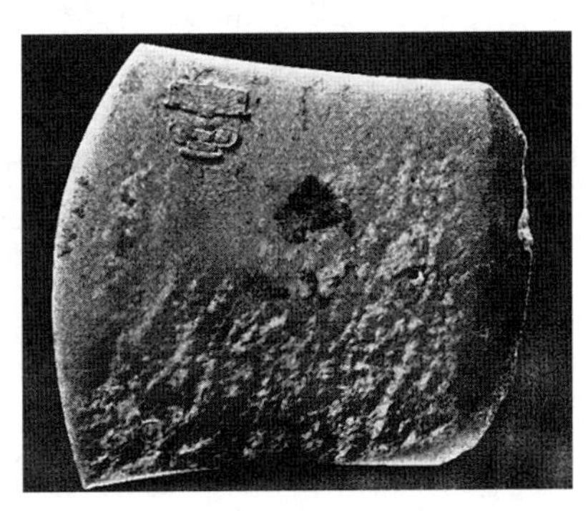

反山遗址 12 号大墓中的玉钺

玉璧、玉琮、玉钺三件集中出现在 12 号大墓，不仅说明墓主人是君王，而且还反映了当时社会的发展水平：

(1) 祭天礼地的基本礼仪制度已经萌芽。在中国古代先民看来，最大莫过于天地，祭天礼地是礼制的基础。《周礼 · 春官宗伯第三》云："以天产作阴德，以中礼防之。以地产作阳德，以和乐防之。以礼乐合天地之化，百物之产，以事鬼神，以谐万民，以致百物。" 这是周朝的礼制，虽然这一礼制的完成是在周朝，但它初起于史前，可以确定的是良渚时代。

(2) 制礼作乐的基本治国制度已经萌芽。礼乐是中国古代政治文化的两个内核。礼侧重于理性，明晰等级，见出差别，以维护统治者的权力；乐侧重于情感，淡化等级，实现和谐，以维护统治者的统治。礼是通过一系列的规则来实现的，当然也会体现在具体的物质性的生活方式上；乐是通过艺术活动来实现的，同样也会体现在具体的物质性的生活方式上。虽然，在反山遗址出土的体现乐的器具不是太多，但钺的出土也能说明问题。钺既可以是武器，也可以是权杖，还可以是舞具。一般来说，玉钺不会是武器，也不会是舞具，只能是权杖。12 号大墓出土的玉钺应视为权杖。值得我们注意的是，12 号大墓还出土了 5 件石钺。这 5 件石钺是做什么用的？不排除有作为武器用的，也不排除有作为舞具用的。

钺在古代又称为“戚”。陶渊明诗中云：“刑天舞干戚，猛志固常在。”《礼记·祭统》云：“及入舞，君执干戚就舞位，君为东上，冕而揔干，率其群臣，以乐皇尸。”在中国古代君王执戚起舞，当然不是一般的娱乐活动，它也许就是祭祀活动的一部分，乐舞的主要目的是娱神。通过娱神，实现与神的友善。娱神，后来发展为娱人，通过乐舞实现与人的友善。《乐记·乐论》云：“钟鼓干戚，所以和安乐也。”最后，导致礼乐制度的实现，《乐记·乐论》云：“乐至则无怨，礼至则不争。揖让而治天下者，礼乐之谓也。”

祭天礼地与兴礼作乐是联系在一起的。《乐记·乐论》云：“乐由天作，礼以地制……明于天地，然后能兴礼乐也。”良渚有完善的祭坛，墓室中又出土有玉制的祭器、乐具，这说明祭祀、礼乐制度在良渚时代就初具雏形了。

玉璧、玉琮、玉钺虽然具有祭神功能，但其本质是权力的象征，实际上，它们已由神玉转化为礼玉了。作为礼玉，良渚的玉器体现出天地至尊的意识和礼乐教化意识。这些意识为中华民族进入文明时代做了精神上的准备。

### 三、爱鸟到崇鸟——图腾的准备

良渚玉器中到处可见鸟的形象，大体上，可以分为如下几种情况：

第一，鸟的整体雕塑。鸟的雕塑在良渚文化遗址中多有发现。造型基本上为展翅状，规整、简洁，左右对称，装饰味较浓，胸部有两钻孔，便于穿绳子，因此它可能是佩饰，也可能是某种箧具。

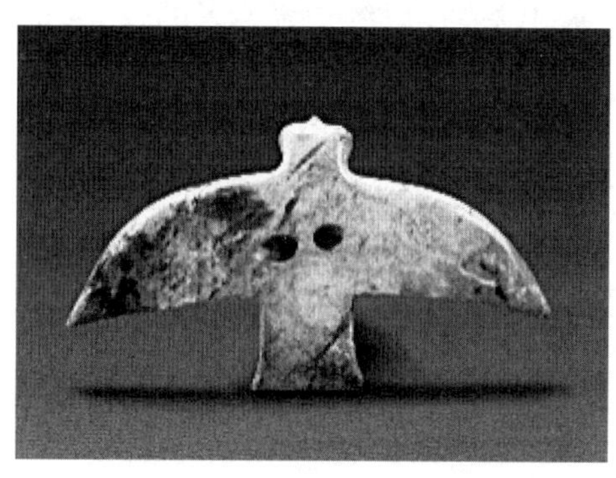

良渚文化玉鸟雕塑

第二，鸟纹饰。鸟纹在良渚文化玉器中多有发现。它有诸多的形态，有的具象，有的抽象，以抽象为多；有的为鸟的整体，有的只是鸟的部件。这些图案重视的是鸟的意味，如反山遗址 12 号大墓中玉钺上的鸟纹。

良渚文化反山遗址 12 号大墓中玉钺上的鸟纹

这样的鸟纹从整体上看，似鸟又不似鸟，更似一枚鸟蛋。创作者也许根本不在意鸟形的似与不似，而在于鸟的精神，这精神又不是我们通常理解的飞翔，而是鸟喙的尖利和鸟卵的饱满。鸟喙的尖利意味着进取的精神，而鸟卵的饱满则意味着种群的延续。重视鸟喙、重视鸟卵是良渚鸟造型的重要特点。良渚神人兽面纹中有许多鸟喙、鸟卵的造型部件。

第三，具有鸟的意味的三叉形器。良渚文化遗址诸多墓穴出土了三叉形器。

良渚瑶山三号墓出土的玉三叉形器

这种三叉形器是做什么用的，至今没有定论。比较普遍的看法是，三叉形器是冠饰，不是一般人的冠饰，而是部落中首领的冠饰。三叉形器的造型类似汉字的“山”字，如果将它与玉鸟雕塑比较一下，则发现，它们是很相像的，只是玉鸟的翅膀是平展的，而三叉形器类翅的两叉向后弯曲。鸟翅的平展，见出鸟飞的平稳；而鸟翅的后伸，则见出鸟飞的疾速。

鸟在远古是神异的。通常认为鸟是凤凰的主要来源，这当然是对的。但鸟其实也是龙的来源之一。《山海经 · 南山经》说：“凡鹊山之首，自招摇之山至箕尾之山，凡十山，二千九百五十里，其神状皆鸟身而龙首。”这“鸟身而龙首”的神是龙神的一种，说明龙的身体上也有鸟的因素。

鸟也是人神的来源之一。人神，其主体是人身，特别是头，但身体上也可以兼有动物的因素，它的意义是神化了的人，不仅具有人的思维，还具有动物的某些为人所不具备的本领。《山海经 · 大荒西经》云：“有玄丹之山，有五色之鸟，人面有发。”又云：“北海之渚中，有神，人面鸟身，珥两青蛇，践两赤蛇，名曰兹。”

良渚人喜欢鸟，爱鸟，崇拜鸟，这与中国古代神话记载的东夷族以鸟为图腾是符合的，良渚人就是古东夷族人。东夷族是中华民族的重要来源之一。

良渚文化遗址中也能见到龙纹，不是很多。不过，良渚的兽面纹其实也是可以看作龙纹的。龙纹之首为兽、身为蛇，当龙正置时，只见其首，不见其身。良渚的兽面纹多正置，因此不排除它的身子为长蛇状。

良渚的鸟崇拜含义可能是多方面的，鸟的进取精神，自由精神，还有旺盛的繁殖力，都是人所敬佩而又羡慕的。这些崇拜导向是创造属于自己的图腾——凤凰图腾。

良渚玉器具有红山文化和凌家滩文化都有的崇神尚礼的内涵，但它的礼玉精神更为突出，可以说，良渚玉器是中国史前礼玉精神的代表。

## 第四节 石家河文化

石家河文化因 1955 年于湖北省天门市石家河镇发现石家河遗址而得

名，主要分布于湖北省江汉平原、湖南省北部、河南省南部地区。石家河文化距今 4500—4200 年左右。① 石家河文化以“玉”著称，其玉文化堪称新石器时代晚期玉文化的高峰和代表。就内涵的深度与广度而言，也许次于良渚文化，但如果就其艺术性而言，它应该超过良渚文化。

## 一、龙凤图腾

石家河文化出土了玉龙，也出土了玉凤。出土地点为湖北天门肖家屋脊遗址。玉龙为盘龙，玉质黄绿色，龙体首尾相接，呈玦状。龙首抽象，眼鼻虚化，上吻突出而前展，下吻短而后缩，似有角，附在龙背上，龙首隐约见出为兽首；龙的身子柔软，较肥，类蚕。

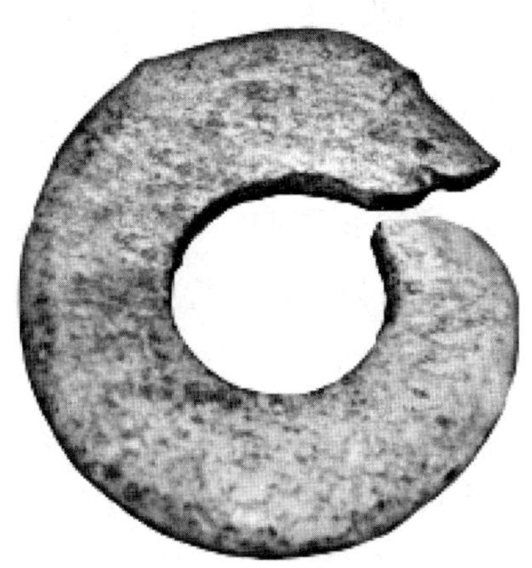

石家河文化玉龙佩

石家河的玉龙与凌家滩的玉龙有得一比。它们的造型均取玦型，均为兽首，而身体则为爬行动物。不同的是，凌家滩的玉龙背后有长长的鬣毛，而石家河文化的玉龙只是一短短的角状物搭在背上，也可能不是角而是鬃毛。凌家滩的玉龙形象可怖，而石家河的玉龙形象则比较可爱。龙是水物，江汉平原属于长江中游流域，凌家滩也属于长江流域，只是为下游流域，凡生活区有流水经过的地区均有水患存在。为了生存，也为了获得生产丰收，

① 参见湖北省博物馆编：《屈家岭——长江中游的史前文化》，文物出版社 2007 年版，第 48 页。

人们会自然崇拜水中的动物。也许，开初这种崇拜会定位于某一种动物，诸如鱼、蛇、蛙，然而后来，出于崇拜内涵深化与外延扩展，崇拜物就会脱离原来的动物，而成为经由部落聪明人重新设计的神奇动物。龙是其中之一。开初，各部落崇拜的龙很不统一，后来，逐渐归于一致。凌家滩的玉与石家河的龙能达到如此一致的地步，除了因为这两个地区的史前人类的自然条件、生产方式、生活方式高度一致之外，不排除这两个地区的人们存在交往的可能。现代人总是低估史前人类的智力和它们的生活方式。其实，不仅凌家滩与石家河存在交往的可能，而且远在东北的红山人与处于中国南部的凌家滩人也存在交往的可能。这两个地区的玉器同样存在诸多相似。

石家河文化最重要的文物是玉凤佩。此玉凤佩 1955 年出土于湖北天门罗家柏岭遗址。外径 4.89 厘米，呈圆形，双面雕刻卷躯的凤鸟。喙勾而高长，眼圆睁，冠附着在头颈上，翅团缩，两支长长的尾翎绕一个半圈与冠相连接。凤的尾部有一个圆孔，显然是系绳子用的。这具玉凤与商代妇好墓发现的玉凤高度相似，也许，这不是偶然的。凤的重要特色是长长的尾翎，此具玉凤佩将这一特点充分展示。两支尾翎，一大一小，形状基本上相似，但又有区别，大支气势贯通，恢宏有致，小支在根部生出两个短支，情韵盎然。中华民族史前文化遗址多处发现鸟的造型，但凤的造型不是很多，最接近商周凤形象的应该就是这具玉凤佩了。

石家河文化湖北天门罗家柏岭遗址出土的玉凤佩

凤在中华民族文化中地位仅次于龙。龙凤均是中华民族的图腾，凤图腾的产生要早于龙图腾。原因是中华民族史前长期是母系氏族社会，而父系氏族社会大抵上在距今 5000 年的仰韶文化中才出现。一般认为，母系氏族社会主要崇凤，也崇龙，父系氏族社会则主要崇龙，其次才崇凤。龙，在中华民族文化中正负面的评价均有，因此有“吉龙”与“孽龙”之分，而凤则没有负面的评价。凤有许多别名，如凤凰、鸾鸟等。《山海经》一书极少谈到龙，但多处赞美凤。如《西山经》云：“有鸟焉，其状如翟而五采文，名曰鸾鸟，见则天下安宁。”《海外西经》云：“此诸夭之野，鸾鸟自歌，凤鸟自舞。皇卵，民食之；甘露，民饮之，所欲自从也。”《大荒南经》云：“爰有歌舞之鸟，鸾鸟自歌，凤凰自舞。爰有百兽，相群爰处，百谷所聚。”所有这些，足以证明凤是吉祥之鸟。有意思的是，《山海经》中的凤凰与蛇的关系：“开明西有凤皇、鸾鸟，皆戴蛇践蛇，膺有赤蛇。”① 凤凰既以蛇为装饰，又统治着蛇。蛇是水物，凤则翱翔于天。凤最有资格与天神沟通，因而凤在中国文化中常被视为天的使者。

中华民族史前文化中留有凤凰形象的，陶器方面，在北方主要有马家窑文化，南方则主要有河姆渡文化。② 玉器方面，北方主要有红山文化，南方则主要是石家河文化了。这四处文化相比，石家河文化的玉凤是最精美的，而且它最接近商代的凤，因此，它称得上是“中国第一凤”。

## 二、动物审美

石家河文化中的玉器以动物雕塑最为精美。动物种类也比较多，主要有虎、鹿、鹰、蝉等。

（1）虎面形玉佩。石家河文化遗址出土虎面形玉佩九件，造型大同小异。共同特征是额头做夸张处理，占据头部的一半，两耳向前，耳孔清晰可见，显示虎的警觉。虎眼落到头的下部，鼻头宽而短，嘴就没有地方放了。虎做得有些像猫，不仅不可怕，而且还有几分可爱了。这种造型很特别，显

① 《山海经·海内西经》。

② 马家窑文化彩陶中有凤凰的纹饰，河姆渡文化的象牙骨片上有凤凰的刻纹。

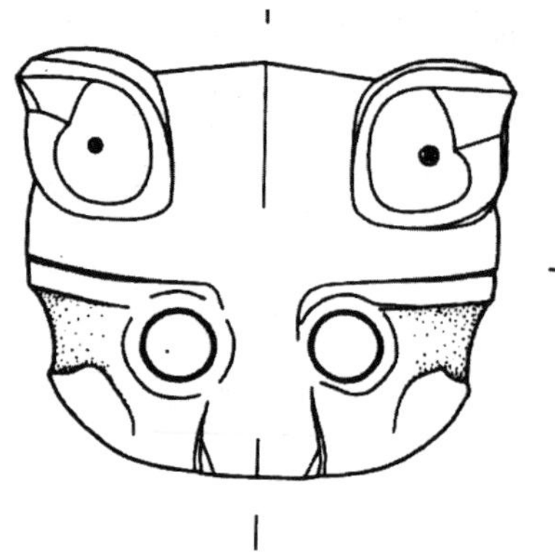

石家河文化虎面形玉佩

示虎在石家河人心目中的样子。

(2) 玉鹰形佩。石家河文化遗址的飞鹰形玉佩出土一件，此佩为圆雕，鹰做展翅状，翅膀刻有弯钩纹，鹰的腹部亦有工整的纹饰。整具雕饰兼写真与工艺于一体，装饰感很强。这件作品可以称得上史前文物中艺术性最高的几件珍品之一。

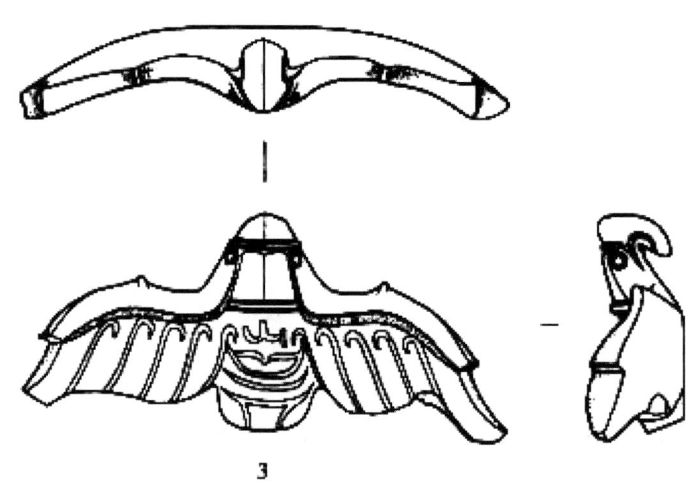


石家河文化玉鹰形佩

(3) 蝉形玉佩。共出土 33 件，造型风格如虎与鹰，在写真的基础上，加以装饰性的美化。

除了以上这些动物雕塑外，还出土了鹿头形佩。所有这些动物雕塑风格接近。石家河人做了这么多的动物雕塑，说明他们与动物的关系比较亲

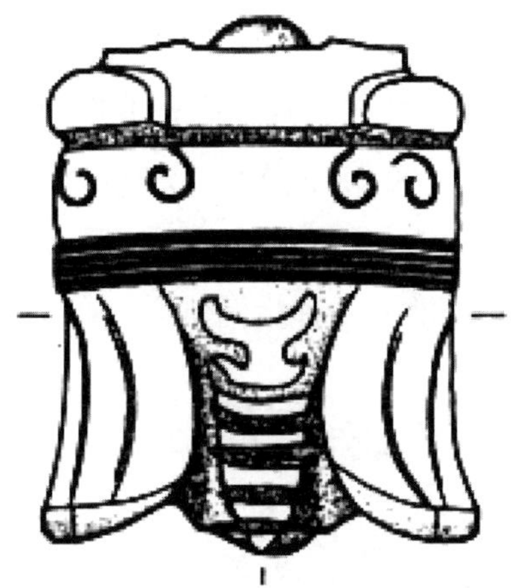

石家河文化蝉形玉佩

密。估计有这样两种关系：一是神佑的关系。动物是神，将动物做成佩饰，佩在身上，可以求得动物神的佑护。二是审美关系。动物佩饰美，出于审美的需要，石家河人做了很多不同品种的动物佩饰。

### 三、玉人头像

石家河文化遗址也出土了一些玉人头像，主要在天门市肖家屋脊遗址，共出土了七件。

(1) 标本 W6 :32。人头像雕于一块三棱形玉上。人头像长 3.7 厘米，杏仁眼，大而可怖，鼻高而尖，嘴特别大，上下唇吻厚而张开，露出四颗门牙，还有两颗獠牙，向上翘起。两只大耳，耳上有洞，可能是戴耳环的。此件应该不是真人头像而是面具，或是有所化装的真人。如是面具，可以看作傩。傩文化源远流长，至今在一些少数民族那里还可以看到它的承续，它已经成为非物质文化遗产保护的项目了。而溯其源，至少可以推到距今 4000 年左右的石家河文化。

(2) 标本 W6 :14。人头像刻在一块长方形的玉片上，人像有冠，冠上有旋转状的装饰，玉人眼为梭形，没有刻出眼珠，鼻大且方，嘴紧闭，嘴角下拉，两只大耳，有硕大的耳洞。玉人的神态威严。从戴的冠、神态，可以判定玉人不是巫师就是部落首领。

(3) 标本 W7 :4。人头像刻于玉管表面。人头像戴箍形冠，箍上有斜行线条。眼圆睁，但透出平和；眉毛长而过眼角；鼻宽而平直，嘴微张，脸颊内收，耳大而有耳洞。玉人神态祥和，可能是部落首领的常态。

(4) 标本 W6：17。此头像为侧像，刻在弧形的玉片上，人头戴尖冠，果核眼，鼻短而高，嘴唇厚，略张开，耳短小，戴耳环。此玉人可能是部落首领的另一种生活常态。

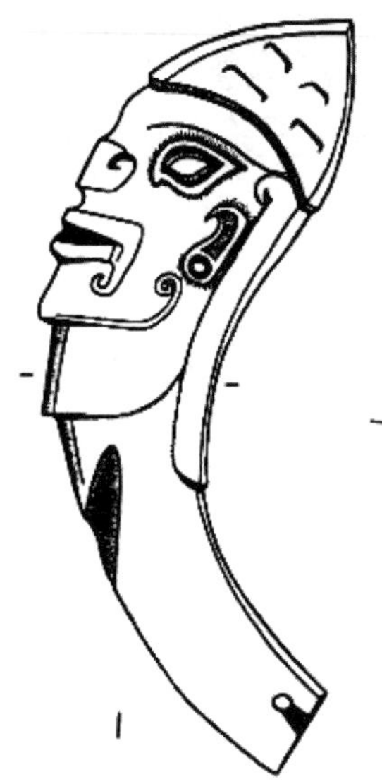

石家河玉人头像

肖家屋脊遗址还有三件玉人头像，面目不甚清晰。从上面介绍的四具玉人头像，我们可以得出如下结论：

(1) 石家河人已经掌握了塑造人物头像的基本技能，形象刻画均合比例，而且能够注意突出人物的身份与精神风采。

(2) 玉人主要功能已由宗教转向生活。第一具玉人主要用于宗教活动，后三具就难以认定系宗教所用。

(3) 玉人面具在一定程度上反映当时人生活水准。从打扮与精神气概来说，当时人的生活条件是不错的。

(4) 玉人均有硕大的耳洞，说明戴耳环在当时很流行。重视耳的装饰，是中华民族史前部落共同的习俗。距今约 8000 年的兴隆洼文化发现中国最早玉玦，而玉玦，学者们普遍认为是耳饰。

(5) 玉人均有冠，中华民族很重视冠，冠是身份的象征。春秋时，孔子的学生子路在卫国的内战中牺牲，牺牲前不忘将冠戴好。石家河肖家屋脊遗址发现的玉人不仅均戴有冠，而且冠的形态不一样，有平顶，有尖顶，有的有装饰图案，有的没有。这可能是由当时习俗或礼制所决定的。

## 四、审美作为精神生产力

如果仅就艺术品位来说，石家河文化的玉器艺术品位最高，可以说是史前玉器审美的顶峰。但石家河文化遗址较少出土礼制类玉器，如璧、琮等。已经发现的基本上都是生活类的玉器，佩饰多，即使是玉凤这样意义重大的玉器，其使用方式，也只是佩饰。至少有三个问题引发思考：

(1) 是不是石家河附近或不是太远的地方还有级别更高的史前文化遗址？石家河出土的生活类玉器如此精美、丰富，只能说明这个地方存在着一个王国，只有国王才有资格享受这样的玉器。这个王国是否在等待着人们去发现？

(2) 生活类玉器如此精美，不只是说明这个地方人们的经济生活水平比较高，而且说明生活意识有所提升，生活意识的提升，意味着原始宗教地位有所下降。如果将原始宗教对于人类精神的统治比喻为一座黑屋，那么，对生活的重视就好像在这座黑屋的屋顶开了一个天窗，曙光透进来了。石家河文化是史前文化的最后终结，是文明的开启。

(3) 审美在人类文明中的地位。玉器制作，源于美的追求，也显示出史前人类最高的审美能力。审美，可以看作生产力——精神生产力。人类的精神生产力不只是审美，但审美是最重要的。可以说是精神生产力和物质生产力共同开启人类文明。

# 第四章

# 新石器时代的艺术

史前艺术到底是怎么样的，主要依靠史前考古，另外，则是依据古籍中有关史前艺术的记载。史前艺术考古，主要是造型艺术，这方面主要有岩画、雕塑、建筑。声音艺术，主要为音乐，而音乐，考古所得主要是乐器。舞蹈属于身体艺术，它主要存在于岩画、彩陶纹饰中。

## 第一节 音乐

乐在中华民族的审美文化中居于特殊重要的地位，值得说明的是，古汉语中的"乐"与现代汉语中的"乐"是有区别的。现代汉语中的"乐"，就是音乐，而古汉语中的"乐"则有广义与狭义两种用法，狭义的乐为音乐，广义的乐则不仅为音乐，还包括舞蹈、诗歌。音乐，前文所说的乐指广义的乐，三皇五帝制作的《九招》《六列》《六英》等乐，既是音乐，又是舞蹈，还是诗歌。尽管乐是音乐、舞蹈、诗歌三位一体的，在这三位中，音乐处于基础的地位，舞蹈依着音乐节奏而动作，诗歌依着音乐节律而吟唱，因此，音乐是乐的中心。

### 一、始祖创乐

中国古籍记载，中华民族的始祖都参与过音乐的创作。

《吕氏春秋 · 仲夏纪第五》云：

> 昔古朱襄氏之治天下也，多风而阳气畜积，万物散解，果实不成，故士达作为五弦瑟，以来阴气，以定群生。
>
> 昔葛天氏之乐，三人操牛尾，投足以歌八阕……
>
> 昔黄帝令伶伦作为律。伶伦自大夏之西，乃之阮隃之阴，取竹于嶰溪之谷，以生空窍厚钧者，断其两节间，其长三寸九分而吹之，以为黄钟之宫……
>
> 帝喾命咸黑作为《声歌》——《九招》《六列》《六英》……
>
> 帝尧立，乃命质为乐，质乃效山林溪谷之音以歌……
>
> 舜立，命延乃拌瞽叟之所为瑟，益之八弦，以为二十三弦之瑟……

从这些记载我们可以看出音乐在中国史前社会具有重要的地位。它往往作为部落的重要礼仪活动而被最高的部落长下令制作。

据史书记载，黄帝的歌舞名《云门》[①]，又名《云门大卷》，顾名思义，它是表现云的，而且是大卷的云之门。可以想象，风起云涌，掀天揭地，云海的气势何等磅礴；又可以想象，浮金耀碧，变化万千，那云霞的色彩何等绚丽！黄帝不选别的自然物，单挑云来作为歌舞的主题，应该说是别有深意的。也确实没有比大卷的云门更切合作为黄帝的象征了。

不少古籍说到黄帝用乐。《庄子》说“黄帝张乐于洞庭之野”，这在浩瀚的洞庭湖铺开的歌舞，应该是《云门》。又《太平御览》云：“黄帝习乐昆仑，以舞众神，玄鹤二八其右。”这歌舞是在巍峨的昆仑山举行的，而且有众神、玄鹤参与，这乐亦可能是《云门》。

黄帝创作《云门》舞，目的是什么呢？目的应是很多的，目的之一是歌颂云，歌颂大自然；目的之二是赞美天帝。《周礼》云：“黄帝舞云门以祀天神。”也许在黄帝看来，天上的云就是天帝的化身；目的之三是赞美自己。据《史记 · 五帝本纪》，黄帝的母亲“见大电绕北斗枢星，感而怀孕”，生了黄帝。黄帝受命称帝时天上有彩云飘过，被视为祥瑞之兆。受此启迪，黄

---

① 《晋书 · 志第六 · 律历上》，又《宋书 · 志第九 · 乐一》。

帝以云为氏族的图腾标志。不仅如此，他还以云命官，春官称青云，夏官称缙云，秋官称白云，冬官称黑云，中官称黄云等。显然，黄帝以云为题材创作一部乐曲，就是想借云来赞美自己，除此以外，也希望自己有云那样的伟力，那样的壮美，那样的神奇。黄帝的乐舞《云门》，也被称为《咸池》，《白虎通论·礼乐》释“咸池”：“黄帝（乐）言《咸池》者，言大施天下之道而行之，天之所生，地之所载，咸蒙德施也。”

三皇五帝均有歌颂大自然的乐舞。颛顼的乐舞名《六茎》[①]，那是关于植物的歌舞，《白虎通论·礼乐》云：“颛顼（乐）曰《六茎》者，言和律历以调阴阳，茎者，著万物也。”《吕氏春秋·仲夏纪》又说颛顼作《承云》：“帝颛顼生自若水，实处空桑，乃登为帝，惟天之合，正风乃行。其音若熙熙凄凄锵锵。帝颛顼好其音，乃令飞龙作效八风之音，命之曰承云，以祭上帝。乃令鱓先为乐倡，鱓乃偃寝，以其尾鼓其腹，其音英英。”《承云》与《云门》的内容相关，意为承继《云门》的事业。颛顼是黄帝的子孙，他这样做是可以理解的。《承云》这部乐舞其声如龙吟，如风吼；乐器用的又是鼍鼓，就更为雄壮了。

帝喾的乐舞为《五英》[②]，“《五英》，英华茂也”[③]，因此，赞美花的茂盛艳丽。帝尧的乐舞为《大章》[④]，也是歌颂大自然的，据《吕氏春秋》，尧命质根据山林溪谷的声音来创作这部乐舞。

亦如黄帝一样，这些古帝以大自然为题材创作的乐舞，不只是歌颂大自然，还歌颂神灵，歌颂图腾，歌颂包括自己在内的部落英雄。

## 二、各种乐器的发现

史前考古发现的乐器门类较多，最重要的有笛和鼓。

---

① 《汉书·孝惠皇帝纪卷第五》。

② 《晋书·志第六·律历志上》。

③ 《汉书·礼乐志》。

④ 《汉书·孝惠皇帝纪卷第五》。

### （一）骨笛

1986—1987 年在河南舞阳贾湖裴李岗新石器文化遗址中发现了骨笛。骨笛用鹤的腿骨制成。大多七个音孔，少数的为五孔或八孔。① 研究人员尝试着用骨笛吹奏，还能吹出完整的乐曲来。②

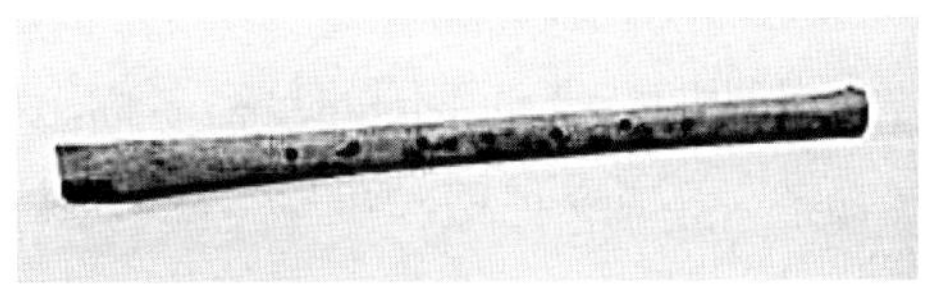

河南舞阳贾湖骨笛

舞阳贾湖遗址所发现的骨笛，其意义远超出其他乐器。

舞阳贾湖共出土 25 支骨笛，其中 17 件保存完好，按年代，可以分成三期：

早期，前 9000—前 8600 年，也就是距今 9000 年左右，开有五孔或六孔，能奏出四声音阶和完备的五声音阶。

中期，前 8600—前 8200 年，开有七孔，能奏出六声和七声音阶。

晚期，前 8200—前 7800 年，开有七孔或八孔，能奏出七声音阶和七声音阶以外的变化音。

舞阳贾湖的骨笛今天仍然能够演奏乐曲。在对舞阳贾湖骨笛测音研究之中，演奏人员尝试着用舞阳贾湖骨笛 M282：20 吹奏河北民歌《小白菜》，取得成功。

舞阳贾湖骨笛的发现，颠覆了人们对中国古代音乐的认识：

1. 贾湖骨笛的发现突破了中国古典文献关于五声音阶的记载

中国传统的音乐理论，将音乐分为“声”和“音”两个概念。

《汉书·律历志》说：“声者，宫、商、角、徵、羽也。所以作乐者，谐八音，荡涤人之邪意，全其正性，移风易俗也。八音：土曰埙，匏曰笙，皮曰鼓，竹曰管，丝曰弦，石曰磬，金曰钟，木曰柷。五声和，八音谐，而乐成。”

---

① 参见河南省文物考古研究所：《舞阳贾湖》上卷第四节，科学出版社 1999 年版。

② 参见河南文物研究所：《长葛石固遗址发掘报告》，《华夏考古》1987 年第 1 期。

所谓“声”，分别称为宫、商、角、徵、羽，是音阶中的五个音级，合称“五声”；所谓“音”，是由八种乐器——埙、笙、鼓、管、弦、磬、钟、柷发出声音，合称“八音”。

“五声”的来历，说法很多，主要有：(1) 来自古代的天文学，即从二十八个星宿的名称而来的，如“宫”来自二十八星宿环绕的中心——中宫，其他四音来自不同的星宿名称。(2)“五声”之名，缘起于畜禽的叫声。《管子·杂篇》把徵、羽、宫、商、角与猪、马、牛、羊、雉的叫声相联系：“凡听徵，如负猪豕，觉而骇；凡听羽，如鸣马在野；凡听宫，如牛鸣窌（窖）中；凡听商，如离群羊；凡听角，如雉登木以鸣，音疾以清。”《乐记·乐本》篇认为，“五声”观念与人们的政治观念有联系：“宫为君，商为臣，角为民，徵为事，羽为物。”(3) 南宋学者张炎认为，“五声”与五行观念有联系。他在《词源·五音相生》中说：“宫属土，君之象。……宫，中也，居中央，畅四方，唱施始生，为四声之纲。”

既然八九千年前就有五声发明，对于五声的来历可能要重新思考。贾湖时代可能没有以上所说的四种情况，但贾湖时代，人们发现了五声，那么，其原因只能是一种，那就是为了审美。当将声区分为五声，根据表情达意的需要以及听觉舒服的要求来组织乐曲，这乐曲就有魅力了，基于对美的追求，贾湖人在不断地艺术实践中发现了五声，进而七声。

五声的创造，充分展示了人类的智慧，不是科学的智慧，也不是道德的智慧，而是审美的智慧。审美的智慧是一种不依赖别的功利、相对独立的智慧。它的动力来自审美的需要。人类的审美需要发源于先天人性，育成于后天人性。

2. 贾湖骨笛证明中国上古就发现了七声音阶

舞阳贾湖骨笛有四声、五声、六声及七声音阶多种类型。黄翔鹏、童忠良等运用现代测音仪器（Stroboconn）对舞阳贾湖 M282：20 骨笛进行测音研究，“测音数据表明，这件距今约 8000 年前的骨笛，不仅音高明确，而且各音级已能构成六声或七声音阶，是一种性能优良的旋律乐器！这是中华民族先民乐律知识发展水平的一个重要标志。仅就这一支骨笛所发音列来看，其中已含有八度、六度、五度、四度、大小三度、大小二度等多种音程关系。制作过程中开孔前后的设计、修改刻痕、调音小孔，充分说明先民们已可能发展出相当水准的音高音准概念，已经初具某种音律体制标准。"①

中国古代的音乐文献，只有五声的记载，没有七声的记载，而音乐实际不是这样的。《战国策 · 燕策三》记载，公元前 227 年，燕太子丹派荆轲去刺杀秦王，送行到易水河边，将分别时，荆轲在好友高渐离的伴奏下，唱起了离别歌，曲调先用"变徵之声"，接着用"慷慨羽声"。所谓"变徵"，是中国古代的一个音阶名称，它的位置在徵音之前，而比徵音低半音，相当于今天的升高半音的 Fa，这个音实际上突破了五声音阶的范围。

现在舞阳贾湖发现七声音阶的骨笛，足以说明中国古代音乐文献关于音阶的记载是不完备的。既然中华民族早就有七声音阶的认识，为什么要概括成"五声"音阶呢？这很可能是战国阴阳学影响所致，阴阳学动辄将天下事物先分为阴阳，然后再分成五行。对音乐的认识也大体如是。

由此人们有理由联想，阴阳五行说固然对于中国哲学、美学发展贡献很大，但也有弊端，它在一定程度上禁锢了中国人的思想。事物的发展不只是阴阳的二分，也不只是五行的五分，它存在着诸多的分法。

3. 贾湖骨笛高度的制作技巧反映出先民对十二平均律已有一定了解

贾湖骨笛有为确定孔距而留下的计算刻度。282 号墓的 20 号骨笛，笛身可以清晰地看到开孔前留下的计算痕迹。开孔时，把原先计算的第二孔的位置向下移动了 0.1 厘米，使第一孔与第二孔的音距为 300 音分；原第三孔的位置也向下移动了 0.1 厘米，使第二孔与第三孔的音分数调整到 200 音分，第三孔与第四孔之间的音距也就成了 200 音分。通过调整两个音孔位置，彼此的音距和音分数与今天的十二平均律的音距和音分数完全相同，并且形成了 1、2、3、5 四个声音组合的以十二平均律为基础的相互关系。贾

① 李希凡总主编，本卷主编刘峻骧：《中华艺术通史 · 原始卷》，北京师范大学出版社 2006 年版，第 58 页。

湖人似乎已对音乐十二平均律有了初步的认识。

4. 贾湖骨笛证明中国乐教文化之源可以推至万年之前

中华民族号称礼乐之邦，音乐在中华文化中占据极为重要的地位。这一文化奠定者一般认为是西周初期的周公，时间为距今 3000 年左右。舞阳贾湖骨笛的发现，充分说明中华民族具有悠久的音乐审美传统，可以将儒家的乐教之源推向近万年的新石器时代的早期。西周的周公之所以能建立起乐教文化，是因为音乐在中华民族精神生活中具有极其深厚的根基。而之所以具有深厚的根基，是因为中华民族早在距今近万年的贾湖文化时期就已具有相当高的乐理知识了。任何一种文化的形成不能没有源。正是因为中华民族的音乐文化源远流长，才有了周公的制礼作乐，才诞生了对中华民族具有深远影响的乐教文化。

值得一说的是，骨笛在史前广有发现。如河南汝州中山寨新石器时代遗址出土的属于裴李岗文化的骨笛，据碳 14 测定，距今 7790—6955 年。骨笛长 15.6 厘米，直径 1.1—1.3 厘米，音孔分两行交错排列，一排为五孔，另一排为四孔。距今 8000 年的兴隆洼文化遗址也发现骨笛，它不是用鸟骨而是用兽骨制作的，这骨笛五个孔，同样也能吹响。①

（二）鼓

史前乐器的发现，骨笛外最重要的乐器也许就是鼓了。

最早的鼓是为辽宁朝阳市德辅博物馆收藏的一件陶鼓，发现地点为内蒙古赤峰翁牛特旗广德镇团结营子村后山遗址，归属于小河西文化。小河西文化绝对年代应该是公元前 6200 年以前，最早年代或可早到公元前 7500 年左右。② 如此说来，距今也是 9000 年了。

陶质系夹砂灰陶，质地疏松，受火不均匀，故陶体颜色不统一。鼓体呈缸形，通高 35.5 厘米，口径 27 厘米，底径 13 厘米。在靠近口沿 3 厘米处，有一圈小孔共 17 个，腹部有对称的两个兽头，且分布着一匝鹰喙状的倒钩

---

① 参见王相骊、王耀武：《红山文化探秘》，内蒙古科学技术出版社 2017 年版，第 62 页。

② 参见王冬力主编：《德辅典藏》，辽宁教育出版社 2019 年版，第 271 页。

突出物 13 个，底厚 1 厘米，口沿厚 0.5 厘米，距底部 1/3 处，有两个小圆孔，孔径 2.5 厘米，底部也有一小圆孔，孔径 2 厘米。①

为了试验鼓的演奏功能，德辅博物馆按等比复制了一件陶鼓，并蒙上了牛皮。专业鼓手李金佑演奏了该复制的鼓，认为“陶鼓音色优美，接近非洲手鼓的效果，能清晰地分出高、中、低音”②。

在中国古代的乐器中，鼓的地位是特殊的。

第一，鼓是战场上最早用于激励士气的乐器。

《山海经 · 大荒东经》记载：“东海中有流波山，入海七千里，其上有兽，状如牛，苍身而无角，一足，出入水则必风雨；其光如日月，其声如雷，其名曰夔。黄帝得之，以其皮为鼓，橛以雷兽之骨，声闻五百里，以威天下。”

史前部落应该有数量不算少的战争乐舞。《吕氏春秋 · 仲夏纪 · 古乐》谈到诸多先王的乐舞，其中有些乐舞可以看成战争舞蹈。如帝尧“以麋鞈置缶而鼓之，乃击石拊石，以象上帝玉磬之音，以致舞百兽”。鼓不仅是乐器，战争中还常用作进军的号令，它有鼓舞士气的作用，舞蹈中用到鼓，且有百兽率舞，这舞就明显地具有战争的意味了。《宋书》卷十九《志第九 · 乐一》云：“鼓吹，盖短箫铙歌。”蔡邕曰：“军乐也，黄帝岐伯所作，以扬德建武，劝士讽敌也。”

在中国，鼓是指挥前进的乐器，而金是指挥退兵的乐器。《荀子 · 议兵》云：“闻鼓声而进，闻金声而退。”这种体制，一直用到近代。

第二，鼓是大型庆典不可缺少的乐器。

《尚书 · 益稷》记载一场重要的庆典：

> 夔曰：戛击鸣球，搏拊、琴、瑟，以咏。祖考来格，虞宾在位，群后德让。下管鼗鼓，合止柷敔，笙镛以间，鸟兽跄跄，《箫韶》九成，凤凰来仪。夔曰：於！予击石拊石，百兽率舞，庶尹允谐。帝庸作歌，曰：“敕天之命，惟时惟几。”乃歌曰：“股肱喜哉！元首起哉！百工熙哉！”

---

① 参见王冬力主编：《德辅典藏》，辽宁教育出版社 2019 年版，第 270 页。

② 参见王冬力主编：《德辅典藏》，辽宁教育出版社 2019 年版，第 270 页。

皋陶拜手稽首飏言曰："念哉！率作兴事，慎乃宪，钦哉！屡首乃成，钦哉！"乃赓载歌曰："元首明哉，股肱良哉，庶事康哉！"又歌曰："元首丛脞哉，股肱惰哉，万事堕哉！"帝拜曰："俞，往钦哉！"

这是一场正规的朝廷庆典，君臣欢聚一堂，载歌载舞。乐舞中，还穿插有君臣的对话。臣赞美君，君勉励臣。整个一团融洽和谐的气氛，这其中有人与天的和谐，后辈与祖先的和谐，主人与客人的和谐，君主与臣下的和谐。

庆典中乐器有鸣球、搏拊、琴、瑟、管、鼗鼓，柷、敔，笙、镛、石磬等。其中鼓，起着统领的作用。

第三，鼓是中国古代祭祀及其他诸多宗教活动中的乐器。

《周礼·春官》云："凡国祈年于田祖，歈豳雅，击土鼓，以乐田畯。"这里说的是祭地。祭天也要用到鼓。中国的宗教——道教在其重要活动中均要用到鼓，道教音乐中鼓是统领者。

第四，鼓在中国古代音乐中居于"德音"的地位。

《礼记·乐记》云："圣人作为鞉、鼓、椌、楬、埙、篪，此六者，德音之音也。然后钟、磬、竽、瑟以和之，干、戚、旄、狄以舞之，此所以祭先王之庙也。"这里明确地将鼓归入德音之列。《礼记·乐记》还指出："鼓声之声讙，讙以立动，动以进众。君子听鼓声之声，则思将帅之臣。君子之听声，非听其铿鎗而已也，彼亦有所合之也。"《荀子·乐论》云："君子以钟鼓道志，以琴瑟乐心"。这些都说明鼓在乐器中具有正面的道德价值，也许正是因为如此，它才最有资格成为礼乐文化中乐的代表。

第五，鼓是中国古代最古老的具有礼制意义的乐器。

中国礼乐文化中，鼓占据重要的位置。《论语·阳货》中载孔子曰："礼云礼云，玉帛云乎哉；乐云乐云，钟鼓云乎哉。"这里，说到礼，孔子以玉帛作代表；说到乐，则以鼓与钟作代表。

《礼记·明堂位》："土鼓、蒉桴、苇籥，伊耆氏之乐也；拊搏、玉磬、揩击、大琴、大瑟、中琴、小瑟，四代之乐器也。"[①] 伊耆氏为远古部落首领，四代为

① 《礼记·明堂位》。

虞、夏、商、周。土鼓，就是陶鼓。土鼓、蒉桴、苇籥三件组合，称为伊耆氏之乐，三件中，鼓是这一套音乐的中心。

《吕氏春秋·仲夏纪》云："天子居明堂太庙……命乐师修鞀鞞鼓，均琴瑟管箫……帝喾命咸黑作为声歌，九招六列六英，有倕作为鼙鼓钟磬吹苓管埙篪鞀椎钟。……帝尧立……乃以麋輅置缶而鼓之……"这里提到好几种乐器，其中"麋輅"是指蒙着麋鹿皮的鼓。这段话说明，进入黄帝、帝喾时代，鼓也是礼制大乐的中心。陶寺考古也发现鼓。据考古报告，"在大型墓葬中，成对的木鼓与石磬、陶异形器（土鼓），放置位置固定。""鼓腔内常见散落的鳄鱼骨板数枚至数十枚，由此可证，原以鳄鱼皮蒙鼓，即古文献中记载的鼍鼓。"① 陶寺，专家据考古材料与文献资料综合分析，是五帝中尧的都城，贵族大墓中以鼓为主的乐器肯定是礼器。

距今近万年的小河西文化发现陶鼓，将礼乐文化推至近万年前。

史前文化遗址多发现陶鼓。山东泰安大汶口文化晚期10号墓出土有

河南内乡朱岗陶鼓

① 中国社会科学院考古研究所山西工作队、临汾地区文化局：《1978—1980年山西襄汾陶寺墓地发掘简报》，《考古》1981年第1期。

两件陶鼓,旁边有鳄鱼皮骨板,专家认为这鳄鱼皮应是鼓皮。用鳄鱼皮作鼓皮的鼓称为“鼍鼓”。山西陶寺文化遗址出土一种鼓,鼓身是一段树干,树心被掏空,中有鳄鱼皮骨板,疑为鼓皮残片。这种鼓称为“木鼓”或“木鼍鼓”。河南内乡朱岗仰韶文化遗址出土一件陶鼓,鼓身上部作喇叭形,下部作筒形,连接处为凸起的一圈齿纹。器身绘上黑色的柳叶纹,器底为橙红色,非常美丽。

(三) 哨

1963 年甘肃秦安县兴国镇凤山村堡子坪出土一件属齐家文化的陶哨,状若小羊,遍体彩绘,有圆形的红色花纹。羊的背部开有一音孔。器长 5 厘米,高 3 厘米,宽 2 厘米。

甘肃秦安堡子坪陶哨

哨也有骨制的。1979 年在河南葛石固新石器遗址出土一件属裴李岗文化骨哨,据碳 14 测定,距今约 8100 年。浙江余姚河姆渡出土物中也有骨哨,在第一期文化层,出土骨哨 139 件,距今 7000—6500 年。用禽鸟的肢骨中段加工制成,长度 5—12.3 厘米,管径 0.5—1.5 厘米不等,可以分成四型:A 型 16 件,一孔;B 型 107 件,二孔;C 型 8 件,三孔;D 型 1 件,三孔。在第二期文化层,出土骨哨 25 件,距今 6300—6000 年左右。质料、制法同于第一期文化层,只是没有 D 型。①

① 浙江省文物考古研究所:《河姆渡》上册,文物出版社 2003 年版,第 97—98、273 页。

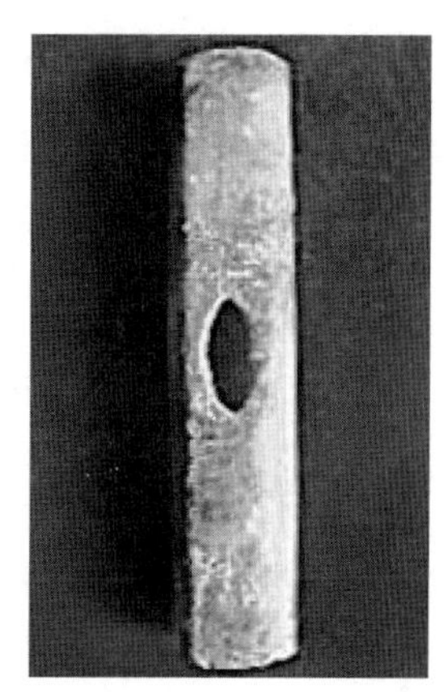
河南长葛石固新石器遗址裴李岗文化骨哨

（四）埙

埙均为陶制。陕西西安半坡、陕西临潼姜寨、甘肃玉门火烧沟、山西襄汾陶寺、山西太原义井、浙江余姚河姆渡等新石器时代文化遗址均有出土。半坡出土的陶埙，距今约 6700 年。1976 年，在甘肃玉门清泉乡火烧沟出土了 20 余件史前陶埙，为扁平鱼形，遍体彩绘，鱼嘴为吹孔，鱼腹、鱼背均有按音孔，可以有六种不同的指法，吹出四声、五声音阶。

（五）角

角亦为陶制。陕西华县井家堡仰韶文化庙底沟类型文化遗址出土一件陶角，状如牛角。通长 42 厘米，吹口内径 1.8 厘米，外径 3.0—3.2 厘米；号口内径 7.4—7.6 厘米，外径 9 厘米。

陕西华县井家堡陶角

陶角出土不多，仅四件，除了陕西华县井家堡出土的一件外，其他的两件为山东莒县陵阳河大汶口文化遗址陶角和大朱村陶角，还有一件为河南禹县顺店谷水河龙山文化遗址陶角。

（六）磬

以石块制成，多有穿孔，一般是悬挂供人敲击的。《尚书·虞夏书》云："击石拊石，百兽率舞。"这"击"和"拊"的"石"就是磬。山西襄汾陶寺M3002出土的石磬也许是最大的石磬了。此磬为角页岩，青色，犁形，全长95厘米，高43厘米，厚1.2—5.1厘米。类似的石磬，在山西闻喜龙山文化遗址、河南禹县阎砦龙山文化遗址也发现过。

（七）摇响器

在一个容器中放置石子，在摇晃中发出声音，就是所谓的摇响器。距今7700年左右的舞阳贾湖遗址出土龟甲摇响器数十件，其中363号墓出土八件。形制为上下龟甲边缘穿孔，用绳固定，中空，放置石子。龟在古代视为神物，具有预知的功能，龟甲摇响器应是巫觋的法器。

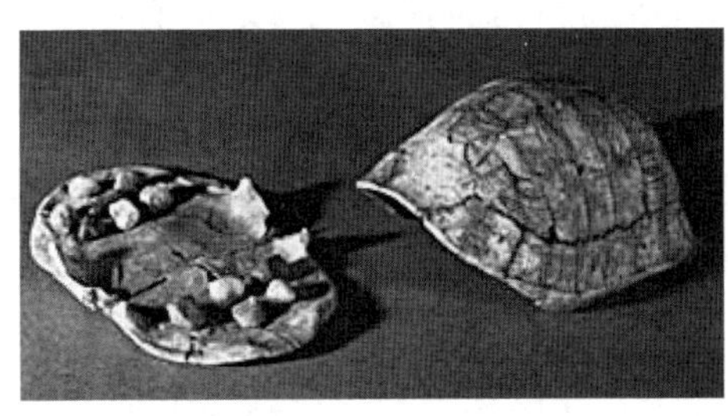

河南舞阳贾湖龟甲摇响器

当然，也有陶制摇响器，多做成球形、半球形、瓜形等。甘肃庆阳野林寺沟仰韶文化遗址、陕西临潼姜寨仰韶文化遗址、湖北京山朱家嘴屈家岭文化遗址、安徽望江县汪洋庙薛家岗文化遗址、安徽潜山天宁寨薛家岗文化遗址、江苏常州戚墅堰马家浜文化遗址、山东日照东海峪大汶口文化遗址等，均出土有陶制摇响器。

（八）铃

铃一般为陶制，分布也很广泛，黄河流域、长江流域新石器时代文化遗址均有出土。1956年在湖北天门石家河三房湾出土一件陶铃，泥质为橙红色，器体为帽形，器体表面有图案，略可见出简单的饕餮形。此陶铃属出土陶铃中最美丽的一件了。

湖北天门石家河文化的陶铃

## 第二节　舞　蹈

舞蹈是人体艺术，它与音乐一样，应是人类最早的艺术形式。人在情感需要宣泄的时候，他就有了艺术的冲动，这冲动一是表现为发声歌唱，二是表现为手舞足蹈。前者如果实现了，就成为音乐的雏形；后者如果实现了，就成为舞蹈的雏形。这就是《毛诗序》中所说的："诗动于中而形于言，言之不足故嗟叹之，嗟叹之不足故永歌之，永歌之不足，不知手之舞之，足之蹈之也。"

史前舞蹈具体怎样，有关史前的文献留存一些对它的记载，但可靠性存疑。现在主要从史前陶器上的舞蹈纹、史前岩画、史前雕塑做一些了解。

### 一、彩陶上的舞蹈纹

舞蹈纹陶盆出土不是很多。出土地多在西北，以马家窑文化马家窑类型为主，距今5000年左右。下面我们来看几件著名的舞蹈纹陶盆。

#### （一）青海大通县上孙家寨马家窑文化遗址彩陶盆

1973年被发现，盆通高14厘米，口径29厘米，底径10厘米。盆内壁上部有一圈舞蹈纹。舞者分为三组，每组五人，手牵着手。舞者头部简化成圆形，头的右边有一支发辫（或饰物），臀部左边有一翘起来的尾状物。舞人两腿微微张开，身体微倾，动作的幅度不是很大，似在轻轻地摆动。从画面可以看得出来，这是在表演一支比较轻快的抒情乐舞（参见本编陶器章）

（二）甘肃武威磨嘴子马家窑文化遗址彩陶盆

1991 年被发现，盆通高 14 厘米，口径 29.5 厘米，底径 11 厘米。盆内壁上部有两组舞蹈纹。每组舞者 9 人，手牵着手。头圆，有发髻。舞者腰肢很细，腹部出奇地大，像是裹了短裙，也像是有意装扮成孕妇。舞者有三条腿，中间一条疑为装饰，如动物的尾巴。舞者正面站立，似是舞蹈还未开始或已经结束。

甘肃武威磨嘴子出土舞蹈纹陶盆

（三）甘肃会宁头寨乡牛门洞马家窑文化遗址彩陶盆

发现于 1994 年，形制与青海大通县出土的那件很相似，内壁有舞蹈纹，舞者 15 位，分成 3 组，每组 5 人。舞人手牵着手，身体状如立着的燕子。盆中心有一个圆，像是篝火，篝火周围有 4 个圆圈。整个图案像是 15 位舞者围着篝火在跳舞。

（传）甘肃会宁牛门洞遗址出土舞蹈纹陶盆

（四）青海宗日马家窑文化遗址彩陶盆

发现于 1995 年，盆通高 12.5 厘米，口径 22.8 厘米，底径 9.9 厘米。盆外观与青海大通县出土的那件完全一样，内壁有舞蹈纹，舞者布为一圈，分为两组，一组 11 人，共 22 人。舞者手牵着手，有摆动感；腹鼓，似着比较肥的短裙；一只脚立地，也许是两腿并拢，也许一腿缩后。舞者亭亭玉立，姿态十分优美。

青海宗日遗址出土舞蹈纹陶盆

这几件彩陶盆上的舞蹈图案，风格基本相似，它所展现的舞蹈比较轻快，弥漫着一种喜庆的意味。当然它也带有巫术的意味，但整个气氛是世俗的、平易的，它主要是百姓的舞蹈，娱乐自己的舞蹈。这种舞蹈应是史前舞蹈中的主流。

## 二、岩画中的舞蹈

中国史前岩画中舞蹈场景很多，其表现的内容主要有：

### （一）再现生产活动场面

生产劳动是史前人类生活的主题，在舞蹈中反映生产劳动是再自然不过的了。需要指出的是，艺术毕竟是虚构的，艺术中的劳动滤去了劳动的艰辛，强化了劳动中的快乐。就是说，艺术表现劳动，将劳动审美化了。

下面是四川珙县的岩画。分为两部分，各自独立，又有联系。上部分，画的是捕鱼，一人拉着一条大鱼；另一条大鱼向后逃跑了。被钩上的鱼是横着的，因为它还在水中。人站在水中。捕鱼人的头上有长长的弯形的装饰物。他动作潇洒，有舞蹈味。

画的下部。中间部位，一巫师跪在地上，头有三束高耸的装饰物，他举着两柄剑状的箆具，似在作法；右边部位，上下有两位巫师。一位头上有巨大的鸟形装饰，两手后摆，头履向前，姿态从容；一位头部有长长的装饰物，两手张开，一手空着，一手提着一个巨大圆状物。画面的左边，一只类似狗的动物跑过来，似是与跪地的巫师配合。

整个场面构图为方形，左、中、右均三物。中间有一个由四条棍状物交叉构成的物件。左边中间有一个长方形框起来的物件，方形中有交叉的条状物。两个物件很可能是筮具。

这种场景既是生产，也是巫术，还是舞蹈。巫术，似乎不是生活实际，而是生活的幻想状态，其实，它就是生活本身。列维·布留尔引用对史前残留部落的考察报告说，苏兹人猎熊时要跳熊舞，有时一连跳几天，直到熊出现时为止。珙县岩画捕鱼猎兽图应该也是如此。

四川珙县劳动兼巫术场景岩画

珙县岩画上捕鱼图，让我们想到了古籍上说的伏羲作的《网罟之歌》。《隋书·乐记》云："伏羲有网罟之歌。"唐代诗人元结有《补乐歌十首》，其中《网罟》一诗的序云："网罟，伏羲氏之歌也，其义盖称伏羲能易人取禽兽之劳也。"其歌为："吾人苦兮，水深深。网罟设兮，水不深。吾人苦兮，山幽幽。网罟设兮，山不幽。"

伏羲氏不仅作了《网罟之歌》，还作了《驾辨》之歌。《驾辨》具体为何乐舞，今不得而知，从乐名可能与驾船相关。驾船是劳动。距今约5000年的河姆渡文化遗址发现有桨片，说明当时就有舟船在使用。《驾辨》乐舞应是驾船劳动的艺术性再现。以生产劳动为题材创作乐舞，不独伏羲，神农也如此。据史载，神农创作了《扶犁》乐舞，它再现了扶犁耕地的劳动场景。

(二) 再现各种庆典场面

云南沧源岩画画在人迹罕至的深山石壁上，场面非常宏大，似是生活实景，细看，发现应是庆典，人物动作整齐，显然是在舞蹈。场面分为若干组，各组动作不一样，可能是表演着不同的劳动场景。中间部位是一人与牛，可能是整个场面核心。

云南沧源岩画

这庆典可能是欢庆丰收，有牛、鹿等各种动物也参与，当然，不排除是巫师扮的动物。史前社会，部落中的庆典是很多的，不管哪种庆典，都会有相应的舞蹈参与。

(三) 再现战争场景

岩画中，也有再现战争场景的舞蹈，它的意义可能有四：(1) 这是一场重要的战争，值得以岩画的形式记录下来，传之千秋万代；(2) 追悼祭祀牺牲的亡灵；(3) 表现战争中精彩场面、歌颂英雄；(4) 教练士兵。

普列汉诺夫在《没有地址的信：艺术与社会生活》中谈到过原始部落的战争乐舞。他说："封 · 登 · 斯坦恩在巴西的一个部落那里看了一个舞蹈，它富有强烈的戏剧效果，是表现一个负伤的战士死亡的情形。您认为在这个场合下是什么占先，是战争先于舞蹈，还是舞蹈先于战争呢？我认为，首先是战争，然后才产生描绘各种战争场面的舞蹈。”①

云南沧源岩画中就有这样的画。下面这幅画分为三组：左上一组为一横排，他们款款而舞，两手分开，身体微微低抑，动作节奏感很强。右上一组为三角形组合，三角形顶尖方为一人，似为领舞者。他手臂张开，上扬，臂上有装饰物；靠左偏上方为四人，每人姿态不一，其中一人手持木棒似的道具；靠右偏下方为三人，其中一人两手张开，持类似武器的道具。左下一组人数多达八人，场景比较复杂，构图为三角形，处于右角的一位为领舞，他一手挥着盾牌，一手挥着长矛。看来，这像是一场战争舞蹈。

云南沧源岩画盾牌舞

(四) 再现祭祀场景

在原始人类，各种祭祀充斥着日常生活。《礼记·祭统》云：“凡治人之道，莫急于礼；礼有五经，莫重于祭。”祭有多种，有祭天地神灵的，有祭先皇祖宗的。祭有四时，春曰礿，夏曰禘，秋曰尝，冬曰烝。

各种不同的祭，虽然不是每祭必有乐舞，但重要的祭均有乐舞，而且配什么样的乐舞均有规定。《礼记》云：“夫祭有三重焉：献之属，莫重于祼，声莫重于升歌，舞莫重于《武宿夜》，此周道也。”② 这话是说，祭礼中有三个重

① ［俄］普列汉诺夫：《没有地址的信：艺术与社会生活》，曹葆华等译，人民文学出版社1962年版，第84页。

② 《礼记·祭统》。

要的仪节：献酒之类的仪式没有比祼礼更隆重的了；声乐项目中，没有比乐工升堂演唱《清庙》更隆重的了；舞蹈类项目，没有比反映武王伐纣、师次孟津而宿的《武宿夜》更重要的了。这里说的是周代的祭祀乐舞，当然，我们不能将商周的祭祀乐舞移之于史前，但是，周的祭法，是有传承的，我们可以一直上溯到史前。

史前有隆重的祭祀活动，其中就有祭祀乐舞。广西左江宁明花山岩画有祭祀山川神灵的舞蹈画面。舞人举起双手，在地上蹦着，跳着，似是在向天地神灵呼唤，在高歌。画面中有狗，狗在左江史前人类的意识中也是有灵的，它可以通神，不过，这画面中的狗也许不是真实的狗，而是扮成狗的巫师或是狗的模型。

广西左江宁明花山群舞岩画

## 三、史前舞蹈的特征

史前舞蹈跟今天的舞蹈是不一样的，它具有浓郁的属于那个时代的特征。

### （一）巫术与生活结合

巫术有多种，其中一种为模仿巫术。模仿巫术借对物的模仿达到与物沟通的目的，画一只飞鸟，这是在模仿飞鸟，虽然只是模仿，但因为模仿就获得了真鸟的灵魂，还有真鸟的某些本领。人披上兽皮，这是在模仿野兽。模仿野兽，仿佛真有兽魂附体，人也就具有了与兽沟通的本领。

史前岩画中有许多舞蹈的场面，那场面中有舞人，也有兽、鸟、鱼等动物。人怎么与兽、鸟、鱼共舞？须知，这是巫术，那兽、鸟、鱼，均是巫师装扮的。

（二）生殖崇拜与恋爱婚姻统一

对于原始人类来说，人的繁殖处于极其重要的地位。许多原始艺术都体现出生殖崇拜性，其中舞蹈更为明显。马家窑文化彩陶盆上的舞蹈纹，那舞人腹部均是圆鼓鼓的，很可能是孕妇的形象。

新疆呼图壁县康家石门子岩画。画面人数众多。从夸张的动作，应是在舞蹈。这些舞人或站或卧，不少男性舞人还露出生殖器，甚至还表现出交媾的姿态。这样的舞蹈往往与实际生活中的男女求爱相结合。在那个时代，人们是没有羞耻感的，裸露生殖部位并不视为猥亵的行为。

（三）娱神与娱人结合

史前舞蹈大部分为祭舞。这种以祭祀为主要功能的舞蹈以娱神通神为目的，场面载歌载舞，热烈而疯狂。巫师在祭舞中担任主要角色，其他演员予以配合。虽然祭祀乐舞的主旨是娱神悦神，而实际效果则是既悦神娱神，又娱人悦人。

（四）现实功利与潜在审美结合

因此，史前乐舞的快乐包含着两个内容：功利与审美，功利是现实的，而审美是潜在的。史前岩画中的舞蹈场面，较好地表现了史前乐舞中功利与审美的统一。广东珠海宝镜湾岩画中有一女巫形象，这女巫一手长袖甩过头顶，另一手自然地向下挥动，两腿张开，半蹲状。

这女巫是在跳舞，但这舞不是艺术而是巫术。巫术均是有功利性的，女巫是在降神，她紧张而又兴奋，在紧张与兴奋中，她似乎感觉到神降临了。如果说，这中间她感到了某种喜悦，这喜悦是功利性的，不能说是审美的愉悦，但是，你能说这中间就完全没有审美的因素吗？不能，因为这功利的喜悦中就潜在着审美的可能。

甩袖女巫

史前岩画中的舞蹈虽然有着浓郁的巫术格调，但是仍然洋溢着欢乐的气氛，说明舞蹈已经不完全是原始宗教的手段，而是审美的一种形式了。

(五) 至性至情与自由艺术结合

原始舞蹈应是出自至性至情，他们的表演并不在意节律与形式美，但是，一则出自生理上的需要，人的生理活动哪怕是呼吸、心跳都是有节律的，因而，舞蹈会自然地按照与生理节律相和谐的形式进行。二则出自对美的追求，其动作要求具有一定的形式感。

内蒙古乌兰察布有一幅阴刻的岩画，画的是双人舞。这双人两手相牵，脚步相异，一进一退，节律分明，构成和谐，有类乎探戈的意味。

内蒙古乌兰察布岩刻双人舞

宁夏贺兰山石嘴山的舞人岩画，其舞蹈动作，我们能从今天藏族的歌舞中找到它的影子。

宁夏贺兰山石嘴山的舞人岩画

（六）原始审美与泛文化性的结合

格罗塞说："多数原始舞蹈是纯粹审美的，而其效果却大大地出于审美之外，没有其他一种原始艺术像舞蹈那样有高度的实际的文化教育的意义。"① 普列汉诺夫没有将这种舞蹈说成是巫术，他说："在这里我们看到游戏（舞蹈）和劳动的结合。"②

这些话是有道理的。事实上，史前人类的舞蹈活动绝不只是艺术活动，在某种情况下，它也是生产活动、巫术活动、祭祀活动、礼仪活动。什么地方需要，它就可以在什么地方出现，根本不顾及它的艺术身份，史前舞蹈均不是独立的艺术，这是史前舞蹈的特点，说明史前舞蹈具有泛文化的本质。说是泛文化，即是说它具有多种文化性质，诸如巫术性、游戏性、劳动性、娱乐性、教育性、礼仪性等。

我们正是从这个意义上，去认识中华民族史前舞蹈的。

## 第三节　岩　画③

岩画是一种世界文化现象，绝大部分产生于史前，而且距今可以推到数万年之前，那就是旧石器时代了。据著名岩画研究专家盖山林的统计，

① ［德］格罗塞：《艺术的起源》，蔡慕晖译，商务印书馆 1984 年版，第 69—170 页。

② ［俄］普列汉诺夫：《没有地址的信：艺术与社会生活》，曹葆华等译，人民文学出版社 1962 年版，第 86 页。

③ 本节的岩画图案均采自陈兆复《中国岩画发现史》（上海人民出版社 2009 年版）。

到目前为止,共计 69 个国家 148 个地区发现了岩画。[1] 中国的岩画分布极广,到现在为止,共有 18 个省区,上百个县旗发现有岩画。[2] 盖山林认为,中国岩画虽然分布很广,但集中的则只有阴山、巴丹吉林沙漠、贺兰山、阿尔泰山、天山、沧源和左江,他称它们为中国七大岩画宝库。

史前岩画无疑是天地最宏伟的艺术,在这点上,任何当今艺术与之相比都相形见绌。这里说的宏伟,除了因为有雄奇险峻的大自然作依托之外,还因为它所体现出来的精神气概是宏伟的。试想:在人迹罕至的高山峻岭之中,在顶天立地的悬崖峭壁之上作画,那是怎样一种精神?正是因为难以想象,所以不少岩画被人看作外星人的杰作。

## 一、向天地神灵的庄严昭告

岩画是室外艺术,而且不是一般的室外,而是在苍茫的天地间。理解这种艺术,首先想到的应该是远古人类与天地的对话。

天地,在史前人类的心中,至高无上,它掌管一切,包括人类的生死祸福。

人们用各种方式去敬奉天地,并试图沟通天地,包括祭祀、巫术、歌舞等,但这些活动只是动态的,一时的,当活动结束,天地还是天地,人还是人。天地是否记住了人,理解了人,接受了人,没有谁知道。

也许为了让人不至于为天地所遗忘、所忽略,先民采取了岩画这种方式。因此,从本质上看,岩画是人向天地永恒的表白,是主体人与客体天地所签的盟约。

### (一) 向天地宣示人类的恐惧

岩画中有人的形象,通常是只有人头,而无人身。人头形状有种种情况:圆形、方形、三角形,圆形有冠饰,圆形周遭有放射线……另外,有的有轮廓,有的无轮廓,有的只有半轮廓,等等。不管是哪一种,眼睛总是有的,而且

---

① 参见盖山林:《世界岩画的文化阐释》,北京图书馆出版社 2001 年版,第 3 页。

② 参见陈兆复:《中国岩画发现史》,上海人民出版社 2009 年版,第 73 页。

很凸出，古怪、神秘，甚至有些恐惧。

江苏连云港将军崖就有这样的人面像。

江苏连云港将军崖人面岩刻

类似的人物图像在别的岩画中也常见到。1978 年，在台湾万山发现史前岩画，岩画中的人面像轮廓完整，五官俱备，有的头上有羽毛饰，但形象神情充满着忧郁。

台湾万山人面像岩画

连云港将军崖上还有这样一种人面像，人面像下有一根长线条，从额头到面颊，一直连到下面的禾苗或农作物上。农作物的图案分为两种：一种由下向上，刻成一组放射状图形，似是表现禾苗；另一种在放射状图形下面还有许多三角形和水平线，可能是表示埋在地下的根块。

江苏连云港将军崖人面岩画

这幅岩画是不是试图表达这样的意思：人的生存与植物的生存密切相关，植物活了，人就活了；植物死了，人也就完了。

（二）向天地表达人的意愿

人的意愿有两类：

1. 人丁兴旺

在岩画中有大量的表现性行为的画面。史前人类普遍盛行着生殖崇拜。当时他们没有性的羞耻观念，因而不仅在光天化日之下进行着性活动，而且还将性活动情景做成岩画，涂抹在野外的崖壁上。这样做无疑认为这种活动是神圣的，涂抹在崖壁上是将其神化。也许部落定期或不定期地要朝着它祭祀，要对它崇拜。希望得到它的赐福，让部落子孙绵延不绝，人丁兴旺。

新疆塔城地区裕民县巴尔达库尔岩刻

2. 生活富裕

动物是岩画的主体，内蒙古阴山岩画和乌兰察布岩画，动物岩画占到百分之九十以上。动物岩画大体上可以分成两类：

（1）野生动物。不同地区活动着不同的动物，因而各地岩画的动物是不一样的。新疆阿尔泰地区的动物岩画以马、羊、鹿为多，青海岩画则以羊为多。南方的岩画如云南沧源岩画中的动物则多大象、猴、豹、虎等。

（2）家养动物。这以南方为多，这些动物主要有牛、羊、马、猪等。

两类动物以前一类动物为多且更生动。这些动物的描绘大体上可以分为单体、群体两类。单体动物多为大型动物，新疆阿尔泰汗得尕特乡山区的巨石上有一幅岩画，画有一头独角鹿，长 120 厘米，高也达 120 厘米。此鹿为新疆岩画中动物形象最大的一头。

新疆阿尔泰岩刻大型动物

不过，动物岩画以群体为多，这些动物或在紧张地奔逐，或在警惕地伫立，或在殊死地格杀，充满着旺盛的生命气息。

## 二、留在天地间的永久记录

史前部落一些重大的事件，部落首领认为是有必要让后代子孙永远记住的。为之，他特意指派部落中的能工巧匠，将部落中的大事刻画在岩石上。

部落中的大事，主要是战争、祭祀、丰收等。

远古战争是普遍的，部落与部落之间经常会发生战争。据历史学家徐旭生研究，史前，在中国这块土地上，最为重要的部落有三：华夏集团、东夷集团和苗蛮集团。三大集团中最大的集团为华夏集团。华夏集团是以炎帝为首的部落与以黄帝为首的部落融合的产物，这种融合是离不开战争的。《史记·五帝本纪》云："炎帝欲侵陵诸侯，诸侯咸归轩辕。轩辕乃修德振兵，治五气，艺五种，抚万民，度四方，教熊罴貔貅貙虎，以与炎帝战于阪泉之野，三战，然后得其志。"阪泉之战是中国历史上著名的战争之一，战争的结果是炎帝部落与黄帝部落结盟，最后实现了统一。

三大集团的形成是战争的产物，三大集团形成后它们之间又展开兼并，发生过许多重大的战争，最为著名的有以炎帝、黄帝为首的华夏集团与蚩尤集团的涿鹿之战。《逸周书·尝麦解》记载这场战争云："蚩尤乃逐帝，争于涿鹿之河（或作阿），九隅无遗，赤帝（即炎帝——引者注）大慑。乃说于黄帝，执蚩尤，杀之于中冀，以甲兵释怒。"《山海经·大荒北经》亦描绘了这场战争："蚩尤作兵伐黄帝，黄帝乃令应龙攻之冀州之野。应龙蓄水，蚩尤请风伯、雨师，纵大风雨。黄帝乃下天女曰魃，雨止，遂杀蚩尤。"战争是惨烈的，不仅动用了众多的百姓，而且连天神也参加了。恶劣的天气前来助威，天昏地暗，风狂雨暴。这场战争对于中华民族的形成具有重大的意义，因此在中国历史上屡屡提及。

岩画中多有战争的画面，应该是部落战争史的重要记录。

内蒙古阴山的一幅岩画，画面表现的是一场战争。双方正在激战，右边一方看来处于进攻的地位，阵地正向左边一方推进，左边一方虽然处于弱势，仍在顽抗。图中右上方有一位，头上插的动物尾翎在飘扬，他很可能是指挥官。最有意味的是图的最下面还有一头野兽，长长的尾巴，半蹲伏着，向着右方的军队狂吠。

内蒙古阴山战争岩画

庆典也可能兼为祭典。场面雄伟，人多，且有动物参与；多为乐舞形式，巫师在其中领队，他也是舞者。有些巫师还打扮成动物模样。

云南沧源岩画中有一幅围猎图。上部两位猎手共同拉着一张网，左边一猎人张开双臂，显然在驱赶动物，右下方有五只动物正向网奔去。人物动作富有韵律感，具有舞蹈意味。

云南沧源狩猎岩画

将这样的生产情景刻在岩壁上，其意义是什么，这是耐人寻味的。

岩画中也有一些表现真实的生活场景，显示出浓郁的家园意味。云南沧源岩画中有一幅画，将整个部落都画进去了，画的中心部位有一个圈，圈中有房子，圈外左右两条线，线上站满了人，靠近村庄的人中夹有牛、羊，好像是放牧归来。远处的人们在射箭，似是在打猎。画面下部有两排人物，他们的中心立着一根杆子，杆子上绑了一个人，人头上顶着两排黑白相间的东西。这幅画将史前人类的日常生活尽皆画出，虽然不合比例，但画面仍然比较有章法，错落有致，清爽醒目。

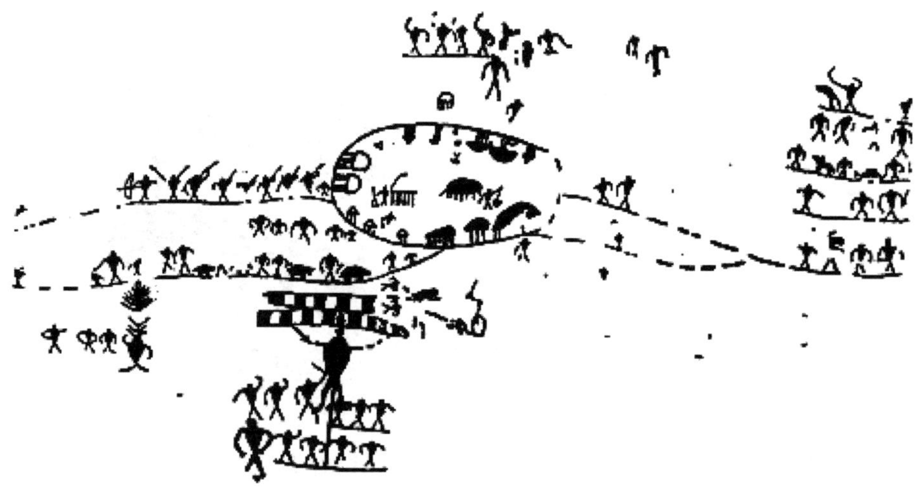

云南沧源岩画村落图

史前岩画的意义，我们从萨满教文化中的符号获得启示。萨满教是一种盛行于史前社会的原始宗教，这种宗教直至20世纪初，中国东北地区尚有遗存。萨满教有许多记事符号，这些符号均为象形，像太阳，就是一个圆圈，周围放射出几支光芒。水就是三条波浪线。萨满教文化研究学者富有光认为："萨满图饰符号，完全是这种岩画的写意的风格，而且不少人物、动物等极其相似。我们可以预想到，原始时代人与人之间的情感与观念交流，在智能与思维不甚发达的阶段，图形符号是最形象、最明快、最醒目的标志，具有警示性，增强记忆力，一目了然，要远比声音保留的时间悠远。"① 据此，我们理解史前岩画，其中有一些应当是重要的历史记录。基于岩画雕刻得极其艰难，这样一种行为只能出自部落的集体意志，而由部落的首领发出指令，责成部落中的能工巧匠具体担任岩画的设计与刻制工作。刻制岩画在史前社会是事关部落全体命运的重大行为，是集体项目。从岩画我们可以了解到这个地方曾经发生过什么。岩画是一部写在自然界的先民们的伟大历史，只不过它不是文字，而是图画。

### 三、赤子情怀

史前岩画充分表达了先民的赤子情怀。

史前岩画作为人类早期的艺术，其审美特征在某种程度上有些类似儿童画，稚拙、生动，充满着想象力，体现出旺盛的生命力量。但史前岩画毕竟不是儿童画，它是人类童年的作品，虽是人类童年的作品，却也是那个时代的人类精神之花。

绘制岩画肯定是有意识的，它反映着那个时代人类对周围环境以及人类自身的重要意识。这种意识从本质上看是理性的，但那个时代的人类还形成不了严密的理性思维，他们所有的意识只能是感性的。

这种感性形式的理性认识显示出史前先民的认知水平、精神世界、情感天地。它的突出特点有五：

第一，赤诚性。至真至诚，毫无矫饰。

① 富有光：《萨满艺术论》，学苑出版社2010年版，第102页。

第二，原创性。先民用以表达心灵的形象既然全出自至真至诚，因此，它的表达只能是原创的。

第三，唯一性。岩画中所表达的先民对世界最真切的感受，这感受虽然具有一定的普遍性，史前同一部落中的先民可以理解，但画师的表达只能是画师个人的创造。

第四，审美性。先民对于世界的体验是感性的，这种感性的体验，先是惊奇，惊奇中夹着恐惧，继而是高兴，是愉悦。两者都是审美的。前者是审美的初级阶段——崇高性的体验；后者是审美的高级阶段——优美性的体验。

第五，艺术性。先民将自身的审美感受表达出来，就是最初的艺术。这种最初的艺术像婴儿的第一声啼哭，具有原始的生命之美。

内蒙古阴山有这样一幅岩画。画中的人物双手合在头顶，身体下蹲，头上有一个圆圈，那就是太阳。

内蒙古阴山岩刻

这种表达让人震撼，具有极大的审美魅力。也许先民们觉得太阳很伟大、很神奇，于是恐惧它、崇敬它。根据对太阳的视觉感受，将它画成圆圈或圆球，为了表达对太阳的崇拜之情，就上蹲着，双手合十，举在头顶，向太阳欢呼。

## 四、艺术之源

岩画无疑是一种大地艺术，它的魅力全在天地自然！

欣赏这种艺术，是必须将天地自然联系在一起的。虽然它是人的作为，但是当它被天地自然所接纳，就成为天地的一部分。

史前岩画无疑是人类最稚拙的艺术。史前人类属于人类的童年期。童年是稚拙的，也是天真的、可爱的。读史前岩画，我们常能感受到这种属于童年的稚拙与可爱。岩画中那些战争图、狩猎图，在今天的人们看来，简直就是游戏图，它原有的恐怖没有了，只有情趣，只有神秘，这一切都潜藏着最可贵的童趣——人类的童趣。

史前岩画什么风格都有：

写真主义，如新疆阿尔泰岩画中的那头单峰骆驼。

新疆阿尔泰岩画中的单峰骆驼

象征主义，如云南沧源岩画中的太阳。

云南沧源岩画太阳

装饰主义，如新疆阿尔泰乌吐布拉克岩画中的车辆。

新疆阿尔泰乌吐布拉克岩画车辆

当然远不止这些风格，如果仔细看，现代主义的各种风格除了极少数的外，我看也都可以找到它的源头。

史前人类相当于儿童，心智并不健全，文化的分化不够明显，因而全世界的原始部落相似的地方远多于相异的地方。就岩画来说，上面提到的几个方面各民族史前岩画似乎都有。但是仔细比较一下各民族史前岩画，它们还是有些区分的，除了各个地方因为地理条件不同，动物不一样，人也长得不一样之外，我们发现，在造型手段上，中华民族的岩画似乎更看重线条的作用。这只要将法国史前洞穴野牛图与中国史前骆驼图做个比较就清楚了。

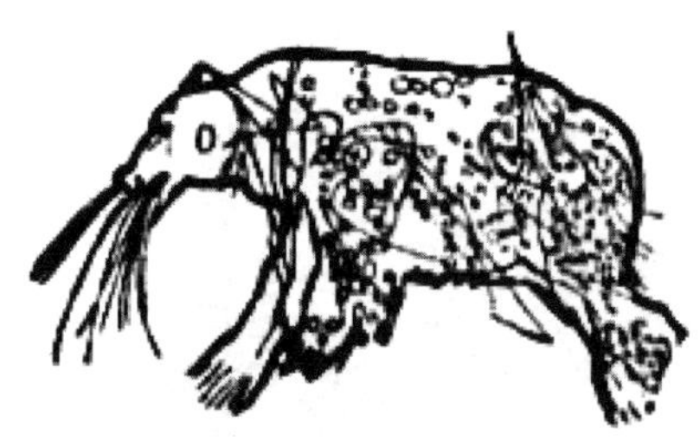

法国三兄弟洞窟中的熊图

法国的野牛图，虽然也用了线条，但那线条是不流畅的，法国史前画家看重的是整个动物的造型，而中国史前画家看重的是线条的流畅，不仅在

内蒙古阴山岩刻骆驼图

乎动物的造型，它像不像，还在乎这造型的手段——线条有没有趣味。宁夏贺兰山口门沟的狩猎图，画家似乎自我陶醉在他的线条了，那一条条线条，舒徐、流畅，变化有致，跌宕起伏，你可以感受到画家在拖动线条时那愉悦的心情。

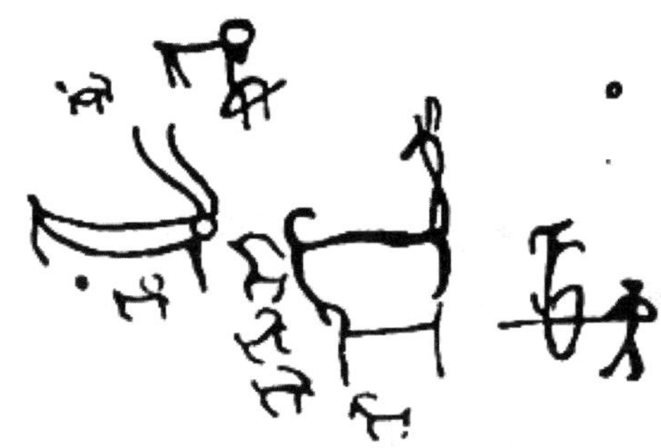
宁夏贺兰山口门沟岩刻

有些岩画其线条不只是线条，变成块面了，你也可以说那块面不是块面，变成线条了。广西花山岩画祭祀舞蹈图就是如此。内蒙古阴山岩画猎鹿图也是如此。

内蒙古阴山岩画猎鹿图

众所周知，重视线条造型是中国绘画的重要传统，这一传统可以溯源到史前岩画。

史前岩画不管是从总体上还是具体的某一幅来看，均充溢着自由的精神。它一任情思的抒发，在天地间挥写人类最早的绘画，在它之前，绘画没有法则，它就是法则的创造者。如果按现在的绘画法则来看，有些它合，说明它是始作俑者；有些它不合，说明它曾经试探过。各种焦点透视在这里都有，也可以说都没有。各种技法在这里都有，也可以说都没有。它唯一有的，就是灵感，就是激情，就是意念，就是自由。

岩画类似于儿童画，它是人类历史上最自由的艺术。也正是因为如此，它也是人类历史上原始人性最为完满的艺术。众所周知，文明性产生美，殊不知野性也产生美。文明性与野性都是人性的显现。基于人类的野性不断遭受文明的异化，在文明社会，这种野性洋溢的艺术也许更具魅力！

## 第四节　雕　塑

史前的雕塑主要有两种形态：一是独立的雕塑。包括人物、动物，其中人物可能均是神巫像，而动物不一定都是神灵。二是与器具整合的雕塑。比如一具陶瓶，瓶口是人物的头。史前雕塑应该不以审美为目的，多指向神，但是雕塑得如此用心，如此精美，不能不说其中渗透着审美的内涵。

### 一、动物雕塑

史前雕塑动物形象比较多，有陶塑、石雕、玉雕、骨雕、木雕、牙雕等。技法有浮雕、透雕、捏塑、贴塑、堆塑、锥刺、镶嵌、线刻等。这些动物形象，可以分成两类：

#### （一）动物形器

陕西华县太平庄出土仰韶文化庙底沟类型陶鹰鼎一件。高 36 厘米，作敛翼站立之状，器口开于背上，钩喙有力，双目圆睁，显现出猛厉的气势。整具雕塑周身光洁，未加纹饰，结构简洁，体积感很强。

陕西华县太平庄出土仰韶文化庙底沟类型陶鹰鼎

江苏吴江梅埝遗址所出的良渚文化陶水鸟壶，壶体塑造成水鸟，此鸟眼小而机警，似在地面小心地窥探什么。此器的尾部为流口，微微上翘。造型极为生动。

江苏吴江梅埝遗址良渚文化陶鸟

山东胶县三里河遗址出土一件属于大汶口文化的兽形鬶（图见本编陶器章）。兽的胴体比较肥硕，头上扬，四足应是稳稳地立在地上。背上有提手，提手与尾之间有一筒形口。这些均是便于器物的提取和取食的。它们与动物造型不仅没有构成冲突，而且还相当和谐。同样的兽形鬶在山东泰安也出土一件，将器物整体塑成动物形状而又不妨碍器物应具有的功能，实现功能与审美的统一。

有一些器物，整体造型不是动物而是功能性器具，但会将器物的局部塑造成动物，主要在把手、提梁、壶口上。以上两种处理器物与雕塑的关系，在商周青铜器中均得到继承与发展。

（二）独立的动物雕塑

湖北天门出土屈家岭文化遗址的小陶象，大耳，长嘴，四腿张开，憨态可掬，有儿童的情趣。此件作品也许就是玩具。

湖北天门出土屈家岭文化陶象

陶塑外，还有不少优秀的动物玉雕，如红山文化的玉鸮、玉龟，良渚文化的玉鸟、玉龟、玉蝉、玉鱼等。以上是真实动物的雕塑，在史前雕塑中，还有一些为想象动物的雕塑，如玉龙、玉凤等。

动物雕塑的真实意义，可能有三：纯粹审美，主要用于装饰；有巫术的意味，主要用作筮具；具有某些礼制的意义，象征权力或地位。

## 二、人物雕塑

人物雕塑的两种形态：

（一）单纯的人物雕塑

人物雕塑有陶做的，也有玉琢的；有立姿，也有坐姿；有全身，也有半身，也有的仅为头部。这类作品中的人物究竟是何角色，目前还不好做定论。学者一般愿意将它们看作巫觋或部落首领。

甘肃礼县高寺头 1964 年出土的圆雕少女头像是仰韶文化陶塑人像的杰作。头像残高 12.5 厘米，用堆塑与锥镂相结合的手法制成。头像颈下部分已缺，头顶锥刺着一个小孔，前额至后脑堆塑着半圈高低起伏的泥条，仿佛盘绕在额际的发辫。脸形丰满圆润，五官部位安排准确，微启的嘴巴仿佛正在娓娓地谈话，神态颇为优美，堪称中国原始社会人像雕塑的优秀代表。值得我们注意的是，这一头像与陕西洛南出土的仰韶文化陶壶上的头像很相似，这种女人形象也许就是仰韶文化地区的标准美女，中国史前的维纳斯。

甘肃礼县高寺头陶塑人头像

著名的玉琢人像有凌家滩遗址、石家河遗址的玉人像，有立姿、坐姿（参见本编第三章）。

（二）融入器物的人物雕塑

这类作品最著名的是1973年出土于甘肃大地湾仰韶文化遗址的陶壶。细泥红陶。高31.8厘米，口径4.5厘米，底径6.8厘米。器形为两头尖的长圆柱体，下部略内收。口部做成圆雕人头像，披发，前额短，发整齐下垂，鼻子较为突出。鼻孔和眼均雕成空洞，口微张，两耳各有一小穿孔。这是一位俏丽的少女（图见本编陶器章）。

此件作品，人体与壶体整合极佳，头顶圆孔做器口，壶体膨出，像是孕妇的腹部，壶体施浅淡红色陶衣，又有用黑彩画弧线三角纹和斜线组成的二方连续图案三组，像是人物的服装。造型以抽象的线条与人头像相结合，极其自然，当是史前工艺精品。

甘肃玉门市清泉乡火烧沟遗址出土的一件属四坝文化的陶罐，这个陶罐被塑成男人形象。

四坝文化男人形陶罐

与甘肃秦安大地湾出土的那件女性陶罐之不同，这件陶罐基本上将人体的四肢都塑出来了。塑像两手细长，叉腰，做休闲状；两脚相当粗壮，像是立柱；塑像的腰部收缩，腹部略鼓，乳部有些凸出，因而又有几分像女人。整个塑像不论从其造型，还是从其立意，均体现出很高的艺术水准。

1974 年从民间征集到一件陕西洛南出土的仰韶文化陶壶。此件作品

陕西洛南出土的仰韶文化陶壶

的壶体与一般的壶无差异，所不同的只是壶口。陶器制作者将壶的颈部加长，在壶口雕塑出一位美丽的女孩头来。头微仰，眼微睁，口微张，似在与你说话，非常可爱。此壶将真正的壶口隐藏在人头后颈部，这样处理，保持头部塑像的完整性，非常具有创意。

让器物的造型纳入人物或动物的造型，这种手法在原始艺术中是比较常见的。这反映出史前人类审美意识的发展轨迹，情况大抵分为两个阶段：第一阶段，从实用出发，为器物作出形态设计，此为功能设计。第二阶段，兼顾实用与审美，将器物造型适当地改造成人物或动物造型。

### 三、女性雕塑文化分析

人像雕塑有陶塑，也有玉雕，有男性也有女性。最重要的是女性的雕塑。

著名的陶器女性人物雕塑，有红山文化牛河梁女神庙中的陶塑女神头像、红山文化东山嘴遗址女神陶塑全身像。

其中辽宁牛河梁红山文化遗址出土的女人头像，出土于牛河梁女神庙遗址，故名为“女神”像，高 22.5 厘米，面宽 16.5 厘米。此像两颧凸起，圆额头，扁鼻梁，尖下巴，是典型的蒙古利亚人种，与现代华北人的脸形接近。女神的眼珠用两个晶莹碧绿的圆玉球镶嵌而成，双目炯炯。

红山文化牛河梁女神庙女神头像

和女神头像同时出土的还有 6 个大小不同的残体泥塑女性裸体群像。众多的女性雕像的出土，其意义非同一般：

红山文化东山嘴遗址的女神像

第一，它是原始母系氏族社会的遗存。

众所周知，原始社会的初期阶段为母系氏族社会，在这个社会，女性受到最高尊重，部落长均由老年女性担任，她们才是部落最高的决策者。女性之所以受到最高尊重，主要是两个原因：(1) 孩子是女人生的。当时人们不清楚孩子出生的原因，因为孩子出自母体，故而认为生孩子只是女性的功能。在极端艰难的生产条件下，劳动力无疑是部落生命维系的支柱了。女人能生孩子，无疑应得到最多的爱护和尊重。(2) 当时男性从事的劳动主要为狩猎，由于狩猎手段落后，不一定每天都有收获，而且极易遭受伤亡。女性主要从事种植、畜养等劳动，这种劳动收入相对稳定。主要基于这两个原因，女性在部落中赢得了领导权。

史前的女性雕塑可以看作女性崇拜的体现。这种女性崇拜首先兼有祖先崇拜的含义。从裴李岗文化遗址出土的女性雕像为老年妇女，可以看出女性崇拜这一重要的性质。

第二，它是生殖崇拜的体现。

生殖本是男女共同的事业，但在处于原始社会初期的人类来说，生殖被认为是女性特有的功能。生育的年龄主要在青年和中年，因而青年女子和中年女子成为生殖崇拜的对象。已出土的史前女性雕像，凡是青年女像，多突出发达的乳房和隆起的腹部。孕妇成为生殖崇拜的标准形象。

第三，它是美的象征，体现史前人类对美的热爱。

古希腊神话与传说中有美神，美神是阿佛洛狄忒，她的标准形象是半裸的女人。将美的代表定为漂亮的女人，是全人类都能认同的。原因很简单，人类最初的美的概念就来自对异性的好感，其根基乃是对性的向往和喜爱。

帅气的男子与漂亮的女子均可以成为美的象征，事实上，在古希腊神话与传说中，帅气的男子如大卫也是美的象征。美有两种：一种是以女性为代表的柔美，另一种是以男性为代表的壮美。奇怪的是，人类普遍的生理—心理倾向不是壮美，而是柔美。不独男子，就是女人也对柔美更为倾心。因此，自然地，以女性为代表的柔美成为标准的美，而以男性为代表的壮美则成为美的另类了。

虽然女性较男性更易受到青睐，但是并非一切女人都能被人们视为美。作为美的代表的女人应该是一位标准的女人。什么是标准的女人？应该是最能体现女性功能的女人。既然女性功能被定位为生殖，那么，标准的女人应是最能生殖的女人，最能吸引男性的女人，那么，一般来说，她应健康，应年轻，应妩媚，应可爱。我们发现，史前的许多女人雕像符合这个要求。

以歌颂美为主旨的女人像无一例外都凸显人体的美。陕西扶风出土的女性陶塑，虽然头部不存，但裸露的胸部、腹部也能见出人体的美。乳房向上凸起，状如圆馒头，是少女的乳房而不是已婚女子的乳房。雕像的腹部不凸出，显然没有受孕。这是未婚的美女。原始人塑造这一女像显然不是出于对生殖的崇拜，而是出于对美——女性美的爱。

史前初民对于女性美特别有感觉，他们塑造的女性，现实又浪漫，佻达又端庄，古典又时髦，女人味十足。小河沿文化有一具红陶女人像：立姿；两腿微微叉开；两手只留胳膊，手臂省却，但能见出本为展开状；乳房丰满，乳晕清晰；颈部有两条由圆坑组成的圈，似是戴有两条项链。最具情趣的是她的脸部。浑圆的脸，透出青春；两只小眼，似眼波闪动。发髻只留左右两绺。这是一个什么韵味的女孩？活泼、调皮、妩媚、风流、佻达、浪漫、时髦。

从这具雕像，我们可以猜测出红山文化时期女人的审美风尚。

小河沿文化红陶女人像

红山文化牛河梁出土的女性塑像，也并非都是以受孕女子为模特的，其中有一具立像虽然头部不存，还残缺一条腿，但能清楚地辨认出，这是少女的形象。她的乳房并不大，只是略微凸起，手臂特别显得圆润，可以想见她的青春和美貌。

将牛河梁出土的女性雕像看作神像应是可以接受的，具体是什么神，不能认定。从人类学维度出发，可以将史前出土的女人像与祖先崇拜、生殖崇拜联系起来；如果兼顾审美学立场，则可将它与人类爱美的天性联系起来。

从人类学与审美学的立场考察女性雕塑，可以得出史前人类关于女性美的观念主要有二：一是女性美，美在善于生殖；二是女性美，美在合乎女性生理标准。前者可以导出美在善，后者可以导出美在真。

## 四、男性雕塑文化分析

相比于女性雕像，男性雕像意义比较丰富。大体上说，有三种主题：

（一）男性的生殖崇拜形象

1980年春，在浙江桐乡罗家角遗址第二层出土一件陶塑男裸像，属于距今约6000年前的马家浜文化遗物。人像系捏塑而成，陶色浅褐，整体作站立姿态，头及双臂皆残，身高6.5厘米，胸腹前鼓，臀部后凸，两腿微张，腹下塑出形态夸张的锥形男性生殖器。这件作品可以看作男性生殖崇拜的产物。雕塑类作品体现男性生殖崇拜的作品不是很多，这件作品的出土弥足珍贵。

（二）男性的巫术形象

甘肃东乡、宁定等地出土有3件仰韶文化人头形器盖。这些人物的嘴巴和两腮部位均画有胡须，有的脸上画着黑色的直线纹和锯齿纹，面貌狰狞。有学者认为，这反映远古就有黥面文身的习俗，或者也可以将它理解成装扮成野兽模样的猎人，为什么要装扮成野兽模样？这就是巫术了。

人物雕塑中，玉雕人物也值得重视。凌家滩文化遗址出土的玉人，头为方形，身材基本上合乎比例，人物面容严肃，双手上举，做抚胸状。这样的人物，很可能是巫师。石家河文化遗址出土的玉人头，均戴着或方或圆的帽子，眼睛圆睁，鼻子宽又尖，有獠牙，形象有些狰狞，恐怕这是男巫的标准形象。

小河沿文化的一具三彩陶人头塑像，非常生动：塑像的眼球是鼓出的，鼻梁高且长。特别突出的是大嘴，呈张开状。这样做，显然是有意图的。此塑像除了用造型表意外，面部还涂上了黑、红、白三种色彩，与京剧的脸谱

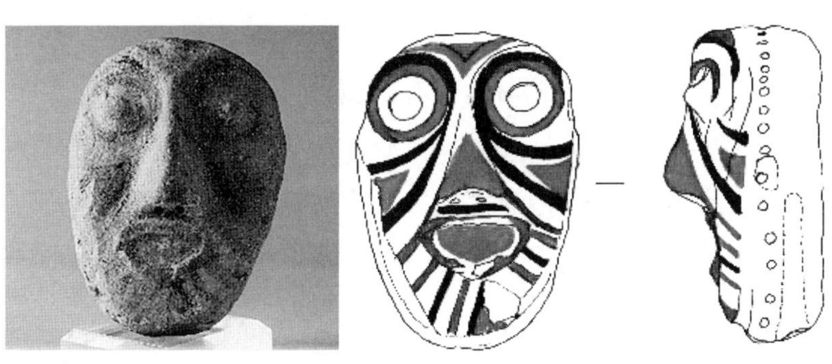

小河沿文化三彩陶人面

非常相像。据此猜测，此塑像应为傩像，是祭神时用的道具。虽然只是祭祀时用的道具，红山人还是将它塑造得非常生动，而且将情感也表现出来了。

（三）男性的日常生活形象

甘肃天水柴家坪 1967 年出土的仰韶文化陶塑人面，残高 25.5 厘米，宽 16 厘米，细泥红陶质，塑工相当细腻，额上有隆起的披发，眉弓清晰，耳垂有穿孔，张大口，似在呼唤什么人。

甘肃天水柴家坪出土仰韶文化陶塑人面

此人面容平静、亲和，似是生活实景的写真。

陕西宝鸡北首岭出土有属于仰韶文化半坡类型的人面彩绘雕塑，基本手法与柴家坪的陶塑相同。眼、鼻孔、嘴均镂空，鼻梁捏高，胡子、眉毛用黑色画出，形象十分生动。

仰韶文化北首岭人面雕塑

此人同样不像巫师，而是现实生活中一位普通的年轻人。从丰满的脸颊，见出他的青春与发育良好；而从他的神情，可以猜测，他的性格一定是幽默的。此刻，他正在说着俏皮的话语。

中华民族史前的雕塑多从现实生活取材，动物均是世俗生活中常见的家畜、家禽，人物均是部落中少女、首领等。中华民族史前的雕塑，虽然相当一部分具有巫术的色彩，对人难免有些疏离感，但是，总体上来说，仍然比较亲和、世俗。西方古代雕塑常见的鬼怪形象在中华民族史前雕塑中基本上见不到。虽然中华民族神话中有人兽合体的形象，如伏羲、女娲均是人首蛇身，但是在雕塑中没有这样的形象。史前雕塑中，女性雕像一般都刻画得比较美丽，牛河梁的女神，因为是神，则比较严肃，但仍见出端庄。

孔子说他不语“怪力乱神”，其实不独孔子，中华民族的先祖都不怎么语“怪力乱神”，难以绕过怪力乱神时，总是想尽办法削减它的恐怖性。中国文化，总体上来说，是世俗的，而不是神怪的，是此岸的，而不是彼岸的。这种文化基因在史前就缔造了。

值得提出的是，史前期结束进入文明时期，审美风尚有些变化，文明之初，器物的审美风格不是越来越世俗，越来越亲和，倒是一度出现了诡异神秘的风格。作为商代青铜器标志性形象的饕餮图案给人以威压与恐惧。器物上纹饰也多繁复、浓重，这种状况直到周代开始有所变化，而到春秋战国，则又走向世俗与亲和。这种审美风尚的变化值得深入研究。

## 第五节　建　筑

史前初民原本是住在自然山洞或树上的[①]，后来才自己动手建筑房屋。建筑是实用的，它的主要功能是住宿，史前初民在实现建筑基本功能的过程中，进行着科学技术与艺术审美相统一的创造。这种创造是工艺美的萌

① 《韩非子·五蠹》云：“上古之世，人民少而禽兽众，人民不胜禽兽虫蛇。有圣人作，构木为巢以避群害，而民悦之，使王天下，号之曰有巢氏。”

芽，也是建筑美的实现。

史前建筑考古大体上可分为两类：一类为民居建筑；另一类为宫殿建筑。

## 一、民居建筑

### （一）半坡遗址的建筑

西安半坡史前人类遗址年代，经碳十四测定并经过树轮校正，年代为公元前4700年到公元前3600年①。它属于仰韶文化前期。半坡遗址约50000平方米，居住区为30000平方米，这是一个数百人居住的原始村落。村落布局是：有一个中心，此中心为一座大屋子，四周散布着数十座大大小小的屋子。

半坡建筑主要形式有：

1. 半地穴建筑

地穴为一个圆形的坑，坑中有一两根中心立柱，地面上有数根树木支撑中心立柱，形成坡顶，在其上扎结树枝、铺草，形成骨架，骨架上涂泥。地穴有门，通向地面，中心有火塘，四周有睡觉的土坑。为了防潮，地穴的墙壁涂上厚厚的细泥，细泥有烧烤过的痕迹。半地穴应该是人类最早自己建筑的屋子。

著名的古建筑考古学家杨鸿勋说："半坡一类木骨涂泥的构筑方式，奠定了中国古典建筑土木混合结构的传统。因此，半坡一类的半穴居，可以说是土木合构的中国古典建筑的始祖。"②

2. 地面建筑

半坡也有地面建筑，它用耸立的木头为骨架编织树枝草料涂泥为墙。屋有方形，也有圆形。木骨泥墙是人类建筑史上的重要发明。有它就有墙，有墙就有了屋子。支撑屋顶的立柱有柱础，柱础为坚硬的石块。柱础的使

① 郭京宁：《回到半坡》，上海古籍出版社2010年版，第3页。

② 杨鸿勋：《杨鸿勋建筑考古学论文集》（增订版），清华大学出版社2008年版，第39页。

用是建筑史上的重要发明。立柱架梁是半坡建筑的基本技术。半坡有一座屋，方形，用了 12 根立柱，柱深入土，最深达 1.3 米；立柱分为三排，每排四根木柱，共同支撑屋顶。立柱架梁技术在半坡的成功使用，说明中国特色的木构架体系在半坡初见雏形。

3. 屋内分室

半坡晚期的屋子将屋子分割成不同空间。1 号大屋子，为前一大间，后三小间格局。这种分室，见出“前堂后室”的萌芽。

4. 中心大屋

半坡共 46 座屋子，居于中间地位的大屋子面积为 160 平方米。这座大房子属半地穴长方形四面坡攒尖顶。它的地位明显高于其他屋子，说明它是部落的中心。它的具体功能为何，尚在研究之中。2002 年，考古工作者在这座大房子周边发现一座重要的祭祀坑遗址。初步判断大屋子是部落举行重大祭祀的场所，也应是举行重大庆典的场所。居住在大房子的人，是部落最高领导者。

5. 家庭住宅

半坡的屋子大大小小，小的 12—20 平方米，大的 30—40 平方米。为一个家庭的居室。半坡为母系氏族社会，外部落的男性晚上来自己心仪的女人家居住，第二天一早离开。这就是最早的家庭结构。

半坡建筑见出中国建筑萌芽与发展的方向：由地穴到半地穴到地面建筑，整个建筑群见出女权时代、家庭本位、集中领导的社会结构。

半坡建筑在建筑美学的建立上具有开辟道路的意义：(1) 半坡建筑基本上见出建筑的三个基本要素：实用、坚固和美观。(2) 半坡建筑的审美建立在实用与科学技术的基础之上，体现出科技与审美的结合。半坡建筑半地穴的内部使用空间，下部是挖出来的，上部是构筑起来的。半坡构架主要材料是树枝，其次是泥土，用各种草料编织成屋顶，这种围护结构成功地实施着避风遮雨、防风御寒的功能。可以说，半坡建筑实现了力学原则与审美原则的完美结合。(3) 半坡建筑具备建筑艺术的两个基本因素：空间与体形。半坡的屋子有圆形与方形两种形式。圆形类蒙古包，有天窗，造型别致，也许它正是汉字“宫”的由来；方形屋子有人字形的两面坡屋顶，有比较宽的大门。(4)半坡的屋子的审美价值主要体现在整体上，屋形美观，左右对称。其次是屋内的美化，半坡屋子墙上有纹饰，有动物浮雕。

### (二) 河姆渡文化遗址的建筑

河姆渡文化位于四明山和慈南山之间的姚江平原南侧的山地与平原交接地带。其年代经碳十四测定为距今约7000年，属新石器时代中期偏晚阶段。①

河姆渡文化遗址有着许多重大的发现，其中之一就是干栏式建筑。干栏式建筑的做法是在地面打桩，构成有一定高度的基座，在基座上铺木板，再往上通过方柱架梁，盖顶。着地一层，堆放杂物或饲养家畜家禽。中层为住房，上层为屋顶。这种建筑在西南少数民族地区还可以见到。这种建筑的优越性是显然的，人不在地面上睡觉，可以防止湿气进入人体，而且也可以防止动物的侵犯。

杨鸿勋说：“这种以桩木为基础，上面架设大、小梁（龙骨）以承托地板，构成架空的居住面基础，上面立柱、安梁，构成屋架的干栏式建筑，是从原始巢居发展形成的，至河姆渡文化时期，它已成为长江流域水网地区的主要住房形式。”②

这种建筑需要很高的建筑技术，考古发现，河姆渡人在诸多方面有着惊人的创造，体现出他们高度的智慧。具体如下：

（1）五梁五柱的承重结构。干栏式建筑共五根立柱，一根为中间立柱，它的作用特殊，这是一根从地面到屋梁的立柱，有了它之后，可以在坡面中间增加一根次梁，这样五六米长的坡面就可以分为两段连接，既然是两段，椽木不需要过粗，这就大大降低了屋顶的重量。干栏式建筑的屋梁为五道。这五梁五柱的结构恰到好处地解决了屋子的承重问题。

---

① 参见刘军：《河姆渡文化》，文物出版社2006年版，第3页。

② 杨鸿勋：《杨鸿勋建筑考古学论文集》（增订版），清华大学出版社2008年版，第50页。

(2) 榫卯技术。河姆渡出土了上百件带榫卯的木构件。有柱头与柱脚榫、梁头榫、燕尾榫、带梢钉孔的榫、平身柱卯眼、转角柱卯眼、直棂栏杆卯眼等多种形式。众所周知,榫卯技术是中国建筑工艺中最重要的传统技术,这种不借助钉子实现木构件拼合的技术不仅见出一种力学原理,还创造出一种让人叹为观止的工艺美。这种技术在河姆渡干栏式建筑中已见成熟。

(3) 企口技术。河姆渡出土物中有一种带企口的构件。企口技术是木工中一种很高的拼板工艺,多用在地板、具有艺术性的木制作品如屏风中。

(4) 室内分隔。根据考古发现干栏式建筑遗址,建筑学家对于干栏式建筑的室内分隔做了猜想:长屋内,中部有一间通间的大房子,中设火塘,这间大房子应是家族聚会的地方。大房子两侧与廊道相通,廊道两侧是许多小房子,通过廊道分为前后两间,所有小房子都可以直接走到大房子。一座干栏式建筑房子总数为 9—11 间,大房子为中心,左右各 4—5 间。这种布局反映了河姆渡人的家族观念:大房子是族长居住的地方,兼家族聚会、议事、饮食的场所,小房子住着部落成员。

河姆渡干栏式建筑在中国建筑史上具有重要意义:

第一,干栏式建筑是中国建筑形式之一,至今在中国还存在着,河姆渡干栏式建筑堪为中国干栏式建筑之源,甚至还可以看作中国古建筑中楼阁建筑之源。

第二,河姆渡干栏式建筑所运用的榫卯技术与企口工艺已经相当成熟,这表明中国的榫卯技术与企口工艺的源头还可以向上追溯。

第三,河姆渡干栏式建筑反映中国原始社会家族文化的一些重要特征,比如族长中心、众星拱月式的居住模式。

河姆渡干栏式建筑反映出河姆渡人建筑美学的一些重要观念:(1) 与环境和谐观念。干栏式建筑是适应中国自然条件而产生的。南方多雨、潮湿,人直接睡在地上,容易得病;另外,南方,山林茂密,动物出没无常。白天还好,一到晚上,人的生命就没有办法得到保障。干栏式建筑可以很好地解决由环境带来的这两大问题。(2) 建筑工艺观念。建筑技术其中包含艺术，这融入技术并服务技术的艺术为工艺。工艺一方面让技术得以实现；另一方面也让审美得以实现。二者融合为一。榫卯就是这样的工艺。河姆渡干栏式建筑大量使用榫卯工艺，反映河姆渡人已经具有了工艺观念。(3) 秩序和谐观念。秩序强调的是分，不同名目的分；但和谐强调的是统一，多样而统一。河姆渡干栏式建筑中房间的分隔及廊道的设置充分反映出河姆渡人已经懂得了秩序和谐观念。

## 二、宫殿建筑

中国史前考古发现的宫殿遗址不少，由于自然与历史原因，保存得不够完整，尽管如此，我们仍然能够从中找到史前初民有关政治、建筑和审美的一些观念。

### (一) 秦安大地湾文化遗址的宫殿

秦安大地湾是史前一处重要的遗址，位于甘肃秦安县，距今 8000 年至 5000 年。1983 年，考古人员在秦安县莲花乡发掘了一座属于大地湾文化的宫殿遗址。这座宫殿是由多个屋子组合而成的比较复杂的建筑，中间长方形屋子是整座建筑的中心，为主室。主室前墙长 16.7 米，后墙长 15.20 米，左墙长 7.84 米，右墙长 8.36 米，面积 128 平方米，主室前面有三门，各宽 1.2 米，中门有凸出的门斗。室内主体部分为堂，堂中有直径 2.60 米的灶台 (又说是火塘)，主室后面有三间小屋，中间一间大一些。主室的附属建筑紧傍着主室，称之“旁”，旁又邻着更小的屋子，称为“夹”。主室左右皆有“旁”和“夹”，可以说左右对称，中心突出。主室加上附属建筑及前面的广场，总面积达 420 平方米。经碳十四测定，此座屋子距今大约 5000 年，考古编号为 F901。

这座建筑是做什么用的？据众多专家推测，这是一座宫殿。作为宫殿，它具有如下特征。

它的格局是前堂后室，与后来的宫殿“前朝后寝”相一致。

它有中轴线，中为正门，中门进入堂，堂后为正屋，应是最高统治者的住所。

它有轩，又称前轩，是一座敞棚，位于主室三座正门前。古籍有“天子临轩”的话，轩应是王观赏外部风景、自由活动的地方。

古建筑学家杨鸿勋根据这座宫殿对“黄帝合宫”形制做了阐释。相传，黄帝是最早做宫室的人。《白虎通·佚文》云：“黄帝作宫室以避寒暑，此宫室之始也。”《尸子》云：“黄帝作合宫。”这“合宫”是什么样子？一直没有人做深入探究。杨鸿勋说：“合宫应该就是‘宫’型建筑的组合体，即几个宫在一起的形式。约当黄帝时代前后的大地湾 F901，从遗址平面来看，这是一座以堂为中心的多空间的组合建筑。其体形应是围护‘堂’、‘室’的墙垣之上覆盖大屋顶的主体‘宫’型建筑，再加以围护其两侧的‘旁’、‘夹’的墙上覆盖单坡屋顶附属的‘宫’的体形以及平顶前轩部分的体形，综合而构成一座复合体的‘宫’——‘合宫’。”

秦安大地湾 F901 宫殿，在建筑技术上还有特别让人称道的地方，这就是宫内的地面。地面分为四层，最下面一层是 10 厘米厚的夯土，第三层是 15 厘米的红烧土，第二层是大约 20 厘米厚的胶结材料，最上面一层是 2—3 毫米的原浆磨面。原浆地面，光洁发亮，坚硬如石。第二层的胶结材料，类似现代混凝土。第三层的红烧土，主要作用为防潮保温。第四层的夯土主要起着固定的作用。如此地面，让人叹为观止。第二层的胶结材料起着关键作用，它的强度与 100 号的水泥相似。专家认为，这种材料是遗址后面山坡上的料礓石烧制而成的。

秦安大地湾 F901 宫殿的重要意义在于它是宫殿礼制的最早显示，而在建筑美学上，它的平衡对称观念、中庸观念以及壮丽宏伟的美学追求得到充分展现。

### （二）灵宝阳平镇西坡仰韶文化遗址中的宫殿

2000 年，考古工作者在河南灵宝市阳平镇西坡发掘了一座宫殿遗址。经测定，距今 5000 年左右，为仰韶文化遗址。这一处遗址有一个建筑群，现在清理出来的房屋基址共五座。五座房子面积不等，其中一座房子特别大，此座房子为半地穴与地面建筑的结合。坐西朝东，四周设有回廊。墙壁带柱础石的柱洞 38 个，柱洞深 2.2—2.65 米，柱洞内发现有辰砂。这座房子总共用了96根圆柱。整个建筑长24米，宽21米，加上附属建筑，占地共516平方米。大房子中间有一片空地，可能是广场。

专家们初步判断此建筑为宫殿的理由主要有三：

第一，不是一般的大，而是特别大。在史前，只有王才能有资格居住这样的房子。更重要的是，作为王，他要召集会议，举办庆典，举行祭祀，没有大房子不行。

第二，它拥有四阿式屋顶。四阿式屋顶又名庑殿顶，它是中国建筑中最高规格的屋顶，只用于皇家重要建筑。

第三，它拥有一个大广场。皇宫前面一般都有大广场，明清宫殿前就有天安门广场。

这样一个大房子，既是古代的宫殿，也是古代的明堂。明堂既是古代帝王居住之所，更是他们举行重大政治性活动的地方。关于明堂的体制，《白虎通·辟雍》有介绍："明堂上圆下方，八窗四闼，布政之宫。在国之阳。上圆法天，下方法地，八窗像八风，四闼法四时，九宫法九州，十二坐法十二月，三十六户法三十六雨，七十二牖法七十二风。"西坡的这座大房子也许是古代明堂的起源。

这座宫殿，有些专家认为，它可能是黄帝的宫殿。《史记·五帝本纪》说："黄帝采首山铜铸鼎于荆山下。鼎既成，有龙垂胡髯下迎黄帝。"黄帝铸鼎这个地方，后名为铸鼎原。西坡遗址离铸鼎原很近。

匆匆巡礼于新石器时代的艺术，我们的先祖在艺术上极为杰出的成就，不能不让我们震撼。

除了艺术所需的工具材料，在艺术的创造能力及艺术思维上，现代人类并没有比史前初民有明显的进步。史前艺术在诸多方面所达到的高度，可能是后世永远无法达到的，因为它们是始创。史前艺术集史前人类创造能力之大汇，它不仅是审美之渊薮，而且是诸多相关文明之渊薮。人类的生产工具、生活用具无不是艺术。在那个时候，生产、生活即艺术，而艺术即生产、生活。换句话说，史前人类的生存是艺术的生存。

史前艺术以其震撼的力量证明马克思的一段名言："动物只生产自身，

而人在生产整个自然界；动物的产品直接同它的肉体相联系，而人则自由地对待自己的产品。动物只是按照它所属的那个种的尺度和需要来建造，而人却懂得按照任何一个种的尺度来进行生产，并且懂得怎样处处都把内在的尺度运用到对象上去；因此，人也按照美的规律来建造。”①

① 《马克思恩格斯全集》第 42 卷，人民出版社 1979 年版，第 97 页。

# 第五章
# 前尧舜传说的审美

中国的历史拥有两个版本：一个是由地面上留存的文明及文明痕迹所构成的历史；一个是由文献资料所构成的历史。两者有些可以互相印证，有些则不可以互相印证。不能互相印证这种情况史前最为突出，主要原因是史前没有文字，有些史前文献是后人写的，后人写的不能说是胡编乱造，还是有所依据的，依据主要是人们的口耳相传。口耳相传可能有误，但也可能正确。因此，不能因为没有考古材料的印证，就判定它是假的。我们考察史前审美，主要依据地下考古，但也不能忽视文献资料。史前的描述存在于先秦、汉代的各类著作中，将这些散见在各类书籍中关于始祖的故事连缀起来，可以清晰地见出一条历史发展的线索。大体上从有巢氏、燧人氏开始到大禹结束，主干部分为三皇五帝的传说。中国上古时代的传说，相对集中为“三皇五帝”的故事。“三皇”的说法不一样，一种说法是“天皇”“地皇”“人皇”；另一种说法是三位有名有姓的中华民族始祖，到底是哪三位始祖，历史学家许顺湛根据诸多的史料，将其组合成八种：(1) 伏羲、神农、燧人；(2) 伏羲、神农、祝融；(3) 伏羲、女娲、神农；(4) 伏羲、祝融、神农；(5) 宓牺 (伏羲)、燧人、神农；(6) 燧人、伏羲、神农；(7) 伏羲、神农、黄帝；(8) 燧皇、伏羲、女娲。关于“五帝”有六种说法：(1) 黄帝、颛顼、帝喾、唐尧、虞舜；(2) 少昊、颛顼、帝喾、唐尧、虞舜；(3) 太皞、炎帝、黄帝、少皞、颛顼；(4) 黄帝、颛顼、帝喾、唐尧、虞舜、禹；(5) 轩辕、少昊、高阳、高辛、陶唐、有虞；(6) 黄帝、少昊、帝喾、帝挚、帝尧。以上六说，其第四说五帝多了一位，为六位，此说出自《孔子家语》中《五帝德》，没有解释这是为什么。第五说也是六位，持此说的郑玄做了解释："德合五帝坐星者称帝，则黄帝、金天氏、高阳氏、高辛氏、陶唐氏、有虞氏是也。"他的意思是，凡德合五帝者均可以称五帝，不一定数目限于五。所有关于五帝的说法中，数第一说最为权威。按第一说，五帝中列为首位是黄帝。他们的故事中拥有极为丰富的史学资料。基于我们认为五帝中的唐尧、虞舜已经属于有史可据的时代，因此，此处的论述只能是前尧舜的有关三皇五帝的传说。

## 第一节　开天辟地

史前先祖的事迹，有一些涉及人与天的关系，这一部分极具哲学意义，在相当程度上反映了古人对于自然、对于人生活环境的认识，这其中就包括审美认识。

### 一、盘古开天：人天共生

中国关于史前的历史，是从盘古开天开始的。盘古是中华民族认为的最早的祖先，关于他的形象和事迹，诸多古籍有记载。

关于他的形象，《广博物志》卷九引《五运历年纪》：

> 盘古之君，龙首蛇身，嘘为风雨，吹为雷电，开目为昼，闭目为夜。

中华民族的始祖形象都有动物的身体部件，伏羲氏、女娲氏、神农氏、夏后氏均是蛇身人面。以龙为首的，也有。《玉函山房辑佚书》辑《诗纬含神雾》云："神农龙首。"盘古龙首蛇身，身上没有人的因素，据此，它应该更原始。中华民族认同龙为图腾，龙之本是蛇，因此，盘古很可能是中国黄河边的部落首领，他死后，被神化为龙首蛇身形象。

盘古故事中最重要的也最有名的是开天。这个故事有几个版本，大同而小异。《艺文类聚》卷一引《三五历纪》云：

> 天地混沌如鸡子，盘古生其中，万八千岁。天地开辟，阳清为天，阴浊为地。盘古在其中，一日九变，神于天，圣于地。天日高一丈，地日厚一丈，盘古日长一丈，如此万八千岁。天数极高，地数极深，盘古极长。

这里，没有说是天地生盘古，只是说“盘古生其中”，这“生其中”指生于其中，就是说，盘古并不外在于天地，而是内在于天地之中。盘古在天地中，其身体与天地相连。天地变，他也变。天变大，他就变大；天变高，他就变高。

而在《五运历年纪》中，盘古与天地的关系就不同了：

> 元气濛鸿，萌芽兹始，遂分天地。肇立乾坤，启阴感阳，分布元气，乃孕中和，是为人也。首生盘古，垂死化身：气成风云，声为雷霆，左眼为日，右眼为月，四肢五体为四极五岳，血液为江河，筋脉为地里（理），肌肉为田土，发髭为星辰，皮毛为草木，齿骨为金石，精髓为珠玉，汗流为雨泽，身之诸虫，因风所感，化为黎甿。

比较上述两说，有两个共同点：

第一，宇宙开始于“濛鸿”或者说“混沌”。这个观点中国其他古书也是接受的。《淮南子》还具体说到“混沌”是什么样子：“古未有天地之时，惟像无形。窈窈冥冥，芒芠漠闵；澒蒙鸿洞，莫知其门。”① 这种描述，我们在《老子》一书中也看到，老子用它来描述“道”，说“‘道’之为物，惟恍惟惚。惚兮恍兮，其中有象；恍兮惚兮，其中有物。窈兮冥兮，其中有精；其精甚真，其中有信”②。可见道就是未分时的天地。《周易》说这就是“太极”。太极、道作为宇宙的本体，它是整一的，无限的，无形的，不可把握的（因为一把握，它就成为有限的了），但它又是实际存在的。中国人的哲学一元观就从这里开始。

---

① 刘向：《淮南子·精神训》。

② 《老子·二十一章》。

第二，宇宙始分，为阴阳。阴阳具体化为乾坤。乾为天，坤为地。天上长，地下降。《三五历纪》还确定了阴阳的基本性质：阳为清，阴为浊。

不管从语言表达方式上，还是思想实质上，盘古生天地的逻辑颇似《周易·系辞上》中所云："是故《易》有太极，是生两仪，两仪生四象，四象生八卦，八卦定吉凶，吉凶生大业。"

《绎史》引《五运历年纪》关于盘古的故事与《艺文类聚》引《三五历纪》中关于盘古的故事有一个重大的不同：《三五历纪》中的盘古虽随着天地扩大而扩大，但自己不参与天地的创造；而《五运历年纪》中的盘古，却以自己的身体参与天地的创造，具体来说，盘古死后，其身体的各部分相应地化为天地万物，包括让身上的小虫化为黎民百姓。这一故事隐含着这样一个观点：盘古与天地是一体的。一方面，天地生盘古，而且还是天地的第一生物（"首生盘古"），说明天地是盘古之祖；另一方面，盘古将自己的血肉化为天地中的万物，这可以说盘古生天地，盘古倒成了"天地万物之祖"①。这种互生，说明盘古与天地存在着血缘性的关系。中华民族传统的哲学思想"天人合一"可以溯源到此，具体来说，有这样几个要点：

（1）中华民族的哲学其实是分客体与主体的，天地是客体，盘古是主体。主体是由客体决定的，正如盘古是天地生的，而且是"首生"的。

（2）中华民族的哲学中的客体与主体其实也是可以互生的。一方面，天地自然生盘古；另一方面，盘古也可以将自己身上的东西转化为天地自然，如上引《五运历年纪》，盘古"嘘为风雨，吹为雷电，开目为昼，闭目为夜"。

（3）中华民族的哲学更为看重人的主体性。虽然中华民族的哲学给了天地即客体以本体的地位，承认天地生万物，但是，由于中华民族的哲学也强调人参与宇宙的创造，故而在实际效果上，凸显出的是人的作用、人的精神、人的智慧。上引《五运历年纪》中盘古开天地的故事，虽然故事开头也说到了天地"首生盘古"，但它突出的是盘古如何创造天地。

---

① 《述异记》卷上。

(4) 中华民族的哲学在对人的主体性的重视中突出的是精神的力量。盘古开天地不仅有身体的参与，还有情感的参与。《述异记》中所说的盘古开天地的故事中有这样几句话："盘古氏喜为晴，怒为阴"，又说"盘古氏泣为江河"，所以，盘古开天地，不只是有身体的对象化，还有情感的对象化。中华民族进入文明期后，不论是儒家哲学，还是道家哲学，均将精神的力量发扬到极致。

更重要的是，它提出了审美的重要价值与意义。人类的活动包括开天辟地这样的活动，都有审美参与。审美既是人类活动包括生产与日常生活的产物，也是人类活动的动力与参与力量。

(5) 中华民族哲学看重天人对应性。盘古开天地的神话中，盘古将自己的身体转化成相应的自然物，比如，他将气化为风云，声化为雷霆，血液化为江河，左眼化为太阳，右眼化为月亮，等等。这种对应性的转化，逐渐形成了中华民族的一种思维方式：类比思维。类比思维是人类共同的思维方式，不独中华民族有，但中华民族将类比思维发展到极致的地步。

类比思维也是审美思维。中国诗学中说的"比""兴"就是类比思维。

归纳以上五点，可以概括为"天人合一"思想。一般来说，"天人合一"思想不只是中华民族有，其他民族也有，但各有自己的特点。从盘古开天地故事所导出的人天关系观，我们可以看出中华民族人天关系观的某些特点，比如，人天的互生性、对应性、精神性以及人在人天关系中的主体性、能动性等。中华民族"天人合一"思想，最大的缺点是没有充分地导向实践，基本上只停留在精神领域，因而未能以这种思想去促进科学技术及生产实践的发展。

## 二、女娲补天：人工代天

盘古开辟的天地本来有序地运转着，但共工氏与颛顼氏（有古籍说是祝融氏）争帝的一场战争将这种秩序打破了。惨遭失败的共工大怒，触不周之山，致使"天柱折，地维绝"。在这种严峻的情势下，一位拯救世界的女神出来了，她就是女娲氏。

《三皇本纪 · 补史记》说："女娲氏亦风姓，蛇身人首，有神圣之德，代宓牺立，号曰女希氏。"说亦风姓，是因为宓牺（伏羲氏）是风姓。他们是一族人，女娲代宓牺为部落首领，号曰女希氏。从这个介绍看，女娲确是中华民族原始部落的一位女首领。女娲对于部落贡献甚多，她是生育女神，也是接生女神，但最重要的是她补过天。

汉画像石上伏羲女娲像

《淮南子 · 览冥训》详尽地记载了女娲氏补天救世的英勇行为：

往古之时，四极废，九州裂，天不兼覆，地不周载，火爁炎而不灭，水浩洋而不息；猛兽食颛民，鸷鸟攫老弱。于是女娲炼五彩石以补苍天，断鳌足以立四极，杀黑龙以济冀州，积芦灰以止淫水。

这一故事中有两个要点值得注意：

第一，炼五彩石以补苍天。女娲不是炼普通石头而是炼五彩石来补天，首先说明史前先民对天空之美有着强烈的感受。其次，能将石头炼成汁液来补天，说明当时的冶炼技术已经达到很高的水平。这种说法不是没有根据的，事实上，早在距今一万年以前人们就会制陶了。既然陶泥能烧，石头也就能烧。

第二，盘古是将自己的身体化为天地万物的，而女娲是炼五彩石补天的。人体化物，纯粹是想象，不含科学成分；而以物化物，虽然也有想象，却含有一定的科学成分。由人体化物到以物化物，明显见出先民对自然的认识在提高。女娲时代进步于盘古时代。

女娲终于做完了她要做的事，然后死了，她的死同样有助于世。《山海经·大荒西经》云："有神十人，名曰女娲之肠，化为神，处栗广之野，横道而处。"女娲静静地躺在她修补好的大地上，那是一片广漠的土地，遍长着森林。她死了，犹如当年盘古的死，肉体化成了天地万物。与盘古不同的是，女娲不仅用她的肉体，化出了河流、树林、云霞等等，还让她的肠子化出十位神人。这用肠化成神，即是说用人体化成了神体。神人一体。这一说法暗含一个重要的哲学观点：神是人的产物，准确地说是人的精神的产物。女娲补天与盘古开天地，所体现出来的基本意义是一致的，但女娲补天的意义似在盘古开天地意义的基础上有所延伸、拓展。

（1）物质与生命的关系。盘古与女娲都造了天地万物，细比较一下他们造的物，盘古造的物仅为物，一件件的物，文献资料中没有说这些物构成一个有机整体，具有生命的意味。然而，女娲造的，不是一件件的物，而是一个有机的生命体。上面所引《淮南子·览冥训》中说到女娲补过的天，不仅恢复了它的完整，而且恢复了它的生命，"和春阳夏，杀秋约冬"。春夏秋冬的运转都不是物质性的，而是生命性的，所以有"和"，有"阳"，有"杀"，有"约"。宋代大画家郭熙说："真山水之烟岚，四时不同。春山淡冶而如笑，夏山苍翠而如滴，秋山明净而如妆，冬山惨淡而如睡。"此说与上说可谓一脉相承。

（2）人工与天工的关系。这个故事中最值得注意的是女娲补天用的材料。女娲是从地取材补天的，这说明地与天具有同一性，不然怎么能用地补天呢？中华民族传统的哲学观念中，天地既相对，又相通，还相成。女娲用地面上的材料补天就是一个证明。另外，值得注意的是，女娲不是直接用地上的材料补天，而是将彩石经人工烧化成汁液然后补天的。这一点十分重要，它说明，地与天虽然相通或相成，但地材化成天体，须经过人工这一中介。这一思想直接导致《周易》中"三才"说的产生。"三才"为天、人、地，三者共同构造了宇宙，缺一不可。

（3）人心与天心的关系。盘古之开天辟地，女娲之补天救世，一切匪夷所思，却又顺情顺理，合人心，合民意。《淮南子·览冥训》叙述女娲补天后，天地秩序井然：

> 苍天补，四极正，淫水涸，冀州平；狡虫死，颛民生；背方州，抱圆天；和春阳夏，杀秋约冬，枕方寝绳；阴阳之所壅沉不通者，窍理之；逆气戾物，伤民厚积者，绝止之。当此之时，卧倨倨，兴（眄眄）[盱盱]；一自以为马，一自以为牛；其行蹎蹎，其视瞑瞑，侗然皆得其和，莫知所由生；浮游不知所求，魍魉不知所往。当此之时，禽兽（蝮）[虫]蛇，无不匿其爪牙，藏其螫毒，无有攫噬之心。

百姓们一如牛马，自由自在，天地万物"皆得其和"，而女娲则"乘雷车，服驾应龙"，悄然而去。"不彰其功，不扬其声，隐真人之道，以从天地之固然"。如果说天有心，则此心同于人心，中华民族哲学的最高概念——道，既是天心又是人心。宋代理学家张载说的"为天地立心"，之所以是可能的，是因为"天心"本就是人心。

先祖开天、补天的事迹涉及两个方面的哲学意义：

(1) 人与自然的关系。中华民族不完全接受天对人的决定，反过来，还强调人对天的作用。天生盘古，而盘古开天。开天的过程，是自然生成的过程，也是盘古成长的过程。人不仅可以开天，还可以补天。造天的材料，可以是自然物质，也可以是人的身体。这就充分说明人天具有同一性，正是这同一性，让人与天可以互生。这种天人关系论，是中国传统哲学天人合一论的来源。

(2) 人与环境的关系。盘古所开的天，女娲所补的天，既是自然，又是环境。在这里，自然是人化的自然，环境是人造的环境。没有环境，就没有人，没有好的环境，人就不能生存。盘古开天，实是为自己也是为人类创造一个美好的生存环境，同样，女娲补天，就是因为天出现了缺陷，不利于人的生存。自然是环境的第一创造者，人是环境的第二创造者，第一创造是原创，第二创造是改进。人与环境既然存在着这样的血缘关系，从本质上来说，珍惜环境就是尊重人，破坏环境就是毁灭人。

无须去批评这种理论中的不完善，不科学，它的有益成分足以给人极大的警示。

## 第二节 筑屋火食

类人猿由动物变成人，首先是居发生了变化。人之居与动物的居有着根本不同，动物居住在自然之中，可称为“野居”，人则居住在自己建筑的屋子之中，可称为“筑居”。

中华民族的先人从野居到筑居是从有巢氏开始的。关于有巢氏的传说，《韩非子》《庄子》有记载：

> 上古之世，人民少而禽兽众，人民不胜禽兽虫蛇。有圣人作，构木为巢以避群害，而民悦之，使王天下，号之曰有巢氏。①

> 古者禽兽多而人少，于是民皆巢居以避之。昼拾橡栗，暮栖木上，故命之曰有巢氏之民。②

居，是人生存第一要义，人生活在这个地球上，如所有的动物一样，总要有一个居住之处。只有居得下来，才能生存得下去。巢居的好处，是安全；坏处是不方便。巢居的同时，人们发明了穴居。穴居分为两种，一种为全穴居，另一种为半穴居，所谓半穴居，就是地面上还建了屋顶。半穴居实际上是将穴居与巢居整合为一了。

考古发现，史前的建筑大体上分为三种形式：第一种形式是穴居、半穴居。大地湾遗址、西安半坡遗址均有半穴居的建筑。第二种形式是干栏式建筑。在河姆渡遗址，发现许多带榫卯的干栏式建筑。干栏式建筑，实质是将巢居整体搬到了地上，建筑分三层，第一层不住人，饲养牲畜，这好像在地面上做了一个穴，只是不让人住，让牲畜住。第三种形式就是在地面上建造屋子，与现在的屋子实质无异了。

不管是半穴居，还是干栏式建筑都充分考虑到男女同居的需要。男女同居意味着有家了，家是社会的基本细胞。中国传统文化的一个重要特点

---

① 《韩非子·五蠹》。

② 《庄子·盗跖》。

就是以家为本，家的扩大版就是国，国的缩小版就是家。人类所有的人文社会意识包括政治意识、经济意识、伦理意识、审美意识都以家国意识为基础。

居的重要性，不仅在于家要有屋，无屋谈不上家，而且在于国要有宫殿，无宫殿谈不上国。中国的宫殿建筑始于何时，目前还在不断探索之中，但仰韶文化的好几处遗址发现了宫殿基址，这就引起了人们的思考，莫非传说中的黄帝真的存在？于此，建筑的意义就显得更为重大了。

差不多与有巢氏同时或稍许晚一些，中华民族另一始祖燧人氏出现了。同样，不少古籍对燧人氏有所记载：

> 上古之世……民食果、蓏、蚌、蛤，腥臊恶臭而伤害腹胃，民多疾病。有圣人作，钻燧取火以化腥臊而民悦之，使王天下，号之曰燧人氏。①
>
> 燧人钻木而造火。②
>
> 昔者先王未有宫室，冬则居营窟，夏则居橧巢。未有火化，食草木之实、鸟兽之肉。饮其血，茹其毛。未有麻丝，衣其羽皮。后圣有作，然后修火之利，范金，合土，以为台榭、宫室、牖户。以炮以燔，以亨以炙，以为醴酪。治其麻丝，以为布帛。以养生送死，以事鬼神上帝。③

燧人氏代表中国原始社会的另一个时代——用火时代开始。

人工取火的发明，对人类进化的意义极其巨大，最为直接的意义就是改生食为熟食。食，在人类生存中的地位不下于居，甚至超过居。人类食物的方式原来与动物是一样的，直接取自然物而食之，而发现火之后，人们采取了以火烧烤食物的方式。这一改变于人的进化意义极为巨大。从某种意义上说，正是火烤食物让人从根本上脱离了动物，成为人。

火的发现，不仅让人类改生食为熟食，而且改粗食为美食。

用火之所以能造成美食，是因为使用火，烹饪的方式变多了。

《礼记》充分肯定火食的意义：“以炮以燔，以亨以炙，以为醴酪。”

---

① 《韩非子·五蠹》。

② 《太平御览》卷八六九引《博物志》。

③ 《礼记·礼运》。

"炮""燔""亨""炙"，这是几种用火烹调食物的方式，"醴""酪"是几种精美的食物。食物当其制作趋于艺术化，必然讲究美食。

在中国，美食的意义绝不只在食：

第一，它通向礼仪。只有一定政治地位的人才谈得上美食，因而享受美食成为身份地位的标志。孔子对食物非常讲究，"色恶不食。臭恶不食。失饪不食。不时不食。割不正不食，不得其酱不食"①，这可能涉及礼仪。

第二，它通向祭祀。祭祀需要供品，这供品一般是用火烧烤过的。所以，《礼记》说"以养生送死，以事鬼神上帝"。

第三，它通向治国之道。商王汤让他的厨师伊尹为相，而伊尹将制作美食的基本原则用于治国，这在中国历史上成为美谈。

关于伊尹的厨艺，《吕氏春秋·孝行览·本味》有伊尹的自白：

> 凡味之本，水最为始。五味三材，九沸九变，火为之纪。时疾时徐。灭腥去臊除膻，必以其胜，无失其理。调和之事，必以甘酸苦辛咸，先后多少，其齐甚微，皆有自起。鼎中之变，精妙微纤，口弗能言，志不能喻。若射御之微，阴阳之化，四时之数。故久而不弊，熟而不烂，甘而不哝，酸而不酷，咸而不减，辛而不烈，淡而不薄，肥而不腜。

这段文字向来为人所称道，特别是"鼎中之变，精妙微纤"不仅道破了美食的奥秘，而且让人联想到治国，伊尹不就将治厨的道理很好地运用到治国致使国家大治的吗？既然治厨的道理可通向治国，那它就不只是厨学，还是政治学。

第四，它通向哲学、伦理学和美学。《左传》说晏子与齐侯讨论"和"与"同"的问题："公曰：'和与同异乎？'对曰：'异。和如羹也。水火醯醢盐梅以烹鱼肉，燀之以薪。宰夫和之，齐之味，济其不及，以泄其过。君子食之，以平其心。君臣亦然……'"② 晏子在说明羹的制作过程中多种元素的作用

① 《论语·乡党》。

② 《左传·昭公二十年》。

后，又说：“先王之济五味，和五声也，以平其心，成其政也。”——这涉及政治；他再说：“声亦如味，一气，二体，三类，四物，五声，六律，七音，八风，九歌，以相成也。清浊、小大、短长、疾除、哀乐、刚柔、迟速、高下、出入、周疏，以相济也。君子听之，以平其心。心平德和。”以和为美，是中国哲学、伦理学、美学的基本原则。

火的发现以及它在中国人生活中的作用远过饮食。中华民族文化及性格中一些深层次的东西与烹饪有着必然的联系。

火的重要意义在《周易》贲卦中也有所反映。贲卦上为艮，艮为山；下为离，离为火，为山下有火之象。此卦《彖传》云：“贲，亨。柔来而文刚，故亨。分刚上而文柔，故小利有攸往。天文也，文明以止，人文也。观乎人文以察时变，观乎人文以化成天下。”《彖传》将火与文联系起来，天文是太阳造就的，人文是火造就的。《彖传》无异于说火是文明创造者。

贲卦是讲修饰的卦，为什么要修饰，当然为的是美。美不能离开文，文不能离开明，明不能离开火。由火到明，由明到文，由文到美。这就是古人对美思考的基本逻辑。不管从哪个意义上讲，火是文明之源，善在文明，美也在文明。

在中国古代的传说中，教民使用火的始祖有许多位：一位是伏羲氏。《绎史》卷三引《河图挺辅佐》：“伏羲禅于伯牛，钻木取火。”这话让钻木取火的发明权归之于伏羲。《太平御览》卷九七引《管子》：“黄帝作，钻燧生火，以熟荤臊，民食之无兹胃之病。”钻木变成了钻燧，且发明权归之于黄帝了。伏羲又名“庖羲”，而“庖羲”又给写成“炮羲”，可见他不仅善品尝美食，而且还善烹制美食。黄帝是主雷雨之神，同样，说他发明用火也不是不可以的。炎帝在中国的古籍中也被看作火师。《论衡·祭意》云：“炎帝作火，死而为灶。”《路史·后记三》亦云：“（炎帝）于是修火之利，范金排货，以利国用。”按五德，炎帝为火德，据此，也将他看作火神。

不过，真正被看作火神与燧人氏共分一杯羹的当属祝融氏。关于祝融氏，《山海经·海外内经》说他“兽身，人面，乘两龙”，这当然是神话，不可信的。按史前始祖谱系，他是颛顼的后代。高辛氏时代，他做过火正官。

但人们更多地将他看作灶神。

《周礼·明堂·月令》云:“夏,其日丙丁,其帝炎帝,其神祝融,其祀为灶。”因此祝融更多被人们看作灶神。由于氏族社会内主炊事的是女人,因此,灶神特别为女人所重视。而作为灶神的祝融也被看作女神。灶之于家,就是食之于家,所以灶神是否佑助,关系到家庭、家族能不能生存。灶神从根本上讲是生命之神。中华民族是一个非常务实的民族,他们对于生命的理解,将食摆在第一位,而且对幸福的理解,也将食摆在第一位,真所谓“民以食为天”。孟子与梁惠王讨论王道,讨论理想的社会,也非常看重食:“五亩之宅,树之以桑,五十者可以衣帛矣,鸡豚狗彘之畜,无失其时,七十者可以食肉矣。百亩之田,勿夺其时,数口之家可以无饥矣。”① 从幸福生活、美好社会这一角度来看祝融作为灶神的角色,我们也可以将他尊为幸福之神。

美食文化是中国审美意识的重要源头,中国美学用来表示美感的重要概念“味”就来自美食,没有食且是美食,哪来“味”这一概念?味之美难以用语言表达,于是,又产生了“妙”这一概念。“妙”与“美”均用来表示审美感受,但“妙”的地位比“美”要高得多。

烹制美味的关键在“调和”诸多食物原料,让食物“熟而不烂,甘而不哝,酸而不酷,咸而不减,辛而不烈,淡而不薄,肥而不腴”,也就是“和”。中华美学以“和”为美,而“和”的来历就是烹制美食。

## 第三节 教民务农

中国以农立国。农业的产生可以推至上万年之前。考古发现,距今约12000年,中华民族的先民就开始培植水稻了。距今约6000年前的河姆渡人,已经进入农业社会。考古发现大量已经炭化的水稻作物,河姆渡人吃饭用的陶钵上刻有猪的形象,说明那个时候就已豢养牲猪了。其实,

① 《孟子·梁惠王章句上》。

养猪绝不始于距今约6000年前，它至少可以再向上推2000年，距今约8000年的东北赵宝沟文化出土的陶器上就有猪的形象，猪与鸟、鹿、牛构成的“四灵图”，四种动物均栩栩如生，那时养的猪，野性未脱，还有长长的獠牙。

河姆渡文化猪纹陶钵

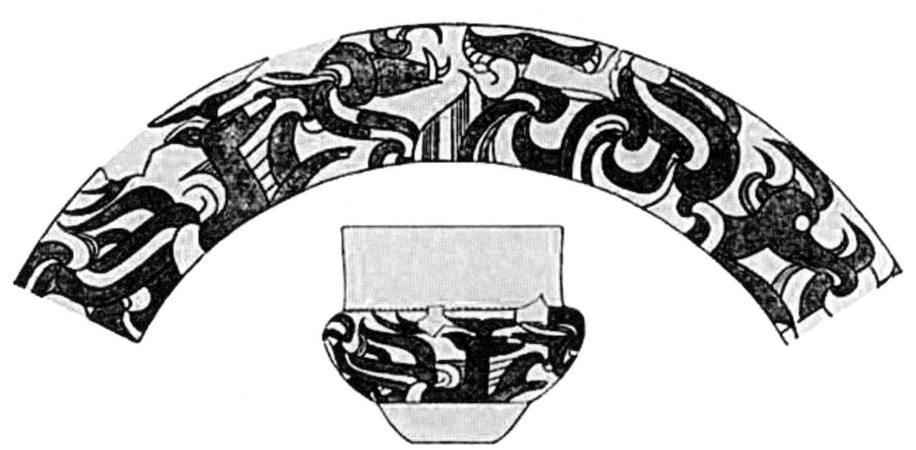

赵宝沟文化陶器上的“四灵图”

在文献资料上，最早发明农业，教民务农的是神农氏。

《周易·系辞下》说：“庖牺氏没，神农氏作。……神农氏没，黄帝、尧、舜氏作。”按此说法，神农氏是继伏羲氏之后又一位中华民族的始祖，它早于黄帝。

神农从小就喜欢农业。《天中记》卷二十二引《帝系谱》：“神农生三辰而能言，五日能行，七朝而齿具，三岁而知稼穑般戏之事。”三岁就喜欢玩耕地的游戏，可见与农业特别有缘分了。也许正是因为他与农业特别有缘，他的形象被说成“神农牛首”。

神农的主要贡献是发明农业。据众多史籍的记载，神农氏对于农业的发明大体上可以分为三个方面：

第一，种植。《新语·道基》云：“民人食肉，饮血，衣皮毛，至于神农，以为行虫走兽难以养民，乃求可食之物，尝百草之实，察酸苦之味，教民食百谷。”这话的意思是此前的人民，均是靠打猎为生的，打猎不容易，不能养活人民。基于此，神农就寻找别的可食之物。他遍尝百草的果实，终于找到可供食用的谷类植物，于是教百姓种植百谷。

第二，育种。农作物的种子从何而来？说法很多。第一种说法是神农采集的；第二种说法是飞鸟衔来的。《拾遗记·炎帝神农》云：“有丹雀衔九穗禾，其坠地者，帝乃拾之，以植于田。”再就第三种说法是天降落下来的。《艺文类聚》卷十一引《周书》云：“神农时，天雨粟，神农耕而种之。”

第三，发明农具、打井等。王充《论衡·感虚》云：“神农之揉木为耒，教民耕耨，民始食谷，谷始播种，耕田以为土，凿地以为井。”

除农业生产本身外，神农还钻研了一些与农业生产相关的知识，主要有：

（1）历法：农业重天气，历法对于农业生产来说至关重要，《艺文类聚》卷五引《周书》云：“畴昔神农始作农功，正节气，审寒温，以为早晚之期，故立历日。”上面引文中也说到神农“因天之时”，这“天之时”主要就是节气了。

（2）相地：《太平御览》卷三十六引《春秋元命苞》注云：“白阜为神农图水道之画，地形通脉，使不拥塞也。”《绎史》卷四引《春秋命历序》云：“神农始立地形，甄度四海，远近山川林薮所至，东西九十万里，南北八十三万里。”这些均说明神农在相地方面具有丰富的知识，这些知识有些属于现代的土壤学、地理学、水利学等。

（3）冶炼：《艺文类聚》卷一引《周书》说神农“陶冶斤斧，为耜鉏耨”，说明神农时代已有青铜器，并且这青铜器用于生产。关于神农发明冶炼，《路史·后记三》也有记载："(神农) 乃命赤冀创𥐟铁为杵臼"，这是说他用铸铁制作杵臼，这铁可能是青铜器。

神农有很多贡献，比如，他采集百草并亲自尝药，为中华民族建构属于自己的药学体系。传说中，神农不仅尝百草，而且还把脉探息，开方治病。《广博物志》卷二十二引《物原》云："神农始究息脉，辨药性，制针灸，作巫方。""巫方"具体为何方，今日不得确知。顾名思义，当有巫术在其中，但目的是治病。

全世界各民族均有自己的药物体系。中华民族的药物体系的突出特点是直接从自然界获取药物，"采药"因此成为中国传统文化中的专有名词。本来，直接从自然界采集药物，是全人类各民族都曾有过的做法。但是，后来有些民族逐渐改变了这种做法，他们更多通过化学的方式从自然物中提取一些结晶物，以之作为药物。中华民族基本上一直保持原始的制药方法，这种做法不仅形成了中华民族特有的医学体系，而且对于中华民族审美意识的生成产生了深层次的影响。

首先，它强化了人与自然关系的血缘性，为中华民族特有的身体美学创造奠定了基础。既然直接采自自然的物质能够作为药物治疗人体的疾病，那么，人们有理由认定人体即为自然，自然即为人体。中华美学特有的身体美学就筑基于人体与自然的一体性。长寿、青春、不死，是中华身体美学三大主题，而实现这三大主题的重要途径则是走向大自然，直接以自然物为食。《庄子·逍遥游》中说藐姑射山上有一群神人在那里居住。这神人"肌肤若冰雪，绰约若处子"，也就是青春、美丽。那么，他们怎么能做到这样的呢？庄子说他们"吸风饮露"，直接从大自然汲取所需要的营养。

其次，这种从身体维度强化人与自然一体性的观点，影响到精神哲学。这就是说，既然人的肉体与自然本为一体，那么精神上就更应做到不分彼此。《庄子》总是说"吾丧我"，这丧，不是将自己灭掉，而是在精神上做到与自然融合为一。他以声音为例，认为"地籁则众窍是已，人籁则比竹是已"，这两种声音都见出了风与物的摩擦，也就是说见出了二元，庄子是反对二元论的，他主张一元。“天籁”也是声音，但这种声音虽然“吹万不同”，却“咸其自取”，是一元的。当然，实际情况不会这样，但作为理想一直是中国知识分子所追求的最高的人生境界。

除此以外，神农氏还制作了最早的乐器——琴，创作了音乐《扶持》。虽然神农贡献很多，但最大的贡献还是发明农业。农业的发明是人类进步的大事，几乎所有史前的民族，其生产方式都有过从渔猎到农耕的进步。农耕的出现其意义是伟大的，中国也拥有长达上万年的农业社会。中华民族的哲学观念、伦理学观念、审美观念均植根于农业社会。就这个意义而言，神农作为中华民族的始祖之一，有其独特的价值与意义。农业生产的一个重要特点就是特别看重自然条件：一是气候，二是土地，二者均是农业的命脉。与此相关，天地亦即自然，在中华民族的精神生活中具有举足轻重的作用。中华民族的审美观念，极为推崇自然之美。庄子云：“天地有大美而不言，四时有明法而不议，万物有成理而不说。圣人者，原天地之美而达万物之理，是故至人无为，大圣不作，观于天地之谓也。”①

农业生产另一个特点就是特别看重时令的变化，与之相关，时空观念中时的观念更为重要。这在根本上影响了中华民族的思维方式。中华民族多是从时间的变化来看空间的，因此而决定性地影响中华民族的审美观念。时与事密切相关，或时过事移，或时过境迁，时简直成了人们心灵中的主宰，是情感的总开关，是艺术的原动力，是审美的魔术师。

神农这一概念在中国史前传说中有两种混淆：

一种混淆是，将神农与炎帝说成一个人，提法是“神农氏炎帝”或“炎帝神农氏”，仔细清理他们的谱系，发现他们应是不同的两个人。《三皇本纪·补史记》为神农排了一个谱系：“神农……生帝魁，魁生帝承，承生帝明，明生帝直，直生帝氂，氂生帝哀，哀生帝榆帝罔，凡八代，五百三十年而轩辕氏兴焉。”《三皇本纪·补史记》是唐代的著作，作者为司马贞，据他自

① 《庄子·知北游》。

注，此说据自《帝王世纪》及《古史考》①。炎帝则另有一个谱系。据《山海经·海内经》说："炎帝之妻、赤水之子听言天（二字合）生炎居，炎居生节并，节并生戏器，戏器生祝融。祝融降处于江水，生共工，共工生术器……共工生后土，后土生噎鸣，噎鸣生岁十有二。"炎帝在一些典籍中，也称之为"赤帝"。将炎帝与神农混为一人，可能始于汉，但即使到汉末，也有一些著作将神农与炎帝视为二人的。

尽管神农不是炎帝，但史书说的事既可能是神农的，也可能是炎帝的。因此，准确地说，神农、炎帝都是农业的发明人，都是农神、农祖。

在中国上古时代，为农业作出贡献的始祖远不止神农、炎帝，几乎所有的始祖都为农业作出过伟大的贡献。

另一种混淆是，神农常被混淆为时代。《庄子》一书比较喜欢讲神农氏，《盗跖》篇说："神农之世，卧则居居，起则于于，民知其母，不知其父，与麋鹿共处。耕而食，织而衣，无有相害之心，此至德之隆也。"这"神农"就明确地说是时代。但同书的《知北游》中有"妸荷甘与神农同学于老龙吉"，这"神农"就是人。另，《刻意》篇中"神农"与"黄帝"并提，《秋水》篇中"神农"与"燧人"相连缀，这些，都说明神农是人。笔者认为，这种混淆可能不算是混淆。中国远古的始祖诸如有巢氏、燧人氏、伏羲氏、神农氏等，既可以看作人名，也可以看作一个时代。

作为时代，后世的人们根据种种材料，也根据自己的理解与希望，赋予各种不同的色彩，关于神农氏时代，人们赋予的色彩是极为美好的。《淮南子》这样描绘神农时代：

> 昔者神农之治天下也，神不驰于胸中，智不出于四域，怀其仁诚之心。甘雨时降，五谷蕃植。春生夏长，秋收冬藏。月省时考，岁终献功。以时尝谷，祀于明堂。明堂之制，有盖而无四方，风雨不能袭，寒暑不能伤。迁延而入之，养民以公。其民朴重端悫。不忿争而财足，不劳形而功成，因天地之资而与之和同。是故威厉而不（杀）[试]，刑错而

① 此书版本不一，书名也不同，这里用的版本为上海涵芬楼民国二十六年（1937）影印本。

不用，法省而不烦，故其化如神。其地南至交趾，北至幽都，东至旸谷，西至三危，莫不听从。当此之时，法宽刑缓，囹圄空虚，而天下一俗，莫怀奸心。①

何其美好的社会！风调雨顺，五谷蕃植，年年丰收。祭祀以礼，养民以公，上下一心。民风淳朴，“法宽刑缓，天下一俗，莫怀奸心”。这样美好的社会，《淮南子》将它归之于神农之治，由此可见对神农氏何等的推崇。这样一种美好社会，我们能从《礼记》找到它的源头。《礼记》描绘过类似的社会，将它命名为“大同”。后来，陶渊明在《桃花源记》中生动地描绘了一个与世隔绝的小山村，它就是这种大同社会的形象显现。中华民族的社会理想实肇于此，中华美学的社会美也实肇于此。

## 第四节 修文立礼

三皇五帝传说中，对于中华美学的价值主要为两个方面：一方面，生存之道，立足于自然生命的保存；另一方面，人文之道，立足于社会生命的构建。前者为后者的基础，后者为前者的发现。在理论上，二者有前后之分，而实际上两者同步进行，只是有主有次，有明有暗，有显有隐。它们互相培育，共同发展。本章前面介绍的三个内容，基本上属于第一方面——生存之道。盘古开天、女娲补天，是为人类的生存构建一个适宜的环境；有巢氏的发明巢居、燧人氏的发明用火，是为了让人类的肉体能够安全并且得到较充分的肉体营养。神农氏、炎帝的发明农业，同样主要是为了让人类生存下来。有生存才有发展，有物质才有精神，有自然才有文明。下面我们要介绍的主要是人文之道。三皇五帝于中华民族的人文之道均有贡献，其中最重要者有伏羲、黄帝。

① 刘向：《淮南子·主术训》。

## 一、伏羲氏

五帝之前的三皇中最著名也最重要的莫过于伏羲氏（庖牺氏）了。《三皇本纪·补史记》说："太皞庖牺氏，风姓，代燧人氏继天而王。母曰华胥，履大人迹于雷泽，而生庖牺于成纪。蛇身人首，有圣德。"这里透露了诸多重要的信息。首先，伏羲为太皞族人。太皞，是东夷族的首领，活动的地域是中国的东部，蚩尤与他同族。按徐旭生先生的看法，伏羲与太皞本不是一个人，将他们说成一个人，是齐鲁学者综合整理的结果。再就是他代燧人氏为王，应在燧人氏之后，燧人氏发明用火，原始人才开始火食，这个时候社会应该还是很野蛮、很落后的，与动物社会相距不远。有意思的是，他出生的国——华胥国正好透露出了这样的信息。

华胥国在何处？是一个什么样的国？《列子·黄帝》有介绍：

> 华胥氏之国，在弇州之西，台州之北，不知斯其国几千万里，盖非舟车足力之所及，神游而已。其国无帅长，自然而已；其民无嗜欲，自然而已。不知乐生，不知乐死，故无夭殇；不知亲己，不知疏物，故无爱憎；不知背逆，不知向顺，故无利害。都无所爱惜，都无所畏忌，入水不溺，入火不热，斫挞无伤痛，指擿无骚痒，乘空如履实，寝虚若处林。云雾不碍其视，雷霆不乱其听，美恶不滑其心，山谷不踬其步，神行而已。

此文中透露出了具有历史价值的信息：第一，华胥国是有名号的，名就是"华胥"。"华胥"，这名一听就知道，说的是中华民族，这个定位极其重要，说明伏羲氏是中华民族的始祖。第二，华胥国"国无帅长"。无帅长，就是说没有等级，也没有尊卑。第三，国民"不知乐生，不知乐死"，不知生死，浑浑噩噩，无情感分化；"不知背逆，不知向顺，故无利害"，理智不发达。既如此，这个国家与动物社会没有太大的差别。

伏羲既然出生在这样的国度里，他所担负的历史重任就显豁了：让人从动物状态走出来，让人成为真正的人。伏羲氏的这一定位，已经明显地高于有巢氏、燧人氏了。有巢氏、燧人氏的贡献主要是让人活下来，重在肉体生命的保存，而伏羲氏则要让人有爱憎，有嗜欲，有喜乐，懂向顺，明利害，明显地重在人的精神生命的发生与发展了。所有古籍对于伏羲贡献的记载与赞颂，都重在这一意义。从这一意义上讲，伏羲氏才是中华民族第一位人文始祖。

伏羲氏的贡献甚多，我们可以将它分成四类：

第一类为生产类，教育人民养蚕、结网、豢养牺牲、服牛乘马、制杵臼等。①

第二类为生活类，主要是教民怎么制作美食。制作美食首先是要有好的食料，《孔丛子·连丛子下》云："伏羲始尝草木可食者，一日而遇七十二毒，然后五谷乃形。"五谷就是这样发现的。当然，对于伏羲来说，最有名的是他"养牺牲以庖厨"②。养牺牲，主要是供劳动时驱使，服牛乘马之类，另就是以充庖厨了。中华民族对于食物自远古以来就比较讲究。燧人氏发明用火烧烤食物，可以说是美食之始；伏羲氏重视庖厨，将食物的制作定为专门的手艺，可以说是美食之祖。民以食为天，可以说，世界各民族均有自己的美食文化而且各有特点，中华民族的美食文化重要特点之一，就是食与治国、与哲学、与美学相联系。

第三类为社会制度类，主要有二：一是"制嫁俱，以俪皮为礼"③。嫁娶关系与人类子孙的繁衍，其重要性是不言而喻的。嫁娶本是自然性行为，如同动物的性交配，而当嫁娶有礼，则就见出了文明，以区分于动物了。据远古神话，伏羲与女娲原本是兄妹，后来结成夫妻。虽然这种婚姻属于近亲繁殖，现代科学不支持，但它作为一种婚姻形态，在中国历史上存在过。

嫁娶制礼是人类走向进步的重要体现。现在我们已经不能具体知道"c

---

① 《三皇本纪·补史记》载："结网罟以教佃渔，故曰宓牺氏。"《抱朴子·对俗》云："太昊师蜘蛛而结网。"又《广博物志》卷七十五引《皇图要览》云："伏羲化蚕，西陵氏始养蚕。"《路史·后记一》："（伏羲）豢养牺牲，服牛乘马。"《新论》云："伏羲制杵臼，万民以济。"

② 司马贞：《三皇本纪·补史记》。

③ 《路史·后记一》罗苹注引《古史考》。

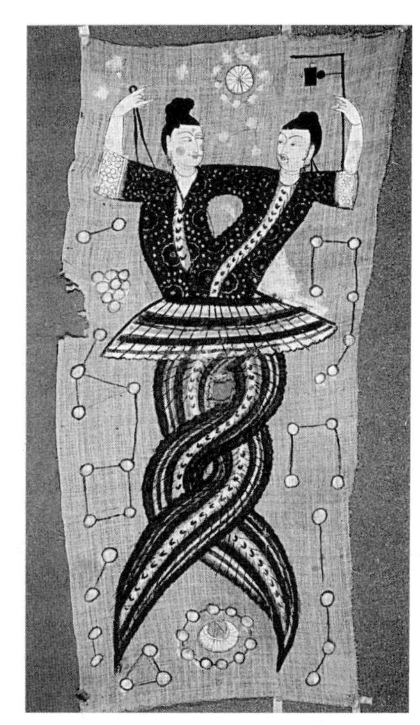

汉代伏羲女娲图

俪皮为礼”的规定了，也许这就是最早的彩礼。婚娶之礼是诸礼之始，基于此，不能不给伏羲氏的“制嫁俱，以俪皮为礼”以最高的评价。二是“以龙纪官”①。伏羲氏的部族已经有官职了，官职均以龙命名。这说明两点：一是部族内部有了比较严密的秩序，显现出部族内人物的高低贵贱；二是也说明部族内部有诸多的公共事务需要由部族官员来组织。“以龙纪官”也说明部族已经有了属于自己的图腾。图腾是部族的精神标志，它有助于部族人员对部族的认定感、归属感，对于部族的团结、发展，其意义无疑是巨大的。

第四类为意识形态类，主要有：

(1) 作乐。《世本》说伏羲氏“作瑟”“作琴”，《广雅 · 释乐》还说这瑟“长七尺二寸，上有二十七弦”。音乐是人工制作的美好的声音。诸多的关于史前研究的成果认为，原始音乐不仅娱人，还具有巫术的功能，可以用来

① 司马贞：《三皇本纪 · 补史记》。

娱神。音乐的出现，充分说明原始人已经具有了审美的需要，而且有一定的审美能力，只是这能力尚未发展成完善的审美意识。伏羲不仅制作琴、瑟等乐器，还创作出美妙的乐曲。屈原《大招》云："伏戏（羲）《驾辨》，楚《劳商》只。"这《驾辨》就是乐曲。洪兴祖注："伏戏，古王者也，使作瑟，《驾辨》，《劳商》皆曲名也。言伏戏氏作瑟，造《驾辨》之曲，楚人因之，作《劳商》之歌，皆要妙之音，可乐听也。"

（2）作巫。《天中记》卷四十引《古史考》说"伏羲氏作始有筮"，筮是古代担任祭天通神的人员，是部落具有最高权威的人物，通常由部落的首领兼任。据《列子》所载，伏羲氏所在的华胥国"无帅长"，大概还是母系氏族社会，伏羲氏出来后，他就是部落首领了，应该说进入了父系氏族社会。也许正是在这个时候，筮这种人物出现了，筮是部落中最聪明的人、最有学问的人，是部落真正的权威。筮的出现意味着原始宗教已经形成。对于史前社会来说，原始宗教出现，某种意义上是文明真正的开始。

（3）画卦。《周易·系辞下》这样叙述："古者庖牺氏之王天下也，仰则观象于天，俯则观法于地，观鸟兽之文与地之宜。近取诸身，远取诸物，于是始作八卦，以通神明之德，以类万物之情。"《周易》是中华民族自远古流传至今的一部圣书，它的基本精神是论阴阳，阴阳是中国人对于混沌的宇宙世界所做的最初也是基础的认识，它是中国人哲学观的立足地。尽管《周易》本为卜筮之书，其中难免有诸多神秘的东西，却始终尊为儒家"五经"之首。实际上，它不只是儒家思想之源，还是中国道家、阴阳家诸多学派之源。画卦，是伏羲氏对于中华民族文化最重要的贡献。

《周易》对中华民族文化的影响是全方位的，从某种意义上讲，它是中华民族的重要的精神支柱，中华民族得以传承数千年而不衰，《周易》的精神在其中起着或显或隐或巨或微的重要作用。就中华审美意识的发生与发展来看，它的意义也是巨大的。其中最为重要的有三：第一，它缔造了中华民族美学精神的基元。这基元由阴阳两重因素构成。阴阳是宇宙、人生精义的高度概括，它既是真之本，也是善之魂，更是美之灵。第二，它缔造了中华民族审美理想的基本品格。这品格就是天地相合，阴阳相交，刚柔相济。

用它的话来说，就是“天地感而万物化生，圣人感人心而天下和平”。中华民族的美学就是这样一种充满着生命意味的美学，一种洋溢着和平精神的美学。生命在于阴阳两种因素的相交，和平在于阴阳两种因素的化合。第三，它为中华民族美学提供了一系列美学概念，如阳刚、阴柔、神、感、文、美、化等，还有一系列美学命题，如“阴阳不测之谓神”“观乎天文以察时变，观乎人文以化成天下”等。

## 二、黄帝

三皇五帝的传说中，影响最大的是黄帝。中华民族普遍认同的是黄帝的子孙，也说炎黄子孙，炎黄是炎帝与黄帝联盟，这个联盟中的首领是黄帝。

《史记》作为信史，开篇即《黄帝本纪》。关于黄帝，《史记》的介绍是：

黄帝者，少典之子，姓公孙，名曰轩辕。生而神灵，弱而能言，幼而徇齐，长而敦敦，成而聪明。

从这个介绍看，黄帝身上已经没有动物性的成分了，他是一个正常的人，只是比一般人某些方面先天素质好一些，比如语言功能。但其他方面没有什么太大的区别，只是长大后，他比一般人块头大，也更聪明。

黄帝有诸多发明，诸多善事，如造车、造釜甑。有些事，别的先祖也做过，可能不够普及，黄帝再做，比如“黄帝作钻燧生火，以熟荤臊，民食之，无兹膶之病（兹膶之病，指食物中毒——引者注），而天下化之。”① 再比如“穿井”。

这些固然重要，但相比于他在人文上的贡献，又次之了。

黄帝于中华民族人文上的重大贡献，从与炎帝部落联合开始。关于这场战争，《史记·五帝本纪》的记载是：

炎帝欲侵陵诸侯，诸侯咸归轩辕。轩辕乃修德振兵，治五气，艺五种，抚万民，度四方，教熊罴貔貅貙虎，以与炎帝战于阪泉之野，三战，然后得其志。

① 《管子·轻重戊》。

记载虽比较简单，但有思想，对这场战争定位准确：首先，它强调这场战争是反侵略的战争，炎帝是侵略者。对于侵伐，司马迁是反对的，他说："轩辕之时，神农氏世衰，诸侯相侵伐，暴虐百姓，而神农氏弗能征。于是，轩辕乃习用干戈，以征不享。"其次，他强调黄帝治兵是"修德振兵"，打了"德"字牌，因而得到天下的响应。打仗，实质国力、民心的较量，而在这方面，黄帝做足了准备，他"治五气，艺五种，抚万民，度四方"，国力强大，四方拥护，加之在战术上，他用了奇兵，将"熊、罴、貔、貅、貙、虎"驱上了战场，向着炎帝的军队冲去。最后，他强调此战黄帝"得其志"。什么志？部落统一之志。此战虽然为黄帝战胜了炎帝，但黄帝并没有以胜利者自居，而是以联盟者的身份与炎帝实现了联盟。结盟的结果是中华民族的主体——汉族出现了，徐旭生先生称汉族集团为"华夏集团"，这个集团是"我们中国全族的代表"[①]，它的诞生之初，主要在中原地区活动，随后向北、向东、向南活动，终于遍布全中国。

黄帝的另一场重要的战争，是对蚩尤的战争。蚩尤是东夷集团的首领，他们生活的地区是中国的东部地区，相当于今山东、江苏一带。东夷族的首领，著名的还有太皞（太昊）、少皞（少昊），他们可能不同时，也可能同时，但生活地不同。黄帝对蚩尤的这场战争，《史记》也有所记载：

> 蚩尤作乱，不用帝命，于是黄帝乃征师诸侯，与蚩尤战于涿鹿之野，遂禽杀蚩尤。而诸侯咸尊轩辕为天子。代神农氏，是为黄帝。天下不顺者，黄帝从而征之。[②]

这场战争有特殊重要意义：它宣告华夏集团与东夷集团的合并。中国远古三大集团，就剩下势力比较弱，又地处偏僻的南方集团了。因此，华夏集团与东夷集团的合并，某种意义上，标志着中华民族主体建构完成。事实上，这场战争以后，"诸侯咸尊轩辕为天子"，有天子，意味着国家的成立了，这是中华民族历史上第一个朝代、第一个国。

---

① 徐旭生：《中国古史的传说时代》，文物出版社 1985 年版，第 40 页。

② 司马迁：《史记·五帝本纪》。

黄帝对于蚩尤的胜利，不能简单地理解为部落兼并，它还具有民族融合的意义。《管子·四时》载："黄帝得蚩尤而明乎天道，遂置以为六相之首。"也就是说，让蚩尤担任六相的首领，相当于今天的总理。

黄帝对于中华民族、对于中国的重大贡献，不仅在于建立了中华民族，建立了中国的第一个朝代，而且还在于他在执政过程中提出一系列治国方略，这些方略后来成为中华民族立世的根本，成为中国立国的根本。

第一，铸鼎立国。

鼎本是炊器、食器，原是用陶制的，在陶器中本没有很高的地位，到黄帝时代鼎逐渐为人看重。仰韶文化后期开始进入铜石并用时代，遂出现青铜鼎。鼎不仅是祭祀祖宗神灵的重要祭器，而且也是权力的象征，天子或制鼎自藏或制鼎赏赐给贵族。用鼎与制鼎成为国家重要的制度，这一制度始于黄帝。黄帝铸鼎的事不少史籍有记载。《史记》云："黄帝作宝鼎三，象天地人。"[①]《鼎录》具体描写黄帝制的鼎："金华山，皇（黄）作一鼎，高一丈三尺，大如十石瓮，象龙腾云，百神螭兽满其中。文曰：'真金作鼎，百神率服。'复篆书，三足。"《玉函山房辑佚书》中《孙氏瑞应图》则将鼎完全神化了，云："昔黄帝作鼎，象太一。……宝鼎，金铜之精，知吉凶存亡，不爨自沸，不炊自热，不汲自满，不举自藏，不迁自行。"

第二，服冕垂衣。

古代穿戴不是简单的事，它是人身份地位的显示，"服冕垂衣"只能是天子的特权。关于黄帝服冕垂衣，诸多史籍有记载。而且黄帝的元妃"教民养蚕，治丝茧以供衣服"，可以说在黄帝时代，不是有没有衣服穿的问题，而是如何穿衣服的问题。是黄帝将穿衣纳入礼制的范围。

第三，六相治国。

黄帝建立了最早的国家政权机构。据《管子·五行》云：

> 黄帝得六相而天地治，神明至。蚩尤明乎天道，故使为当时（管天时）；大常察乎地利，故使为廪者（管仓廪）；奢龙辨乎东方，故使为土

① 司马迁：《史记·五帝本纪》。

> 师（司空管手工业）；祝融辨乎南方，故使为司徒（管农业）；大封辨乎西方，故使为司马（管兵马）；后土辨乎北方，故使为李（狱官）；是故春者土师也，夏者司徒也，秋者司马也，冬者李（通“理”）也。

就分工来说：蚩尤（蚩尤族中的人）管天时；大常管仓廪；奢龙为土师即司空，管手工业；祝融（祝融族中的人）为司徒，管农业；大封为司马，管军事；后土为李，管牢狱。其中春官为土师，夏官为司徒，秋官为司马，冬官为李。这种安排，既与天象相应，又与人事相关，是相当完整的，中国政权结构在黄帝时代基本上奠定了。

第四，“考定历纪，始造书契”。

《拾遗记》说黄帝一大贡献是“考定历纪，始造书契”①。“历纪”即历法，它不只是农事的指南，也是治国的指南。因为历法在某种意义上，体现了上天的意志。然而历法不是想象的产物，而是科学研究的结晶。《史记》对于黄帝考定“历纪”的贡献，从政治上给予很高的肯定：

> 盖黄帝考定星历，建立五行，起消息，正闰余，于是有天地神祇物类之官，是谓五官。各司其序，不相乱也。民是以能有信，神是以能有明德，民神异业，敬而不渎，故神降之嘉生，民以物享，灾祸不生，所求不匮。②

始造书契含发明文字的意思。现在一般认为文字始于商代甲骨文，其实，仰韶文化、大汶口文化均发现有类似文字的符号，而仰韶文化时代即为黄帝时代，因此，黄帝时代出现文字或准文字是可能的。文字在当时是稀罕物，只有君王和极少数的高层贵族能掌握文字，而文字主要用于发布政令记载重要史实，也就是说，主要用于治国。

第五，以德治国。

《拾遗记》说：“（轩辕）……使九行之士以统万国。九行者，孝、慈、文、信、言、忠、恭、勇、义。”③“九行”为九种美德：孝、慈、文、信、言、忠、恭、勇、义。

---

① 王嘉：《拾遗记 · 轩辕黄帝》。

② 司马迁：《史记 · 五帝本纪》。

③ 王嘉：《拾遗记 · 轩辕黄帝》。

九行之士就是分别研究这九种道德并身体力行的知识分子，让他们以九行统万国，这国是诸侯国，黄帝的国家既有中央集中领导，又有诸多诸侯国分治。集中领导中有意识形态指导，九行是指导万国的意识形态之一。九行后来完全为儒家所吸收，概括成“为政以德”的理念。

第六，重视音乐。

中国远古的氏族始祖，大多有爱好音乐制作乐器的记载，说明音乐在中华民族的生活中一定得到充分的重视。在所有爱好音乐的始祖中，似乎黄帝对音乐的钟情最为突出。他有一个臣子名伶伦，是一位音乐家。黄帝令他作律，又令他与荣将“铸十二钟以和五音，以施《英韶》，以仲春之月，乙卯之日，日在奎，始奏之，命之曰《咸池》”①。黄帝为什么这样喜欢音乐呢？有这样几则材料透露了一些信息：

> 太帝（即黄帝）使素女鼓五十弦，悲，帝禁不止，故破其瑟为二十五弦。②
>
> 素女播都广之琴，温风冬飘，素雪夏零，鸾鸟自鸣，凤鸟自舞，灵寿自花。③
>
> 黄帝习（乐）昆仑，以舞众神，玄鹤二八翔左右。④

这几则材料说明了音乐的魅力。音乐的魅力何在？一在动情；二在创美；三在致和——人与人之和，人与自然之和，人与神之和。黄帝看中的就是音乐这种巨大的作用。这也可以解释为什么以黄帝为膜拜对象的孔子也那样喜欢音乐，以至于听《韶乐》三月不知肉味，也才能理解他的名言——“兴于诗，立于礼，成于乐”中，为什么将“乐”放在最高层次。

前面说到黄帝重视礼制：用器礼制、政权礼制、生活礼制等。这里又谈到他重视音乐，可以说，黄帝才是中国礼乐美学的创始人。

黄帝时代，与仰韶文化大体相对应。仰韶文化距今7000—5000年，黄

---

① 《吕氏春秋·仲夏纪》。

② 司马迁：《史记·封禅书》。

③ 陶宗仪等：《说郛三种》（七）。

④ 《太平御览》卷九一六引《孙氏瑞应图》。

帝所处的年代，应该是仰韶文化的中期，因此，他距今的年代应在5000年左右。黄帝活动的地域很广，中心地区应在河南、陕西、甘肃一带。他的遗踪成为当今考古的热门。

黄帝是中华民族最重要的人文始祖，他对中华民族的贡献是全方位的、深层次的。可以说，是黄帝构建了中华民族的基础，构建了中华文明的基础。

# 第六章
# 尧舜时代传说的审美

尧舜是中国两个最靠近文明时代的准朝代。过去，较多的学者将他们看作传说。钱穆讲国史，说“讲比较可靠的古史，姑从虞、夏起”[①]，他将虞即舜划到信史之内，而将尧划入史前，但自20世纪70年代以来的陶寺文化遗址考古，越来越多的地下遗迹及文物证明尧不仅真实地存在过，而且尧都就在陶寺。结合考古材料，文献中说由尧缔造了舜继承的国，应是可以信的中国两个朝代。虽然，考古学家认为，尧禅让舜的事可能不存在，舜与尧更大的可能是同时存在的两个国，但是一则考古材料尚不能坐实这种看法，二则本章的论述以文献为主，因此，本章还是接受已经在中华民族历史上产生深远影响的尧禅让舜的故事并将尧与舜看成两个前后相继的朝代。中国传统文化向来是尧舜并提，说明他们的思想体系基本是一致的，因此，此章不打算将尧舜分开来论述。

## 第一节 “中国”首称

“中国”这一概念首先在西周何尊的铭文中出现，而其使用是多义的，

① 钱穆：《国史大纲》，商务印书馆2008年版，第11页。

主要有：国中义、九州义、京师义、国都义、中原义、礼义之国义、中华民族所建之国义。真正以“中华民族所建之国义”运用的，在《史记·五帝本纪》中是舜，也是尧所建的国。

《史记·五帝本纪》云：

> 尧崩，三年之丧毕，舜让辟丹朱于南河之南。诸侯朝觐者不之丹朱而之舜，狱讼者不之丹朱而之舜，讴歌者不讴歌丹朱而讴歌舜。舜曰天也夫！后之中国践天子位焉，是为帝舜。

这段文字出现“中国”二字，此前，谈及黄帝、颛顼、帝喾、帝挚、帝尧为帝，表述是：“诸侯咸尊轩辕为天子。”“黄帝崩，葬桥山。其孙昌意之子高阳立，是为帝颛顼也。”“颛顼崩，而玄嚣之孙高辛立，是为帝喾。”“帝喾崩，而挚代立。”“帝挚立，不善，而弟放勋立，是为帝尧。”①

这种表述，是用心的还是随意的？仔细看《五帝本纪》，发现这种表述是用心的。司马迁说：“自黄帝至舜、禹，皆同姓而异国号，以章明德。故黄帝为有熊，帝颛顼为高阳，帝喾为高辛，帝尧为陶唐，帝舜为有虞。帝禹为夏后……”②“同姓”，强调他们均是一个祖先，这祖先既是血缘上的，更是文化上的。文化上的，就是继承的是同一个文化体系，正是这个意义上，称黄帝是我们的文化始祖。“异国号”，这国号，指国名，国名的相异，为的是突出国家的“明德”。虽然司马迁没有具体分析这几个前后相承的国分别“明”的“德”有什么不一样，但是独在舜即天子位的事情上他提出“之中国践天子位焉”。

“中国”这一概念在此种情境下出现，其意义非同小可。

读文本，此处的“中国”还不是现今说的中国。它取的义，是国都义。尧去世后，虽然尧生前明确地说让舜继位，但尧的儿子丹朱很霸道，不让舜继位。舜为避让丹朱而去了南河之南，然而诸侯不去朝觐丹朱而来朝觐舜，老百姓有官司要断不去找丹朱而来找舜，连天下唱赞歌的也不歌颂丹朱而

---

① 司马迁：《史记·五帝本纪》。

② 司马迁：《史记·五帝本纪》。

歌颂舜。舜知道不能再逃避下去了，长叹一声，此是天意啊，就去国都即天子位了。文本的意思大概是这样，尽管如此，我们还是认为，尧创建舜继承的国才是真正的中国。

司马迁对于“中”的认识，可能主要是“中”的道德义。他之所以说舜“之中国践天子位焉”，是因为“天下明德皆自虞帝始”。

司马迁谈中国历史从“五帝”开始，他是有深意的。在司马迁看来，“五帝”与“三皇”是有区别的。区别之一在于，“三皇”的故事，更多的是传说，有些还是神话，而“五帝”的故事，更多的是历史。区别之二在于，“三皇”的“皇”，是圣人之尊称，不是国君的尊称，也就是说，他们所统率的部落或部落联盟，还称不上国，只是族群，他们作为部落或部落联盟首领的意义，更多的是民族领袖。至于“五帝”，虽然也有民族领袖的意义在其内，但更多的是国家的领导人，是国君，而不是族长。

中国的开始，是黄帝所建的国。历史上的中国有三个性质：(1) 以华夏族即汉族人为天子的国。(2) 以中华民族[①]为主体的民族大团结的国。中华民族不只有汉族，还有诸多的族。其最早的构成是三大集团：一是华夏集团，这是最早的汉族，以黄帝、炎帝为首领；二是东夷集团，后来融入汉族，以太昊、少昊、蚩尤为首领；三是苗蛮集团，以祝融为首领，这一集团最有名的是三苗氏，这个集团也逐渐融入汉族。三大集团是中华民族的最早构成。中华民族在其后的发展中，有更多的民族融入，远不止三大集团。(3) 以中华文化为主流意识形态的国。在中国古代，谈到中国，特别强调以儒家的治国教民的基本理论体系：礼义。其实，中华文化不只有儒家文化，但儒家文化确是中华文化的主体。在先秦，为了区别中国与其他少数民族的国家，总是首先搬出礼义来。孔子说：“夷狄之有君，不如诸夏之亡也。”[②] 在孔子看来，

---

① 虽然早在史前“中华民族”就呈雏形，但历史上一般都提“华夏”“诸夏”“中华”。“中华民族”作为概念提出，是 20 世纪初的事。梁启超在《论中国学术思想之变迁之大势》一文中首次提出“中华民族”这一概念。其后，在《历史上的中国民族之观察》中，他分析了中华民族的多元性与混合性。

② 《论语・八佾》。

夷狄建立的国家虽然有国君，那根本称不上国君，因为它没有立国所必需的“礼义”。“诸夏”就是指中国，中国除了称“诸夏”外，还称“华夏”。何休注《公羊传·隐公七年》中“不与夷狄之执中国也”云：“中国者，礼义之国也。”①

因为强调以中华文化立国，所以，族属问题在先秦就淡化了。一些汉族建立的国（诸侯国）如楚、吴，因为在某些事情上违背了周礼，也被一度贬称为“夷”；而一些少数民族建立的国，因为尊周为共主，却被称为“夏”。后来，像辽、金、西夏、元等少数民族执政的国家政权，也都自称为“中国”②。

根据以上三条来看五帝所建立的国，应该说，以上说的几条基本上均具备，但是，黄帝、颛顼、帝喾的事迹过于缥缈。司马迁在《史记·五帝本纪》结尾章云：“学者多称五帝，尚矣。然《尚书》独载尧以来，而百家言黄帝，其文不雅驯，荐绅先生难言之。孔子所传《宰予问五帝德》及《帝系姓》，儒者或不传。”最重要的还是涉及中国实质的礼义体系，前三帝有一些史料，但还是显得比较虚。黄帝，主要有铸鼎、封禅两件大事，可以挂到礼义上去。颛顼有“依鬼神以制义，治气以教化，絜诚以祭祀”③，属于礼义；帝喾也有一些：“顺天之义，知民之急；仁而威，惠而信，修身而天下服。取地之财而节用之，抚教万民而利诲之，历日月而迎送之，明鬼神而敬事之”等。

总体来说，前三帝“礼义”方面的建设不如后二帝。这是自然的，因为文明在进步。司马迁在《史记·五帝本纪》中，对于后二帝做了较前三帝详尽得多的介绍。

这里，特别要提出的是历史给予尧所定的庙号——“文祖”，这一庙号是值得深入研究的。《史记·五帝本纪》云：

> 正月上日，舜受终于文祖。文祖者，尧大祖也。

按司马贞索隐《尚书帝命验》：“五府，五帝之庙。苍曰灵府，赤曰文祖，

---

① 宗福邦等：《古训汇纂》，商务印书馆2003年版，第28页。

② 参见本书有关辽、金、西夏、元诸章。

③ 司马迁：《史记·五帝本纪》。

黄曰神斗，白曰显纪，黑曰玄矩。”[①] 文祖为赤，这赤让我们首先想到太阳。《周易》贲卦《彖传》云：“天文也。文明以止，人文也。观乎天文以察时变，观乎人文以化成天下。”此卦上卦为离，离为太阳，下卦为坤，坤为大地。《彖传》说，天上出太阳，这是天文。而人在太阳下劳作，这是人文。观看天文可以了解宇宙变化的规律，而观看人文则可以创造人类社会。这里透露出的信息显示出，文具有文明义，文明创造为人而所据在天。

“文”，在中国古籍中有多义，天义，有善义，美义，华义，饰义，成义，勉义，礼义，礼仪义，礼乐义，典法义，节文义，镂身义，节文威仪义，德惠之表义，慈惠爱民义，勤学好问义，尊卑之差义，经纬天地义……[②] 这些义，核心是礼义，它的外在显现则是华美。“文”用作尧的庙号是古代知识分子经过慎重考虑的结果。

称尧为“文祖”，喻示尧为文明的创造之祖，他所缔造的国是礼义之国。舜作为尧精心选拔的接班人，将尧的事业发扬光大。从《史记·五帝本纪》关于舜的事迹介绍来看，最突出的是礼乐的构建：

> 舜曰：“嗟，四岳，有能典朕三礼？”皆曰伯夷可。舜曰：“嗟，伯夷，以汝为秩宗，夙夜维敬，直哉维静洁。”伯夷让夔、龙。舜曰：“然。以夔为典乐，教稚子，直而温，宽而栗，刚而毋虐，简而毋傲。诗言意，歌长言，声依永，律和声，八音能谐，毋相夺伦，神人以和。”夔曰：“於！予击石拊石，百兽率舞。”

这段文字来源于《尚书·舜典》，司马迁认为它是可信的。如此具体的描述，类如文学，司马迁将其载录，不仅在于它可信，而且在于它“雅”[③]，也就是文笔生动美妙。这段文字，关键词一是礼，一是乐。礼、乐二者，礼，在当时主要是祭祀，舜说要找一个人代他掌管“三礼”。三礼就是祭祀天神、地祇、人鬼。“秩宗”是礼官，而实际工作是管祭祀。所以，礼在其产生之初，主要是构建与神灵沟通的桥梁，实现神人之和。“乐”包括诗、歌、舞，其主

① 宗福邦等：《古训汇纂》，商务印书馆 2003 年版，第 977 页。

② 参见宗福邦等：《古训汇纂》，商务印书馆 2003 年版，第 976—977 页。

③ 司马迁在《史记·五帝本纪》末段言及采纳《尚书》材料，说“择其言尤雅者”。

要功能是娱神、通神，最后是“和神”，获得神的欢心。要达到这样的目的，乐，就不能是普通的民歌，而要有一定的内容，也要有一定与内容相配的形式。为此，舜表达了他的看法：“诗言意，歌长言，声依永，律和声，八音能谐，毋相夺伦，神人以和。”诗，更多涉及乐的内容，舜强调“言意”，什么意？自然是人民的心声、部落的心声、国家的心声。歌，它的作用是“长言”，长，伸发、美化。长言，就是伸发、美化诗的语言。声、音、律，涉及音律，强调配合一致，节奏和谐。目的是“神人以和”。在舜之前，没有哪一位圣人包括帝王，对于礼乐的关系特别是乐的理论作出如此透彻的论述，故舜是礼乐文化的第一创始人。

从中国缔造的意义上看，在关系国家主流意识形态构建的问题上，五帝中，贡献最大的是尧舜，故我们认为尧舜的中国才是真正的中国。

中国之始，炎黄；中国之成，尧舜。这里，涉及民族与国家的关系。民族之成先于国家之成。炎黄贡献首先在中华民族的初建，其次才是中国的初建。而在尧舜，中华民族有很大的发展，但他们的贡献，主要是构建了一个以礼乐为核心的中华文化，从而也让他们领导的国家成为真正的中国。

中国美学的品格，有属于民族的，有属于国家的。二者相通，也相异。民族更多关涉人民的生活方式、精神风貌，而国家则更多关涉国家的主权、国家的意识形态、国土和国民的地位。中国美学既具有鲜明的中华民族品格，也具有鲜明的国家品格。如果重在谈中国美学的民族品格，要从黄帝始；如果重在谈中国美学的国家品格，可从尧舜始。

## 第二节　道德立国

尧的继位，《史记·五帝本纪》是这样记载的：“帝喾娶陈锋氏女，生放勋，娶娵訾氏女，生挚。帝喾崩，而挚代立。帝挚立，不善，而弟放勋立，是为帝尧。”

在中华民族的传说中，凡是圣王，其出生均有不寻常之处。帝尧据说是其母“感赤龙”而生的。他的形象也很特别:“尧眉八彩,九窍通洞。”[①] 关于其人,《史记・五帝本纪》有一个基本的评价:

帝尧者,放勋。其仁如天,其知如神。就之如日,望之如云。富而不骄,贵而不舒。黄收纯衣,彤车乘白马。能明驯德,以亲九族。[②]

这些话,前面是歌颂他的个人品德,概括为一个字就是“仁”。“仁”的核心是爱民。“仁”,在尧主要用于治国。在这方面,他有两个方面非常突出:

一是禅让天下。尧知道儿子丹朱不肖,就不将江山传给他,而传给了品德高尚的舜。尽管舜也出于黄帝之后,但自黄帝至舜已经七世,而且至少有五代均为庶人。始于尧的这种禅让政治,虽然只是在舜手里得到了继承,并没有形成传统,却是历代儒家向往不已的理想政治。

二是领导治水。尧时代洪水泛滥,治水成为国家最大的政治。帝尧为此事极为头疼,《史记・五帝本纪》记载,他曾向大臣询问谁可任此事,有人向他推荐丹朱,尧知道丹朱顽凶,不用。有人向他推荐共工,尧知道此人夸夸其谈,似是诚实,实则欺诳,不用。最后,他接受四岳的推荐,让鲧去治水,然而治了九年,失败了。此时,舜向他推荐鲧的儿子禹,尧接受了这一建议。禹采取与其父亲完全不同的治水策略,不是堵,而是疏,终于取得治水的成功。这件事涉及诸多人物,虽然头功为禹,但尧作为决策者,其领导之功不可没。

仁,后来成为儒家道德体系的核心范畴,也成为历代统治者治国理政的基本理论。仁的典范,在中国历史上,第一位是尧。

舜,在五帝中,是除黄帝以外最具光彩的一位。在他身上,集中后世儒家更多的理想。

舜也是黄帝的子孙,但他的上几代均为平民百姓。他本人则实实在在的是一位农民。《史记》说他“耕历山,渔雷泽,陶河滨,作什器于寿丘”[③],什么活都干过,可以说社会生活实践经验极为丰富。舜之前的四帝,都没

① 刘向:《淮南子・修务训》。

② 司马迁:《史记・五帝本纪》。

③ 司马迁:《史记・五帝本纪》。

有这样的经历。舜真正出身于下层。

舜，同样也是仁的模范。他作的《南风》之诗，其内容就是爱民。《孔子家语·辨乐》道：

> 昔者舜弹五弦之琴，造《南风》之诗，其诗曰："南风之薰兮，可以解吾民之愠兮；南风之时兮，可以阜民之财兮。"唯修此化，故其兴也勃焉。

舜为后世最为称道的是孝。舜母早死，舜的父亲瞽叟再娶妻而生象。不知是何缘故，舜的父亲、继母还有继弟都视舜为眼中钉，即使舜已经被尧看中，将来会接班做国君，他们还要使诡计害他。《史记·五帝本纪》载：

> 尧乃赐舜絺衣与琴，为筑仓廪，予牛羊。瞽叟尚复欲杀之，使舜上涂廪，瞽叟从下纵火焚廪，舜乃以两笠自扞而下。去，不得死。后瞽叟又使舜穿井，舜穿井为匿空旁出。舜既入深，瞽叟与象共下土实井，舜从匿空出，去。瞽叟、象喜，以舜为已死。象曰："本谋者象。"象与其父母分，于是曰："舜妻尧二女与琴，象取之；牛羊仓廪予父母。"象乃止舜宫室，鼓其琴，舜往见之，象鄂不怿，曰："我思舜正郁陶！"舜曰："然，尔其庶矣。"舜复事瞽叟爱弟弥谨。于是尧乃试舜五典百官，皆治。

这个故事最重要的是结尾：一是舜不仅不恨瞽叟和象，而且"复事瞽叟爱弟弥谨"；二是尧为舜的孝行感动，向五典百官推行舜的孝道。这些都有效果。几千年来，儒家一直将舜作为至孝的典范。唐朝张弧撰的《素履子》说：

> 孝德之本，教之所由生，治国治家者，立德为先，立德之本，孝之为始。

虽然理论上深入地论述仁与孝是先秦儒家的事，但身体力行地去实施仁与孝，却是从尧舜这里开始的。尧舜是"仁"与"孝"两种道德规范的真正的创始人，也是以"仁"与"孝"治国的真正的开创者。

中华民族是一个非常重视道德律身的民族，这一传统溯源于尧舜。道德律身的理想是做君子，而至高楷模是圣人，圣人即是尧舜。

该如何评价以道德律身的理念及实践？这是一个比较复杂的问题，中国历史上也有一些与此相关的评论，但集中于具体问题的多，比如，如何看待仁，如何看待孝。这些，诚然是重要的，但因为不是从总体上检讨，不能解决根本问题。道德律身可能要从正反两方面看。先要肯定的是，道德律身不管是古代还是现代，都是必需的。儒家将这一问题提到为人之本的高度，认为是不是以道德律身是人与禽兽的区别，这是不错的。但是，我们也要看到，道德律身并不能解决为人的全部问题，首先，道德有一定的适用范围，不同的人群，不同的时期，有不同的道德规范。作为道德楷模的君子充其量也只能做成某一时期某一人群中的君子。其次，道德做到什么程度，要把握好分寸，稍微过度，老实就变成愚蠢，谦虚就成为虚伪，正面的道德就转向反面。再次，君子并不万能。做人，需要具备多种素养，强健的身体是摆在首位的。颜回诚然是君子，但身体不好，早夭，于他自己于社会都是最大的遗憾。最后，智商、情商、美商等，做人都是不可或缺的。虽然道德上可以称得上完美，智商太低，是为庸人；情商太低，是为畸人；美商太低，是为呆人。这些人均不是社会欢迎的人。

君子顶多只是洁身自好罢了，如果处理社会问题，可能处处碰壁。社会关系是复杂的，涉及诸多的利益问题，需要有着诸多价值原则进行调控。道德是不能解决全部问题的。比道德更管用的，是法律。法律代表国家的意志，实行的是强制的手段，在解决社会问题上，确实比道德来得有力，来得迅速。但即使是法律，也不能解决社会上的全部问题。做人需要综合修养，社会治理需要综合治理，其手段是多样的，有道德，有法律，还有经济、政治、科技、审美等多种手段。

中国这个古国，从黄帝算起，至少有 5000 年的历史，从尧舜算起，至少有 4000—5000 年的历史，这个国家的治国方略，总体上来说是以德治国。以德治国，黄帝只能说是开始，《史记》赞黄帝统治天下，是“修德振兵”“抚万民，度四方”“和万国”，这些可以说是仁，但黄帝治国，更为突出的是“顺天地之纪，幽明之占，死生之说，存亡之难。时播百谷草木，淳化鸟兽虫蛾”——这些均可以归属于尊重自然包括尊重生态。也就是说，黄帝治国，更重视处理好人与自然友好的关系。颛顼继承黄帝事业，但更重视人与鬼神的关系，他断然采取措施，“绝地天通”，将祭祀权收归朝廷，“依鬼神以制义”，“絜诚以祭祀”。帝喾兼顾“顺天”与“修身”二者，既“顺天之义，知民之急”又“仁而威，惠而信，修身而天下服”。也许，尧直接继承帝喾的王位，治国方略基本上同于帝喾，但是他成就更大，所以，名气远在帝喾之上，更重要的是他的继承人——舜发展了他的事业，在以仁孝治国方面作出了更令后世赞美的成就，因此，尧舜才是道德治国的真正的开创者。

道德治国，目的在《史记·五帝本纪》说得很清楚：“能明驯德，以亲九族。九族既睦，便章百姓。百姓昭明，合和万国。”① 概括起来，就是“和万民”“和万国”。“万民”包括本国国民和藩属国国民；“和万国”，这“国”指的是诸侯国或者说藩属国。

虽然以德治国不是万能，但还是值得肯定。仁孝律身，道德治国，根本是公天下的观念。《商君书》云：

> 尧舜之位天下也，非私天下之利也，为天下、位天下也。

由尧舜开创的以仁孝律身、以德治国体系，经儒家理论上的提升与发展，更经历代统治者的实践，不仅成为儒家的重要道统，也成为中华民族一致认同并不断继承发展的文化传统。这一文化传统，为唐朝的大儒韩愈做了理论上的概括。他说：“博爱之谓仁，行而宜之之谓义。由是而之焉之谓道，足乎己无待于外之谓德。仁与义为定名，道与德为虚位。……凡吾所谓道德云者，合仁与义言之也，天下之公言也。”② 这个以仁义为核心的道德体系，有一个传承系统，这个系统发端是尧：

> 尧以是传之舜，舜以是传之禹，禹以是传之汤，汤以是传之文武周公，文武周公传之孔子，孔子传之孟轲。③

虽然韩愈说“轲之死不得其传焉”，但他亦肯定其后有不少人作出了贡献，如荀子与扬雄，只不过“择焉而不精，语焉而不详”，因而他以当代的传

---

① 司马迁：《史记·五帝本纪》。

② 韩愈：《原道》。

③ 韩愈：《原道》。

承者自居，标榜要“明先王之道以道之”。

中华民族由尧舜开启的这一道统，影响的不只是数千年的中国政治，也不只是数千年来中国人的道德观，还全方位地影响了中国人全部的价值观包括审美观。

中华美学中的美观念，有一个发展过程。大体上，最早美的观念，首先，更多地受到性的影响，凡是与性相关的事物，总是最强烈地进入审美的视野。其次，就是生理上的影响，即所谓的“悦耳悦目”，凡形式上能带来这种感官快适的事物，也容易进入审美视野。最后，则逐渐受到道德的影响，这一影响，在史前达到高峰的时期是尧舜时期。

## 第三节　制度治国

中国治国，有两大传统，第一是道德治国，主要是建立以仁义为核心的意识形态，从修己律身入手，进而达到治国安邦的目的；第二就是制度治国，主要是建立以礼法为核心的上层建筑，以礼仪、法律、教化为手段，达到治国安邦的目的。

尧舜不仅在道德治国上，为中国的政治文化拉开了序幕，而且在制度治国上，为中国的政治文化奠定了基础。

制度治国，可以分为两大部分：处理好天人关系，以获得自然的支持与神灵的佑助；处理好人际关系，以获得人民的支持与拥护。

### 一、理顺天人关系

天人关系包括自然与人的关系和神灵与人的关系两大部分。

关于自然与人的关系，主要是认识自然的规律，以便更好地适应自然，顺应自然，遵循自然规律生产、生活，以取得生产的丰收与生活的安康。尧舜在这方面做了大量的工作。如抗旱，“尧时十日并出，尧上射九日”①，射

① 王充：《论衡·对作》。

日当然是神话，但折射出尧带领人民抗旱的真实事实。又如治洪，尧时曾有过一场特大洪水，“尧独忧之，举舜而敷治焉”①。在理顺天人关系方面，尧的主要政绩是观天制历。《尚书·尧典》云：“（尧）乃命羲和，钦若昊天，历象日月星辰，敬授民时。”另，帝尧又命羲和制定星历：“期三百六旬有六日，以闰月定四时、成岁。允釐百工，庶绩咸熙。”②观天象，早在三皇时代就有了，但做得最好的，应是尧。尧指定羲和观天，并建筑了观天台。羲和观天有重大成就，他编制了一部星历。虽然它未必是中国最早的星历，但却是史前最科学的星历。它不仅算出一年366天，而且制定了闰月法则。在距今4000年前，中国的气象法，达到如此高的水平，让人惊叹。

21世纪初，考古人员在帝尧的国都陶寺发现了一座观天台的基址。陶寺的这座观天台半圆形，分为三层台，最下层半径为22—25米，中间一层半径为22米，最上面一层半径为12米。中间层有两处附属建筑，一为看台，二为半月形的生土台。天文观测主要在第三层。据简报：“第三层台基夯土挡土墙内侧有11个夯土柱和10道缝，经解剖后发现是在弧形夯土墙基础上，按照特殊需要人工挖出来的，残深6—10厘米。经考古人员近一年的实地模拟观测，这些缝可以看到冬至、春分、秋分等重要节令日出。此次最重要的发现是找到古人观测点的夯土标志，它位于第三层生土台基芯中部，该夯土遗址共有4道同心圆。中心圆面直径25厘米，第2圈同心圆直径42厘米，第3圈同心圆直径约86厘米，外圈同心圆直径145厘米。”③

为了验证观天台的真实性，中国社会科学院考古研究所山西队于2003年12月22日至2005年12月22日，对此观天台进行了为期两年的实地模拟观测，总计72次，在缝内看到日出20次，从新观测点看到16次。“其结果不仅大致摸清了陶寺文化从冬至到夏至再到冬至一个回归年的历法规律，并且获得了十分珍贵的第一手观测资料，为探索陶寺天文台的天文功

① 《孟子·滕文公上》。
② 《尚书·尧典》。
③ 解希恭主编：《襄汾陶寺遗址研究》第一册，科学出版社2007年版，第167页。

能提供了重要依据。”①

陶寺观天台的发现，不仅有力地证明了《尚书》所载羲和观天制历的事实存在，同时也支撑了尧舜的存在。

观天制历，不只是一种科学行为，也是一种礼制行为。礼制作为国家的根本制度，首先要处理的是天人关系问题。中国古代帝王对于自己统治地位的合法性问题最为重视。而解决这一问题的关键是让上天以它特有的方式对这政权予以肯定，为此，观测天象就无疑最为重要了。观测天象当然不只是了解天象，以猜测上天的意志，它还有助于人民的生产和生活，这里，最重要的莫过于制作星历了。中国以农为本，农业生产基本上是靠天吃饭，星历对于农业生产的重要性不言而喻。

在中国古人看来，天，既是自然界又是神灵。将天看作神灵，祭祀就显得非常重要了。古代的祭祀名目繁多，最高的祭祀为祭天。《史记·五帝本纪》介绍了尧委托舜观天命并行祭天的行为，云：“帝尧老，命舜摄行天子之政，以观天命。舜乃在璇玑玉衡，以齐七政。遂类于上帝，禋于六宗，望于山川，辩于群神。揖五瑞，择吉月日，见四岳诸牧，班瑞。”“璇玑玉衡”《集解》引郑玄说，即“浑天仪”，“七政”为“日月五星”。《正义》引《尚书大传》云：“政者，齐中也。谓春秋冬夏天文地理人道，所以为政也，道正而万事顺成，故天道政之大也。”舜代帝行天子之政，将观天象摆在首要位置上，以天象所透示的秩序来整饬国家秩序，政法天象，也就是治道法天道。并且大兴祭祀：祭上帝，祭祖宗，祭山川，祭群神，其目的是构建严整的天人关系，以求天地赐福。

对于尧的以天为则，孔子给予很高的评价：“大哉尧之为君，惟天为大，惟尧则之，荡荡乎民无能名焉！”孟子在他的著作中特意引用了此语，并加以肯定。②

---

① 解希恭主编：《襄汾陶寺遗址研究》第一册，科学出版社 2007 年版，第 192 页。

② 《孟子·滕文公上》。

## 二、理顺人与人的关系

### (一)建立合适的官僚体系,因材用人

舜在这方面做得很出色。《史记·五帝本纪》载:

> 舜谓四岳曰:“有能奋庸美尧之事者,使居官相事?”皆曰:“伯禹为司空,可美帝功。”舜曰:“嗟,然!禹,汝平水土,维是勉哉!”禹拜稽首,让于稷、契与皋陶。舜曰:“然,往矣。”舜曰:“弃,黎民始饥,汝后稷播时百谷。”舜曰:“契,百姓不亲,五品不驯。汝为司徒,而敬敷五教,在宽。”舜曰:“皋陶,蛮夷猾夏,寇贼奸轨,汝作士,五刑有服,五服三就,五流有度,五度三居,维明能信。”舜曰:“谁能驯予工?”皆曰垂可。于是以垂为共工。舜曰:“谁能驯予上下草木鸟兽?”皆曰益可。于是以益为朕虞。益拜稽首,让于诸臣朱虎、熊罴。舜曰:“往矣,汝谐。”遂以朱虎、熊罴为佐。舜曰:“嗟,四岳,有能典朕三礼?”皆曰伯夷可。舜曰:“嗟,伯夷,以汝为秩宗,夙夜维敬,直哉维静洁。”伯夷让夔、龙。舜曰:“然。以夔为典乐,教稚子,直而温,宽而栗,刚而毋虐,简而毋傲。诗言意,歌长言,声依永,律和声。八音能谐,毋相夺伦,神人以和。”夔曰:“於!予击石拊石,百兽率舞。”舜曰:“龙,朕畏忌谗说殄伪,振惊朕众,命汝为纳言,夙夜出入朕命,惟信。”

以上是舜在朝廷征询群臣意见,分派臣下具体事务的情景:大体上,伯禹为司空,负责“美帝功”,相当于掌管宣传部兼文化部;禹负责“平水土”,相当于掌管水利部;后稷负责“播时百谷”,相当于掌管农业部;契负责“敬敷五教”,相当于掌管教育部;皋陶负责刑法,相当于掌管司法部;垂可负责手工业,相当于掌管工业部;益可负责驯养野兽,相当于掌管畜牧局;伯夷负责礼仪,相当于掌管整个国家的意识形态工作;夔、龙负责音乐,相当于掌管文化部的部分工作。龙还负责向民间征集意见的工作。这种设官,完全出自国家事务管理的需要,比之黄帝设官要合适得多。据《管子·五行》:“黄帝得六相而天地治,神明至。蚩尤明乎天道,故使为当时;大常察乎地利,故使为廪者;奢龙辨乎东方,故使为土师;祝融辨乎南方,故使为司徒;

大封辨乎西方，故使为司马，后土辨乎北方，故使为李（通"理"，古时法官名称）。是故春者土师也，夏者司徒也，秋者司马也，冬者李也。"

舜的人才政策取得了成功："皋陶为大理，平，民各伏得其实。伯夷主礼，上下咸让。垂主工师，百工致功。益主虞，山泽辟。弃主稷，百谷时茂。契主司徒，百姓亲和。龙主宾客，远人至。"[①] 另外，禹负责治水，"披九山，通九泽，决九河，定九州"，也取得巨大成功。于是，社会和谐，诸侯来朝，甚至离国都很远的"荒服"，也都"以其职来贡"。"和万国"的政策，在大臣强而有力的工作之下，得以实现。"四海之内，咸戴帝舜之功"[②]。

（二）建立法律体系，以法治国

《史记·五帝本纪》说舜在代尧摄天子政时，"象以典刑，流宥五刑，鞭作官刑，扑作教刑，金作赎刑。眚灾过，赦；怙终贼，刑。钦哉，钦哉，惟刑之静哉！"[③] 这里，赦刑有别，宽严有别。惩罚中有教化，金钱也可用来赎刑。应该说基本的法治原则在舜时已经建立。

舜行大法，惩恶扬善，保护人民，保护政权，取得了重要成绩，其载入史册的主要有"除四罪"："流共工于幽陵，以变北狄；放驩兜于崇山，以变南蛮；适三苗于三危，以变西戎；殛鲧于羽山，以变东夷：四罪而天下咸服。"[④]

（三）加强巡狩，理顺中央与地方的关系

巡狩指君主视察周边的诸侯国，因为古时的君主视察兼着打猎，故曰"巡狩"。后来，打猎的事越来越少，就只有视察了。巡狩是治理国家一种手段，也是一种制度。这种制度最早见之于历史的，就是尧舜了。

《史记·五帝本纪》云：

> （舜）岁二月，东巡狩，至于岱宗，祡；望秩于山川；遂见东方君长，合时月正日，同律度量衡，修五礼、五玉、三帛、二生、一死为挚，如五器，卒乃复。五月，南巡狩；八月，西巡狩；十一月，北巡狩：皆如初。归，

① 司马迁：《史记·五帝本纪》。

② 司马迁：《史记·五帝本纪》。

③ 司马迁：《史记·五帝本纪》。

④ 司马迁：《史记·五帝本纪》。

至于祖祢庙，用特牛礼。五岁一巡狩，群后四朝，遍告以言，明试以功，车服以庸。①

舜摄行天子之政后，巡狩天下。巡狩分东南西北，有顺序，有时间。二月东巡狩，到达泰山，祭祀泰山。在泰山会见了东方诸侯首领，将东方所用的历法、度量衡与中央统一起来。五月，南巡狩；八月，西巡狩；十一月，北巡狩。然后回到国都，祭祖庙。

巡狩五年一次，这五年内，诸侯国四次来朝，如此，成为制度。与之相关制度如“五器”“五礼”“五玉”“三帛”“二生”“一死”等均要严格遵循。通过君主巡狩和诸侯来朝，构建起严整的中央与地方的关系。

（四）建立礼乐体系

中国的礼乐制度，源于祭祀。祭祀过程中，《吕氏春秋・仲夏纪》云：“仲夏之月……天子居明堂太庙，乘朱辂，驾赤骝……是月也，命乐师，修鞀鼓，均琴瑟管箫，执干戚戈羽，调竽笙埙篪，饬钟磬柷敔。命有司，为民祈山川百原。”由祭祀用乐，后延及重大庆典用乐，本来用于娱人的乐就与政治联系在一起了。按《吕氏春秋》的看法，“凡乐，天地之和，阴阳之调也。”正是因为乐有和谐的功能，它就成为打破人与人之间各种界限沟通情感进而观念的最好手段。所以，“凡音乐通乎政，而移风易俗者也。”乐的沟通功能可大可小，大可以与天和，《乐记》云：“大乐与天地同和”，这与天和，自然是与人和的扩展，实际上只是一种想象。在中国古人看来，天地也是有感情的，有思想的，既然有感情、有思想，就可以与天地沟通并实现和谐。不管这种想象是多么天真，但的确将乐推到至高的地位，乐的功能几乎无所不至了。

据文献，中国有崇尚音乐的传统，上可推至远古，据《吕氏春秋》，“昔古朱襄氏之治天下也，多风而阳气蓄积，万物散解，果实不成，故士达作为五弦琴，以来阴气，以定群生。昔葛天氏之乐，三人操牛尾投足以歌八阙。”②至于以后的黄帝、颛顼、帝喾均有自己的音乐，这三帝的音乐均效法自然的

① 司马迁：《史记・五帝本纪》。

② 吕不韦：《吕氏春秋・仲夏纪》。

声音，其乐是做什么用的，文献没有做明确的记载，但对于尧舜的乐，其功能是明确的：

昔陶唐氏之始，阴多滞伏而湛积，水道壅塞，不行其原，阴风郁阏而滞著，筋骨瑟缩不达，故作舞以宣导之。①

帝尧立，乃命质为乐。质乃效山林溪谷之音以歌，乃以麋鹿鞈置缶而鼓之。乃拊石击石，以象上帝玉磬之音，以舞百兽。瞽叟乃拌五弦之瑟，为十弦之瑟，命之曰《大章》，以祭上帝。②

舜弹五弦之琴而歌《南风》之诗而天下治。③

三条记载对于尧舜之乐的功能说得很清楚：为百姓治病；祭上帝；治天下。三条，第一条说陶唐氏的乐可以治风湿这样的病，应该是可能的，因为这乐有舞，通过跳舞，可以“宣导之”。这一条间接地涉及礼，因为它体现的是尧的爱民。第二条“祭上帝”，就完全属于礼的范畴了。第三条“治天下”，更概括、更全面，但政治性非常鲜明突出。

更重要的是，《尚书 · 虞夏书》所记载的舜在命令夔“典乐”时对于音乐所说的一番话：

直而温，宽而栗，刚而无虐，简而无傲，诗言志，歌永言，声依永，律和声。八音克谐，无相夺伦，神人以和。

这段话《史记》也有，只是文字略有差别，意思完全一样。这段话应该是中国最早的音乐美学，或者说“和”美学。正是在尧舜时代，音乐礼制化、政治化了。而音乐美学与作为中国美学核心的“和”美学也正是这个时候建立的。

## 第四节　筑宫建都

中国最早的国都在哪里，没有人知道。《史记》云：“方士有言：‘黄帝时

① 吕不韦：《吕氏春秋 · 仲夏纪》。

② 吕不韦：《吕氏春秋 · 仲夏纪》。

③ 司马迁：《史记 · 乐书》。

为五城十二楼，以候神人于执期，命曰迎年。'”[①] 这话当然虚无缥缈，但司马迁还是记载在他的书中，可见他是感兴趣的。

中国文献中涉及史前文化谈到建都和宫殿的文字不是太多。《山海经》有一处：“西南四百里，曰昆仑之丘，实惟帝之下都，神陆吾司之，其神状虎身而九尾，人面虎爪，是神焉，司天之九部及帝之囿时。”[②] 这里的“帝之下都”，帝为黄帝，都就是国都。尽管这些描述纯是想象，但还是吸引人们去探寻黄帝的国都与宫殿。应该说，这种探寻不是没有一些成绩的。地下考古也发现了几处疑似黄帝宫殿、黄帝城的基址，但都不能确证。

史前考古发现的宫殿的遗址有好几处，比较获得大家认同的是尧的国都——陶寺，与之相关，比较能得到大家认同的宫殿是陶寺的宫殿。

陶寺位于山西襄汾县，“陶寺遗址上限约当公元前 2500—前 2400 年，下限为公元前 1900 年”[③]。2000—2001 年，考古工作者在陶寺发现一座城址，城址存在的年代应为公元前 2100—前 2000 年。发现有北、东、南三个方向的城墙，其平面为圆角长方形。墙体残高约 2 米，墙址宽约 3 米，加上墙址，总宽度为 5 米。城址南北最大距离为 2150 米，最小距离为 1725 米，东西最大距离为 1650 米，总面积约为 280 万平方米。

城墙的建筑很有特点，同一道城墙不同地段的建筑方法是不同的，其中 Q9 一段城墙的建筑方法类似于今天的“直立式挡土墙”。具体做法是：“没有基槽，系利用城内原始生土陡坡外包夯土墙体，夯土厚度为 1.95 米，与城外侧深壕形成城墙。”[④] 这种做法反映出陶寺人筑墙达到了很高的水平。

考古人员在早期城址的中南部，发现了约 5 万平方米的宫殿区。参与此次考古的何驽研究员说：“其主要建筑遗存由夯土台阶和夯土小桥墩组成，台阶顶部系用 12 块大小不等的夯土板块垒筑建成。台阶表面残留‘之’字形坡道，保留着较好的踩踏路面，从坑底盘桓上至台阶顶部，可进入核心建

---

① 司马迁：《史记 · 封禅书》。

② 《山海经 · 西山经》。

③ 解希恭主编：《襄汾陶寺遗址研究》第一册，科学出版社 2007 年版，第 230 页。

④ 解希恭主编：《襄汾陶寺遗址研究》第一册，科学出版社 2007 年版，第 125 页。

筑区。”[①] 从台阶，可以想见此建筑的雄伟高大，中国的宫殿建筑（包括唐朝之前）都崇尚高峻，多筑殿于高台之上。这种体制，至少从陶寺就开始了。“在清理夯土台阶之上的垃圾堆积中，出土了大块装饰戳印纹白灰墙皮和一大块带蓝色的白灰墙皮。”[②] 宫殿的墙皮装饰说明此建筑全身彩绘，金碧辉煌。

更重要的是，在清理宫殿区的垃圾时，考古人员发现了诸多珍贵的器物，有陶甑人形鋬、鸮面盆鋬、大玉石璜、陶鼓残片、绿松石片、红彩漆器、尊形簋、圈形灶等。这些器物一般只在贵族墓葬或生活区可以见到。何驽认为：“这些奢华的遗物证明，即便是这里的建筑垃圾和生活垃圾的品质在陶寺城址中也都是最高的，意味着这里的建筑规格最高，居住者的地位等级最高。从而推断出，陶寺城址早中期的宫殿区都在这里。”[③]

后来，考古人员在陶寺中期小城内墓地以南进行挖掘，发现了一座面积较大的建筑基址，总面积约 1400 平方米，为观天象和祭祀的场所，这样规模巨大的观天场所只能是国王所有。由此，也可推定在陶寺遗址发现城市基址应是国都的基址，与之相关，那面积达 5 万多平方米的建筑群应是宫殿。

就城市史而言，陶寺的宫殿区具有标志性的意义。它主要有这样几个重要特点：

一是城市规整化的新拓展。中国最早的城市只不过是聚居的村落，说是城市只是因为人多或者有贵族居住，谈不上城市形态。城市有形态的标志是有没有城墙，史前石家河古城出现了最早的城墙，这城墙是堆筑。陶寺作为城市，它的形态较石家河古城有新的拓展。它有城墙，而且这城墙围成一个圆角的长方形。陶寺的城墙为夯土版筑，较石家河古城的泥土堆筑城墙有重大进步。

二是城市规模扩大。石家河城址，面积才 120 万平方米，陶寺古城址，面积达 280 万平方米。

三是城区出现了居住分区、功能分区。陶寺城区的分区比较明显，区

① 解希恭主编：《襄汾陶寺遗址研究》第一册，科学出版社 2007 年版，第 181 页。

② 解希恭主编：《襄汾陶寺遗址研究》第一册，科学出版社 2007 年版，第 181 页。

③ 解希恭主编：《襄汾陶寺遗址研究》第一册，科学出版社 2007 年版，第 181 页。

与区之间有明显的空白地带，这空白地带就是隔离带。宫殿区面积约 6.7 万平方米，它独立于其他居住区。宫殿区内，核心建筑位于中南部。在陶寺，手工业作坊区设置在城市西南角（今沟西村至宋村一带），距宫殿区约 1300 米；普通居民区设置在城市西北角（今中梁村一带），距宫殿区约 800 米。下层贵族居住区设置在城市西边，以大南沟为界与普通居民区分开。①

何驽认为“陶寺城址在聚落形态方面出现的一系列前所未有的重大变化，是史前城址发展的顶峰，乃夏商都城模式的开始，是中国早期城市化一道重要的门槛，我们认为陶寺城址已具备早期城市的雏形”②。

陶寺考古与尧舜帝国关系问题引起了广泛的注意：

第一，陶寺文化的性质问题。考古界原认为陶寺文化就是由本地的仰韶文化庙底沟二期文化发展而来的，但进一步研究发现，陶寺的礼器特别是彩绘陶器、陶器、漆器上的花纹、大部分玉石礼器并不是仰韶文化原有的，倒是发现它们有红山文化、海岱文化、良渚文化的某些因素，从而认为，陶寺文化是一种集多种文化于一体的新文化。考古学家高炜认为陶寺是“最初华夏文明共同体的一个缩影”③。考古学界原来认为陶寺文化是龙山文化的一种，现在比较多的学者不这样认为了，陶寺文化就是一种新的文化。

第二，陶寺文化与尧舜的关系问题。关于陶寺文化的族性，考古学界曾认为它属于夏代文化，陶寺是夏墟，但现在更多的学者不这样认为了，重要原因之一就是陶寺文化与基本上确定为夏代文化的二里头文化很不一样，看不到它们的共同性。

既然否定了陶寺文化与夏代文化的承续性，那么，它是不是传说中的尧舜文化呢？

地望：陶寺在襄汾县，属临汾市。关于尧都，《汉书·地理志》“河东郡平阳”下注引应劭曰：“尧都也，在平河之阳。”《括地志》云：“平阳故城即晋

① 以上材料均来自何驽：《陶寺：中国早期城市化的重要里程碑》，见《襄汾陶寺遗址研究》第二册，科学出版社 2007 年版，第 696 页。

② 解希恭主编：《襄汾陶寺遗址研究》第二册，科学出版社 2007 年版，第 697 页。

③ 解希恭主编：《襄汾陶寺遗址研究》第一册，科学出版社 2007 年版，第 6 页。

州城西南，今平阳城东南面也。”“平阳”即位于今山西临汾市，而陶寺正属于临汾市。陶寺一直保留有尧庙、尧陵及有关文物，并且此地流传有大量的关于尧舜的故事。按文献，尧禅让舜，他们同国。当然，也有一些学者认为，舜与尧不同国，但靠得很近，从历史记载来看，舜都蒲板，今山西永济附近。舜活动的领域很广，舜迹遍布山西、山东、河北、河南、湖南、浙江等，但更多的是在晋西南一带[①]。

考古发现的陶寺文化存在的时间为公元前25—前20世纪，这个时期与尧舜活动的年代大体相当。陶寺文化显现出很高的水平，其早期的墓葬中出土有蟠龙彩陶盆。此龙构图严谨，绘制精细。显然，这不是一般的盘，而是礼器。不管是作为权力的象征，还是作为盛放供品的祭器，它都显示其主人应该是国君。龙的崇拜在中国由来已久，从考古来看远可溯至近万年前的兴隆洼文化，此文化一直传承下来，没有中断过，只是崇拜内容逐渐地向着皇权集中，龙遂成为君王的象征。由于在陶寺墓葬中出土了如此珍贵的蟠龙彩陶盆，我们有理由猜测，这种演变的完成是在陶寺文化时代，陶寺文化出土这样高规格的蟠龙彩陶盆，也说明它有可能是尧之国都。陶寺的墓葬中还出土有玉钺这样器具，玉钺这样器具不是一般的吉祥物，而是最高权力特别是军事权力的象征。陶寺出土文物中有土鼓、鼍鼓、磬、铜铃这样的乐器。这让人联想到《尚书》所描写的舜命夔典乐鼓磬共鸣群兽共

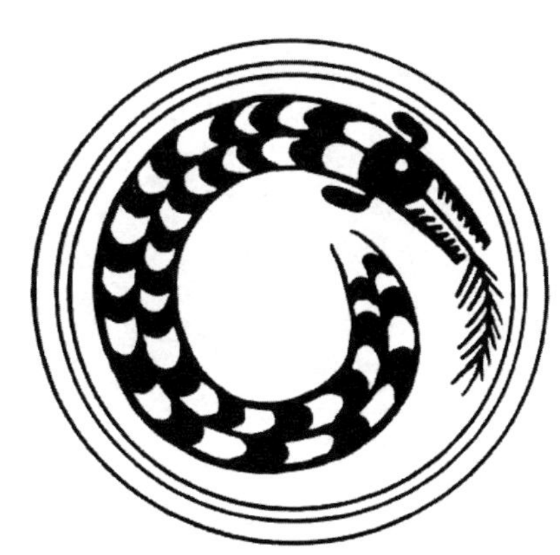

陶寺文化蟠龙彩陶盆

① 解希恭主编：《襄汾陶寺遗址研究》第一册，科学出版社2007年版，第336页。

舞的情景。更重要的是，陶寺考古所发现的城市只能是国都。结合文献，这君主也只能是尧舜。

据考古发现，陶寺晚期文化遭到严重的人为破坏，2002 年发掘的一座墓坑，30 余人的头骨多有遭到砍斫的痕迹，最惨的是一副成年女性的骨架，可以明显见出为非正常的残暴致死。陶寺文化晚期出土了大量的建筑垃圾，显然是人为地毁坏宫室、民屋所致。而且诸多大墓都被破坏了，都是从中央挖一大坑直抵棺椁，将墓室胡乱捣毁，完全不像盗墓。据此，人们猜测，陶寺晚期发生过激烈的战争，不管是外敌的入侵还是内部的动乱，陶寺文化毁于一旦，从此成了绝响，陶寺人离开了家园，不知去向。近年来，内蒙古考古发现有类似陶寺文化的文物，有学者怀疑陶寺人是否远走大漠最后融入当地部落。

尽管陶寺人建立的宫殿城池遭到严重毁损，尽管陶寺人最后远离了家乡，陶寺人创造的尧舜文化并没有因此而毁灭。曾一度在尧朝廷任职的大禹治水成功后，获得极高的声誉，文献上说舜将政权禅让给了禹，不管真实性如何，事实是大禹创建了一个新的王朝——夏。史学家公认的中华文明大幕正式拉开了。

# 第七章
# 人类童年的审美

审美意识是如何发生的，这一研究向来十分薄弱，现在普遍采用的观点主要有二：一是“功利先于审美”说，认为凡是具有审美意味的游戏或是艺术均原本是劳动，是生存的需要而不是审美的需要才产生了游戏或是艺术。二是“筮术先于审美”说，这种观点认为，初民具有审美意味的艺术活动均是巫术，巫术是人与神灵相沟通的中介，人之所以需要巫术，是因为人需要神灵的庇护。这两种观点有一个共同点，那就是认为，人的审美意识均是派生的。大量的史前实物证明，审美意识是人类的一种本原性意识，人类并不是为了功利的需要，也不是巫术的需要才去制作那些具有审美意味的艺术品的，其最初的动机就是审美。不是功利抑或巫术产生了审美，而是在审美之中实现了功利和巫术，并且创造了艺术。

## 第一节　本原性的需要

人类最早出现的年代现在很难确定，在中国这块土地上，已知最早的人类为元谋人，“元谋猿人的化石曾被认为距今 170 万年以前，但据古地磁重新分析，被确定为不应超过 73 万年，即可能为距今 60 万—50 万年或更晚一些。”[①] 人类早期的三个时代,“青铜器时代约5000年至2500年的时期。新石器时代约在纪元前7500年至5000年的时期,旧石器时代约为40万年至7500年的时期。”[②] 我们看人类审美意识的发生,按说主要应看旧石器时代,但是,中国旧石器时代留存的实物太少,所以不得不移后一个阶段,主要看新石器时代,新石器时代的遗存倒是非常丰富,为我们研究中华审美意识的起源提供了丰富的材料。

中国旧石器时代文化遗存,现在也发现了不少,主要文物为石器,其次是骨器,均做过一定的加工,比较能见出审美意识萌芽的主要是距今两万年左右的周口店山顶洞人的文化。山顶洞人已经有了独立的审美意识,能够作为证明的是装饰品的发现。装饰品不是生产工具,装饰的初衷只有一个:爱美。

山顶洞人的装饰品主要有六:

### 一、石珠

一共七颗,这些石珠用白色钙质岩石做成,有孔,孔是用一种比较钝的石锥钻成的,石珠一面平光,显然经过研磨,另一面也经过研磨,但这一面因为钻过孔,不那么平整。石珠的边缘经过修整,但尚未达到圆滑的地步。这些石珠紧挨着头骨被发现,均染上红色的赤铁矿粉。显然,它是山顶洞

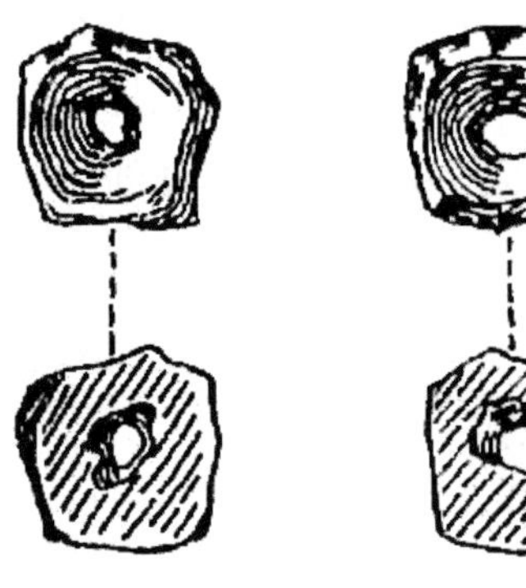

山顶洞人装饰用的石珠(采自裴文中:《旧石器时代之艺术》,商务印书馆1999年版,第89页,图11部分)

① 裴文中:《旧石器时代之艺术》,商务印书馆1999年版,第60页。

② 裴文中:《旧石器时代之艺术》,商务印书馆1999年版,第14页。

人头顶上的装饰品。

## 二、穿孔的小砾石

这样的标本只有一件。小砾石为火成岩，卵形，长 33.6 毫米，宽 28.3 毫米，厚 11.8 毫米，砾石中间有孔，这孔是用钝的石锥钻成的，一面孔的直径是 8.4 毫米，另一面是 8.8 毫米。由于系两面对钻，孔的中间部位最窄。小砾石一面有细的条痕，这是人工研磨的痕迹；另一面则为天然的水磨状。小砾石很好看，可供人摩挲，但显然不是劳动工具，很可能也是装饰品。

## 三、穿孔的牙齿

在山顶洞人的洞穴中发现大量的有着穿孔的各种动物的牙齿。总数为 125 件，其中含食肉类动物牙齿 108 件。这些牙齿有三个特点：一是都穿了孔，这孔是用来系绳子的。由于穿系之带的作用，孔变成了圆形，孔的边缘也变得光滑。有些孔由于穿系的磨损过于厉害，变得不规整了，也变大了。二是牙齿表面似是常为人摩挲，变得光洁而发亮。三是有些是经过染色的，现在能明显看出染色痕迹的牙齿为 25 件，染色不再可见或未染色的牙齿为 100 件。这些牙齿为什么要染色？最切合人性的解释，就是好看。这些穿孔的牙齿是做什么用的？最大的可能是装饰品而不太可能是一件劳动工具或巫术用具。

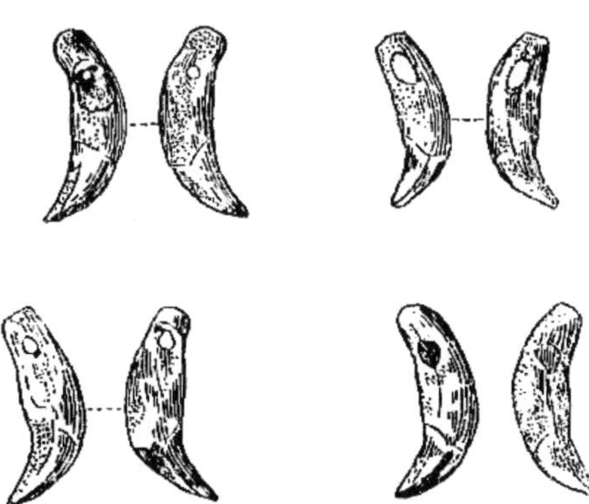

山顶洞人穿孔的犬齿（采自裴文中：《旧石器时代之艺术》，商务印书馆 1999 年版，第 95 页，图 13）

## 四、骨坠

在山顶洞人的遗址中发现有四件骨坠，一件发现于第二层的原生层位中，另外三件是从挖过的土中筛拣出来的，无法准确判断其层位，考古学家根据其外观，认为可能来自第四层。骨坠用何种骨骼制成，现在也无法确认，根据外形及骨腔的种种特征，专家们判定为大型鸟类的长骨。这四件骨坠表面均十分光滑，边缘光滑但呈波浪形，给人一种亲和的美感。特别值得注意的是，骨腔近两端的地方磨得很光，骨腔里面，部分段有磨损的痕迹，说明有带子穿过骨腔。据专家们判断，这骨坠也是装饰品，原始人用带子将它们穿起来，或为颈饰或为手饰或为足饰。

## 五、穿孔的介壳

在山顶洞西部的第四层位，采集到三件穿孔的海蚶壳。这种海蚶壳在其绞合部位附近有一孔。这孔不是钻的，而是磨的。两件海蚶壳的孔为圆形，一近方形。山顶洞距海有两百多公里，这就是说，要采集到这样海蚶壳，必须到两百多公里的海边去。这大概对于山顶洞人来说，也不算什么，他们用的赤铁矿粉也不是本地产的，而来自张家口地区。无疑，海蚶壳很美，山顶洞人将它采集来做装饰品，那孔也是穿绳子用的。用海中贝壳做装饰品，不独旧石器时代有，新石器时代也有，不独中国有，世界其他民族也有，不独古代有，现代也有。

## 六、鱼的脊椎骨和穿孔的鱼骨

在山顶洞西部的最下层位，即第四层位还发现了一种很大的真骨鱼类（Teleostei）的三个胸椎，还有一种中等大小的鱼（Teleostei）的六个尾椎。它们没有任何人工加工过的痕迹，但它们可以用细小的绳子穿起来，很可能是颈饰的一部分。在山顶洞人的洞穴还发现有一件鱼的眼上骨，是一条个体很大的鱼（Ctenopharyngodon idellus）的眼上骨，边缘处也穿了一个小孔，孔是钻成的，孔面光滑圆润，做工相当精细，可以推测，钻具相当尖锐而精致。鱼骨有染色的痕迹。无疑，这也是一件装饰品。除了这些人工制作的装饰品外，还有一些天然的装饰品，主要是砾石。有一颗卵圆形的天然小砾石，造型非常美观，表面上有染过色的痕迹，说明它曾经是山顶洞人心爱之物。①

装饰品不是工具，它的功能是满足人的审美需要，这样的装饰品如果说在旧石器时代还不算多的话，那么，在新石器时代那就比较普遍了。新石器时代人们已经开始用玉了，玉的本质是什么？《说文解字》云："玉，石之美有五德。"② 将玉的本质定位于美，这是非常精当的。玉不是生产资料，也不是生活资料，它的基本功能就是满足人们的审美需要。因为玉的稀缺，且琢玉的工艺特别复杂，所以，只有部落中地位较高的人才有佩玉资格。查海与兴隆洼文化遗址发现的玉器是迄今所止中国最早的玉器，距今约在8000年前。晚于兴隆洼和查海距今约6000年前的红山文化遗址发现了大量的玉器，且品种很多，有璧、双联璧、三联璧、环、方缘圆孔佩、箍、镯、勾云形佩、龟壳佩、玉鳖、绿松石鱼、双龙首璜、兽面佩、马蹄形箍、猪首形佩、丫形佩、双猪首三孔器、鸟形佩、鸮形佩、蝉形佩、长齿兽面形佩。这些都是装饰品。红山文化玉器中的玉龙（三星他拉村采集的，故又称三星他拉

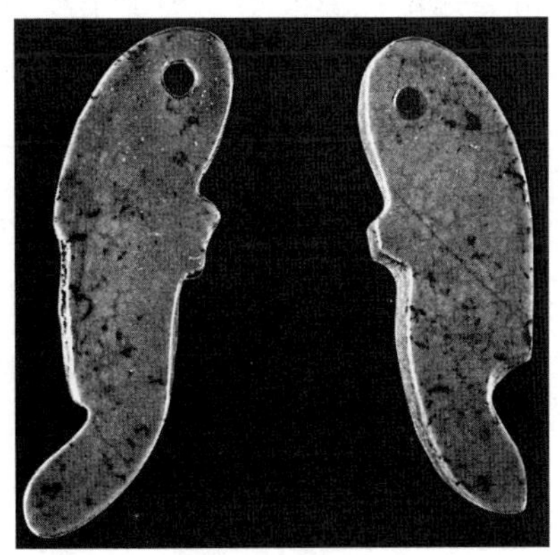

红山文化绿松石鱼饰

① 以上关于山顶洞人装饰品的材料均取自裴文中：《旧石器时代之艺术》，商务印书馆1999年版。

② 许慎：《说文解字》，中华书局1963年版，第10页。

龙)、玉猪龙，一般将它看作礼器，这是不错的，但这并没有改变玉器的基本性质——美。正是因为玉器美，它才被用来制作具有神灵崇拜意义的龙的形象。

新石器时代标志性的器物是陶器，陶器是生活用具，功利性较强，但也有不做生活用具仅用来审美的陶器，最为突出的代表就是龙山文化的蛋壳黑陶杯（图见本编陶器章）。这种薄如蛋壳的陶杯，当然不是用来饮酒的，它是纯艺术品，用来满足部落中高等贵族的审美需求的，因为它的使用需要有一定的身份，所以被看作礼器，其实，之所以被用作礼器也是因为它美。

以上这样的事实说明了什么呢？说明纵然是在生产力极为低下的旧石器时代，人类的心也不是全为实用的功利性的目的所占满，仍然有爱美的意识。

爱美是人类的本性，如同人要吃喝，要异性一样。人类的审美意识，溯其源可达动物的求偶心理。动物求偶，基本的需求是性，但性与美总是联系在一起，发情时，动物总是精神焕发，皮毛、羽毛也格外光鲜，声音格外动听。在这点上，人与动物是完全一样的。人之不同，主要在于人的美既可以与性相联系，也可以与性相脱离。也就是说，人即使不处于恋爱之时，也会注重形象的美。为了美化自己，人需要修饰，需要打扮，这样就有了最早的美容术，有了最早的装饰品。我们上面谈到山顶洞人的装饰品，还有红山文化遗址出土的各种玉器，均出于人类美化自己的需要。

审美普遍存在于人类的生活天地，包括人自身、人的生活环境，人的劳动对象、劳动成果等。然而最初的美应是人对自身的感受。这又可以分成三个层次：第一，建立在求偶基础上的对异性的喜爱；第二，基于自我意识的对自身形象的重视；第三，由对人的身体美的重视进一步深入对人的内心美的重视。

不是人的生活环境（包括自然环境）而是人自身首先成为审美的对象，而人之所以能成为最早的也是最基本的审美的对象，乃是因为人有了自我意识。说到底，审美意识是自我意识的一种表现，而且是突出的表现，从某种意义上说，审美意识才是人之所以为人的确证。

## 第二节 本原性的动力

什么是人类进步的原动力？人们一般想到的是生存的需要和发展的需要。生存的需要，一般总是联系到人类最基本的生存条件：食和性，前者关系个体生存，后者关系种族生存。而发展的需要，人们又总是联系到政治、经济、宗教等。审美在其中有没有地位？人们似乎没有给予足够的注意。其实，审美也是人类进步的原动力。中华史前考古以充分的事实说明了这一点。审美成为人类进步的原动力，可以从诸多方面来说明，其中主要的有二：

### 一、审美是初民生产力提高的原动力

生产力之一是工具，工具的制作和改良能提高工作的效率，减轻工作的疲劳。原始人的工具主要是两类：一类是生产工具；另一类是生活工具。原始人是如何发明并改良它们的工具的呢？这于目前都只能猜测。

大体上可以认定，原始人最先是从自然界中捡拾自然物作为工具的。这种做法开始是随机的，后来则是有目的的。比如，看到野兽，慌乱之际，随手捡起一块石头打过去，这石头来不及选择。然而，这次击石的成功，让他对击中野兽的石头有所审察，随即在脑海里留下了印象，这样的印象多次加深，成为经验。以后他就明白，什么样的石头才是打击野兽最好的武器。最初的石头是从自然界捡拾的，没有加工，当在自然界捡拾不到称心的石头时，他就要对石头进行加工了。这就是制造工具。旧石器时代的生产工具主要是石器，石器是打制而成的，它们的形态主要为圆球状、半圆饼状、尖锥状。圆球状的石器主要是用来投掷的，半圆饼状的石器主要是用来做砍砸器的，而尖锥状的石器主要是用来锥刺动物的。这些形状均具有一定的审美性，那么，这样的形状是怎样选择的呢？主要靠观察和直觉，概而言之：感性。当然，观察中也有理性的成分，直觉中也有思维，但都很浅。这个过程中，具有浓厚感性色彩的审美意识在

其中起着至关重要的作用，——直截了当地说，这种圆球状、半圆饼状、尖锥状悦眼。

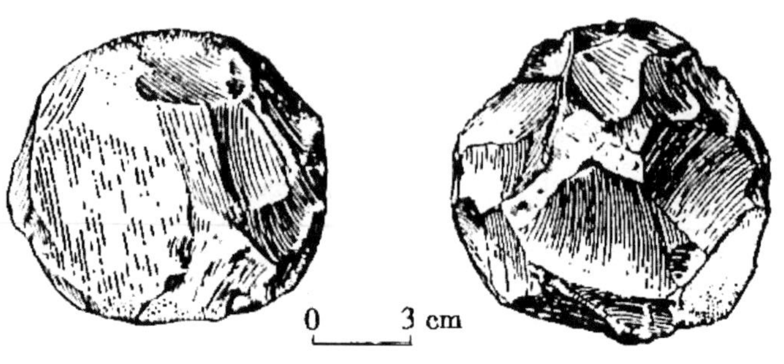


旧石器时代石球（采自《中国旧石器时代考古》，第 82 页，图 3–26）

美不美实际上潜在地指导着工具的制作。“美”成为工具制作中一条重要的标准，这标准自始至终结合着工具制作中的另一标准——“利”。可以说，“美利结合”是原始人工具制作的基本原则。“美”是可以直觉把握的，而“利”则需要经过试验。“美利结合”的极致当在新石器时代，如石斧、石铲、石锛均制作得相当精美。特别是石斧，整齐的刃口，平缓有坡度的斧背，给人强烈的美感，然而，这样制作又切合“利”的标准。

初民们在工具制作的过程中会积累一些经验，这些经验经过大脑的作用会抽象化成为理性的原则。尽管初民的理性思维水平经过漫长的生产实践和生活实践会有所提高，但直到文明时代开始，理性思维的能力并没有占据主要地位。最直接的证据是：直到野蛮时代结束，初民们还没有发明可以用来记载抽象思维的文字体系。尽管大汶口文化中已发现有文字符号，但不成系统，只能认为是文字的萌芽。以感性思维为特质的审美意识，一直在初民生产工具和生活工具制作与改进中发挥着极其重要的作用。因此，我们有理由说，审美是生产力提高的原动力。

## 二、审美是初民生活质量提高的原动力

史前“文明”中最为重要的是陶器“文明”。20 世纪 60 年代以来，我国考古界已经在中国的南方和北方发现距今万年左右的陶片，有些地方的陶

片甚至可以推到 1.4 万—1.3 万年前。[①] 陶器的发明是史前人类生活中惊天动地的大事，它对于提高人类的生活质量所起到的重大作用，不管做怎样高的评价也不为过。

最早的陶器为素陶，它已经具有一定的审美因素，陶器的造型同样兼顾到“美利结合”的标准，同时，也还在陶器的外部做上一些专供审美的图案。这些图案不是描绘的，而是用手工拍制、刻制、堆制或用席片等物印制而成的。由于制作的手法简单，图案的审美价值不高。素陶的主要价值还在于它的实用性。

陶器价值根本性的提升在于彩陶的出现。彩陶与此前的素陶有一个根本性的不同，它的图案是绘制的。图案绘制有两种方式：其一是陶工用兽毛笔将图案绘在成型的陶坯上，然后放入陶窑烧制。其二是将颜料直接涂抹在烧制好的陶器上，这种彩陶上的图案容易脱落，因此，比较多的彩陶制作方式还是第一种。

彩陶制作需要很高的技术条件：第一，掌握矿物颜料显色的规律，知道什么样的颜料在什么样的温度下会变成什么样的颜色。第二，陶坯必须达到一定的光洁度，因为只有这样，才能较好地在上面绘制图案，并让图案在烧制过程中不致脱落。第三，控制炉温。彩陶烧制是需要较高炉温的，温度不够，颜色就会脱落。升高炉温并不是容易的事，这中间也有诸多的技术需要掌握。

彩陶纹饰极为丰富，也极美，它们也许隐含某种意味，但无一例外，均很美。美是第一位的，意是第二位的，意在美中。而且彩陶上的纹饰也未必都有意，有些图案为陶工所选择，仅仅因为它美。研究者一般均喜欢从巫术和图腾崇拜上去寻意。在他们看来，史前陶工设计的每一种纹饰都有深刻的意图在。鱼纹就是鱼崇拜，鹿纹就是鹿崇拜，鸟纹就是凤凰崇拜，有点像爬行类动物的就是龙崇拜。这种草木皆兵式的认定，也许并不符合初

---

① 参见郎树德、贾连成：《彩陶的起源及历史背景》，见《马家窑文化研究论文集》，2009 年，第 124 页。

民制作彩陶纹饰的实际。

彩陶的主要功能是美化生活，爱美成为彩陶制作的原动力。当然，彩陶不是单纯的艺术品，它能盛物，但这不是彩陶的本质，如果仅仅只是为了制作一个容器，没有必要煞费苦心、耗材费力地去制作彩陶，素陶可以承担彩陶的实用功能，而且生产素陶的成本远低于生产彩陶。

从史前考古来看，彩陶是重要的随葬品，但并不是所有的墓中都有彩陶，只有规格较高的墓葬中才有彩陶。墓的规格越高，彩陶就越多。这说明彩陶不仅是人们喜爱之物，而且是一种地位、政治待遇的象征，因此，彩陶成为礼器。但礼器是不是彩陶的本质呢？仍然不是。因为礼器这种身份的取得是以它美为前提的，正是因为彩陶美，彩陶才能成为礼器。

中国的彩陶出现的时代很早，大约在新石器时代早期，具体来说大约距今 7000 年前就有彩陶了，它们是上山文化、大地湾文化、裴李岗文化、磁山文化、北辛文化。但彩陶文化最为绚丽多姿的时代却是在距今 6000 年左右的仰韶文化和距今 5000 年左右的马家窑文化。最有资格代表新石器时代的文化器物大概只有彩陶了。

彩陶的出现带来的人类的进步是全方位的，绝不只是审美，它将初民的生产力水平、生活水平、科学技术水平以及诸多的意识形态推到一个全新的阶段。彩陶的产生与兴盛足以证明审美是人类进步事业的原动力。

## 第三节　本原性的思维

人对外界认识的手段不外乎感性与理性，通常将感性看成理性的前导，即由感性认识上升到理性认识。实际上，人类认识世界的方式不是这样简单。感性是理性的前导是肯定的，一切认识始于人的感官对外界的接触。但是，对于感官从外界获得信息如何加工，则有诸多的不同。现在通常将信息加工分为两大类：一为抽象思维（亦称逻辑思维），一为形象思维。抽象思维的元素为概念，概念来自从外界事物获得的表象，但被抽象了。概念有诸多种，抽象的程度不一。抽象思维以概念为思维元素，按照一定的程序进行推理，最后得出一定的结论。这结论通常被认为是外界事物本质的揭示，然而结论离外界事物感性形态甚远。形象思维的元素是表象，表象是外界事物在人脑的反映，既是反映，多少有些抽象，但基本上保持外界事物的具象性。形象思维机制主要为联想、想象，联想和想象也有一定的程序，但不是推理，它最后也会得了结论，这结论，实际上不是结论，是意象。意象与结论根本的不同，在于意象是具象形态，而结论是概念形态。意象虽然不是概念形态，却也在一定程度上反映了事物的本质，最为重要的是，意象在一定程度上仍然保持了事物原有的感性形态。

就整个人类来看，史前人类长于形象思维，而弱于抽象思维。根本原因是：史前人类没有发明文字（只有零碎的不成体系的文字符号在运用）。文字是符号，从本质上看，是概念，即使是象形文字，也是概念。当然，语言也是概念，不用文字只用语言也可以进行逻辑思维，但是，没有形成的文字的语言不会是严密的，它的思维层次不会很深。史前人类脱离动物不是太久，更多地保留着动物主要凭感官观察事物、把握世界的方式，其思维方式主要为形象思维。

史前考古尚没有发现任何以概念（文字等）体系表述的文明成果，全部成果均是感性形态，或为建筑，或为工具，或为用具，或为艺术，或为装饰，等等。不能说这些感性的成果中没有理性的因子，肯定有。事实是，将器物制作成什么样子，怎么制作，总会有一定的思想来做指导，而且必须有一定的知识和技术做支撑。上面我们谈到过彩陶，没有一定的物理知识、化学知识，是不可能烧制出彩陶的。问题是知识与技术存在的形态，它不是概念系统，而是意象系统，或为静态的实物，或为动态的操作，均是可感的。原始人就凭这意象形态来承载着一切知识、技术，一切意识。

正是因为这样，我们认为，形象思维对于史前人类的诸多意识具有本原性。由于审美与形象思维具有血缘性，审美以形象思维为方式，因此，我们也可以说审美对于人类的诸多意识具有本原性。

下面，试举史前人类的生死观和图腾观言之：

生死观作为“观”是一种意识，这种意识的基础是动物的重生畏死的本能。人来自动物，也有重生畏死的本能，但人毕竟不是动物，他对生与死还有一些看法。比如，生与死的意义，生与死的转化，还有灵魂有无，等等。史前考古主要是初民的各种墓葬，墓葬中有随葬物，从随葬物我们可以推测出初民们的生死观。值得我们注意的是，初民们还会将他们的生死观用艺术的手段表达出来。最典型的例子是西安半坡陶盆上的人面含鱼纹。图案的主体部分是圆圆的人面，五官分明，眼画作一条短线。嘴唇两角各御着一条鱼。这图是什么意思呢？要弄清这图的意思，必须弄清这陶盆的用途。原来，这陶盆不是用来盛水的，它是葬具——瓮棺上的盖。瓮棺葬是半坡一种特殊的葬制，葬的全是未成年的儿童。既然是葬具，这陶盆的图就与死人有关。细看这图，人面圆圆的，确像儿童，另，眼睛画成一条线，意味着是死人。嘴边两条鱼是难猜测的。莫非是鱼是神，在向儿童嘴里吹气，让儿童复活？亦莫非儿童正在复活，要吃鱼，以增加体力？我们再看陶盆，发现陶盆有孔，说明死者还需要与外界接触，孔是出入的通道。能从孔中出入的当然不能是尸体，只能是精气，是灵魂。将所有这一切联系起来，就会发现，半坡人借这陶盆表达了一种生死观。这生死观的表达方式不是概念，而是意象，是审美。

史前人类盛行原始宗教，原始宗教的表现形式之一是图腾崇拜。图腾崇拜是一种关于祖先的意识，这种意识是如何表现出来的呢？用形象，最多的是动物形象，动物可能是实有的，也可能是想象的。史前，在中国这块土地上生活着诸多的氏族，他们各自有自己的关于祖先的意识，表现为不同的图腾崇拜，其中有龙图腾。最初的龙图腾是多种多样的。红山文化中的龙就有两种形态，一为猪首，另一为马首。考古发现的龙图腾物品均为玉器，圆弧状，为玦。玦是佩饰，将龙图腾做成佩饰，有辟邪、护身的作用，但做得如此之美，只能说是出自爱美。如果不是为了爱美，只是为了辟邪、护身，没有必要费这样大的工夫。

图腾是初民诸多神灵崇拜（所有的崇拜包括自然物崇拜均可以看作神灵崇拜）之一种，与其他神灵崇拜之不同的是：图腾还是族徽，正是因为图腾是族徽，所以，图腾成为部族统治者的标志和权力地位的象征。这样一来，原始宗教观念与政治观念相融合，形成了一种独特的权力意识。这种意识是如何表现的呢？也是通过意象的方式。濮阳西水坡出土的属于仰韶文化后期的一座大型墓葬，墓主人为壮年男性，身长 1.84 米，仰身直肢，头南足北。墓主人左右两侧，用蚌壳精心摆塑龙虎图案。“蚌壳龙图案摆于人骨架的右侧，头朝北，背朝西，身长 1.78 米、高 0.67 米。龙昂首，曲颈，弓身，长尾，前爪扒，后爪蹬，状似腾飞。虎图案位于人身架的左侧，头朝北，背朝东，身长 1.39 米，高 0.63 米。虎头微低，圜目圆睁，张口露齿，虎尾下垂，四肢交递，如行走状，形似下山之猛虎。”① 显然，墓主人不是一般的人，很可能是部族的最高首领。即使他现在死了，进入了另一个世界，也是最高首领。政权决定于图腾，图腾又依仗于政权，二者互为作用。先民们这一观念在这一图案中表现得非常充分。

濮阳西水坡出土仰韶文化蚌壳龙虎摆塑

无须一一陈述史前人类诸多意识的表达方式，对于理性思维尚不够发达的先民，他们只能用感性的思维观察和把握世界。理性的欠缺一方面使得他们的思维处于较低的层次；另一方面却又使得他们感性特别敏锐发达。这敏锐发达的感性在相当程度上弥补了因理性薄弱所带来的认识上的

① 濮阳市文物管理委员会等：《河南濮阳市西水坡遗址发掘简报》，《文物》1988 年第 3 期。

不足。

现代思维科学已经充分地认识到形象思维即感性思维的长处与意义。当然，正如理性思维存在一定的局限一样，感性思维当然也存在相当的不足。事实上，人们总是同时用这两种思维来把握世界。科学家虽然主要使用理性思维，但也运用形象思维。同样，艺术家虽然主要使用的是形象思维，但也不缺失理性思维。我们说史前的初民主要用形象思维把握世界，并不是说初民们就没有理性思维。陶器和玉器上的纹饰抽象化就是理性思维在其中作用的结果，有些图案为表达特定意义的符号，如八角图、璇玑图等。尽管如此，史前人类尚未能走出形象思维，他的理性思维只能在形象思维的总体格局中发挥作用。

形象思维实质是审美思维，因为人类诸种思维中，唯独它创造美。

可以说，审美思维是先民把握世界的主要方式，与之相应，审美意识是先民最主要的意识，在某种意义上，审美意识是史前人类诸多意识的摇篮。

## 第四节　本原性的艺术

艺术是人类审美活动的典范形式。典范包含两个意思：一为纯粹，二为规范。虽然人类生活中普遍存在着审美活动，但诸多的审美活动其实是不纯粹的，它们只是某一功利性活动的附属品、派生物或者助燃剂。唯有艺术，其审美品格相对比较纯粹，比较集中，比较强烈，而且艺术是审美活动的规范形式，这规范集中体现在讲究形式美。正因为如此，艺术自古以来就是美学研究的中心。

人类旧石器时代就有了艺术，按裴文中先生的观点，旧石器时代的早期是没有艺术的，那时候欧洲的人种为尼安德特人，这种人实际上是“准人”的动物。到旧石器时代中期的末叶即距今约25000年前，尼安德特人种灭绝了，出现了新的人种，这新的人种，称为“真人”(Homo sapiens)，也叫作克鲁马努人(Cro-Magnon Race)。裴文中先生说“这种人种就是最古的艺术家”[①]。克鲁马努人创造了许多艺术作品，有雕刻、彩画等。作品以大象、野牛、鹿等猎捕的动物和人物作为主要的表现对象。无论就造型来看，还是就线条的运用来看，抑或就整个画面的构图来看，无可怀疑，这是优秀的艺术，即使是放在今日也不失之为杰作。然而，当今的学者基本不愿意从审美角度去研究它，总是将它看成巫术。著名的阿尔塔米拉山洞中的野牛图就是因为它藏在山洞不便为人欣赏而被学者们断定为非审美对象。其实理由是站不住脚的，你怎么知道初民就不能欣赏山洞里的画呢？他们既然能画，就能欣赏。

中国旧石器时代倒是没有发现艺术品，只是发现了装饰品。不过，既然懂得了装饰，也就懂得了审美，审美是艺术之母，按说中国旧石器时代应有艺术品，只是目前考古没有发现。中国的新石器时代倒是发现了大量的艺术品和乐器，而乐器的发现也许是最为重要的。20 世纪 80 年代在河南舞阳贾湖文化遗址发现距今约 8000 年的骨笛，总数 46 件，这些骨笛均刻有孔，大多为七孔，也有少数的为五孔、六孔或八孔。这些骨笛能发出六声或七声音阶。其中出土于贾湖文化中期遗址的一件骨笛，经过由中国艺术研究院和武汉音乐学院组成的测音小组用 Stroboconn 闪光频谱仪进行测试，并由两人试行吹奏，得出的结果是：这件距今约 8000 年的骨笛不仅音高明确，而且各音级已能构成六声或七声音阶。这些充分说明史前音乐水平已经达到相当高的水平。

舞蹈艺术与音乐艺术应是并行发生的。史前岩画将中国最早的舞蹈艺术用绘画的方式保留下来了，岩画的历史非常悠久，最早的可能创作于数万年前的旧石器时代。著名的广西左江岩画有成群的舞蹈场面，极为壮观。史前雕塑也达到很高的水平，距今约 7000 年的河姆渡文化遗址出土一件象牙雕塑，这件被学者命名为“双凤朝阳”的线刻，用极为简洁传神的线条刻画出一对鸟头，动态感极强，两鸟相向，对称中见出变化，构图极为严谨。

另，距今约 6000 年前红山文化出土的名之为女神的雕像，面部轮廓清

① 裴文中：《旧石器时代之艺术》，商务印书馆 1999 年版，第 17 页。

河姆渡文化象牙雕塑

晰，五官比例合理，神态生动，极接近现今的雕塑。史前绘画或作为岩画或作为陶器的纹饰而存在，岩画粗犷、大气，但因年代久远，多只能隐约见其形，陶器上的纹样则清晰鲜明，应是史前绘画的代表作。陶器上的纹饰多抽象，少具象。具象纹饰最接近绘画的当属河南汝州阎村遗址出土的鹳鱼石斧图（图见本编陶器章），这是一幅彩色的写实图，画在一件陶缸的外壁上。画面高 37 厘米，宽 44 厘米，占据整个缸面的二分之一。这幅画不是装饰性的图案，是一幅画。画面上突出的地位是一只立着的鹳鸟，叼着一条鱼。鱼看来已经死亡，形体僵硬。挨着鱼，立着一柄石斧，石斧绑在木柱上，木柱上有一个打叉的符号。

从笔者所见的各种学术资料来看，基本上持两种说法来看待史前艺术。第一种说法是将史前艺术看成劳动的手段。上面所谈贾湖骨笛，有人就认为是用来引诱动物特别是鸟类的。这种说法可以归结到审美源于劳动说。普列汉诺夫在《没有地址的信：艺术与社会生活》中谈到地球上残存的某原始部落，一边跳舞一边播种，原因是这样劳动可以减轻疲劳。鲁迅也说过，原始人扛木头，哼着调子，这调子其实不是娱乐，而是为了协调动作，减轻劳累。第二种说法将它解释成巫术包括图腾崇拜。原始人在阿尔塔米拉山洞中画野牛并不是让人去欣赏野牛图，而是想通过这种方式引来真正的野牛。图腾崇拜是原始社会比较普遍的一种信仰，通常是将某一动物或植物视为本民族的祖先或是保护神，用各种方法其中主要是祭祀的方式对它顶礼膜拜，以求得它的保护。将图腾用艺术的方式表达出来，只不过让它代表真正的图腾，换句话说，它只不过是图腾的替代品。上面说到的鹳鱼石斧图，有学者将它看成鹳氏族与鱼氏族争夺的象征，鹳与鱼均是部落的图腾，鹳叼鱼，意味着鹳氏族打败了鱼氏族。石斧则是权力的象征，将它画在陶缸上，意味着陶缸主人“以他为首的酋长运用权力特别是在战争中所获取的利益归为私有，从而在本部落的联盟中形成一个特殊利益集团”。“如果说‘鹳鱼石斧图’中作为‘权杖’（或称‘权标’）的石斧，是后世君主的祖型的话，那就充分表明在中原地区的仰韶文化晚期，至少在以鹳鸟为图腾的部落联盟当中，已经出现了‘未来的世袭元首和君主制的最初萌芽’。”①

这几种对原始艺术的解释，如果只是就原始艺术的部分功能言之是不错的，但如果说它们就是原始艺术产生的根本原因，那是错误的。原始艺术得以产生，不是应劳动的需要，也不是应巫术的需要，而是应人类的本性之一——审美的需要。原始艺术固然有以上说的协助劳动、充当巫术和图腾替代品等功能，但不可改变它的根本功能——审美。而且正是因为它能审美才将它用之于劳动，让审美节奏感来协调动作，让审美的愉快来减轻劳动的强度。贾湖文化遗址出土的骨笛也许真有引诱鸟儿的功能，但是须知人类早就从鸟儿的鸣叫声中感受到听觉的美了。就因为这种美刻骨铭心、魅力无穷，初民也才激发出创造力，制作出这样的骨笛。鸟类是人类的食物之一，捕鸟对于人并不是很难的事，如果仅为诱使鸟类而制作这样美好的乐器，实在说不过去。如果仅只为模仿鸟鸣，何须制作骨笛，人类的发声器官就可以做到。

巫术和图腾崇拜是人与神打交道的手段，原始艺术的确有巫术与图腾崇拜这样的功能。但是，有一个问题必须提出，即人为什么要用艺术的手段来充当巫术和图腾呢？其原因有二：第一，巫术和图腾崇拜不同程度地均采取模仿的方式，而艺术正好具有模仿的性质。第二，巫术和图腾均具有娱神的性质，而艺术正好具有娱人的性质，以人度神，人能娱之，神必能娱之，于是就将艺术奉献给神，不管是自然神灵还是社会神灵。

---

① 郑杰祥：《新石器文化与夏代文明》，江苏教育出版社 2005 年版，第 209 页。

说艺术的起源是人类审美本性的需要，尚需做一些简单的分析。人有三种天性：其一，模仿。模仿力求逼真，模仿得越像，人就越高兴。艺术的产生首先在于人的模仿活动。其二，抒情。人是有情感的，人的情感来自动物性的情绪，情绪是自然性的、本能性的，而情感则除了自然性、本能性的情绪外，还具有社会性的内涵。情感涉及人生存、生活的全部，没有一个生存、生活的领域离得开情感。有情感就要表达，就要宣泄。这是人的本质。情感表达、宣泄有多种方式，大体上分为两类：一是直接抒情，用自己的身体表达情感；二是借物抒情，借创造物来表达情感，宣泄情感。这两种方式均可以通向艺术。其三，求乐。人有追求快乐的天性。有诸多快乐，但大体上不外乎两种：一种是功利的快乐，另一种是超功利的快乐。前一种快乐存在于人类所有的实际事务中，后一种快乐则较多地存在于艺术的创作中。原始人所处的生存条件是极为恶劣的，即使是在这种条件下，原始人尚有着自己超越功利的艺术活动，因为在这种活动中，他不仅能实现模仿的天性、抒情的天性，也能实现求乐的天性。旧石器时代的山顶洞人时时面临着死亡的威胁，尽管如此，他还是很高兴去制作并不能果腹御寒的装饰品，其原因只有一个，他们觉得这装饰品能给其带来自信与快乐。

史前的艺术，作为审美的典范形式，它是初民本原性的艺术。

史前人类非凡的艺术成就让我们深思，虽然史前生产力相当低下，科学技术水平相当低下，然而史前初民们的创造才华不仅不低下，而且非常之高。如果就其原创性一面而言，可以说是一种规范，一个不可企及的范本。因为，史前初民的起点是人之初。他之前是动物了。他的原创是绝对的。现代人不管其创造力如何伟大，都对前人有所继承，他的原创是相对的。

史前人类在艺术上的伟大成就证明人的智力与知识不仅没有关系，跟科学技术发展水平也没有关系。智力不是识而是力，识总是有限的，而力也许有限，但通向无限，无人能定其所限。马家窑人在彩陶上尽情地施展才华，他所创造的纹饰既匪夷所思又合律合格。你能为他的想象力定下一个极限吗？不能！

许久以来，我一直认为，史前初民只是感性思维发达，理性思维不发达。现在，我对于这一看法踌躇了。仅仅是感性思维发达，能创作出马家窑彩陶上如此繁复又如此严谨、如此生动又如此有序的纹饰来吗？凌家滩文化遗址出土的玉鹰，以猪头为双翼，鸟腹刻一圆圈，圈内为八角星，构思极怪，而构图极妙。只要稍有不妥，作品就失去和谐，而鹰也缺失活力了。然而，凌家滩的玉鹰，任你如何欣赏，它给人印象都是极完整的。如果没有相当高的理性思维能力能够做到吗？我发现我们对理性思维的理解有片面性，我们只是将概念的思维当成理性思维。如果不是以概念为思维元素，而是以形象为思维元素就不能做理性思维了吗？再者，我们凭什么认定初民就不能使用概念进行思维呢？凌家滩人在制作玉鹰时，其思维的过程我们不得而知，但如果联系到同一时期凌家滩人做的玉版，我们就不会怀疑凌家滩人缺乏理性思维了。因为没有相当的理性思维特别是数理思维，玉版是不可能制作出来的。

史前人类在艺术上的伟大成就证明了马克思于社会发展的一条重要发现：艺术的发展与社会的一般发展不是成比例的。马克思说：

> 关于艺术，大家知道，它的一定的繁盛时期决不是同社会的一般发展成比例的，因而也决不是同仿佛是社会组织的骨骼的物质基础的一般发展成比例的。例如，拿希腊人或莎士比亚同现代人相比。就某些艺术形式，例如史诗来说，甚至谁都承认：当艺术生产一旦作为艺术生产出现，它们就再不能以那种在世界史上划时代的、古典的形式创造出来；因此，在艺术本身的领域内，某些有重大意义的艺术形式只有在艺术发展的不发达阶段上才是可能的。①

如此说来，史前那些让我们震惊的艺术形式如岩画、彩陶、玉雕等倒是只有在史前那样的不发达的社会才会产生，它们的辉煌成就虽然与那个时代的物质基础不成比例，但与那个时代是适应的。

---

① 《马克思恩格斯选集》第 2 卷，人民出版社 1995 年版，第 28 页。

马克思曾经拿古希腊神话为例来说明艺术与社会的物质基础不成比例发展的关系，他说，古希腊神话不只是古希腊艺术武库，而且也是它的土壤。然而，“成为希腊人的幻想的基础、从而成为希腊［艺术］的基础的那种对自然的观点和对社会关系的观点，能够同走锭精纺机、铁道、机车和电报并存吗？在罗伯茨公司面前，武尔坎又在哪里？在避雷针面前，丘必特又在哪里？在动产信用公司面前，海尔梅斯又在哪里？”[①] 同样，成为中华民族审美和艺术基础的史前艺术包括岩画、彩陶、玉雕等，它们能够与当今的信息高速公路、电子技术并存吗？在 iPhone 面前，半坡的人面鱼纹在哪里？在 3D 电影《阿凡达》面前，河姆渡的精微骨雕双凤太阳图又在哪里？的确是可以这样发问，但是，尽管有了 iPhone、3D 电影《阿凡达》，半坡的人面鱼纹、河姆渡的双凤太阳图仍然是不朽的，甚至无可替代的。其原因是，它们代表着人类的童年，虽然你会觉得小孩画的画不太合比例，画中的人头太大，身子太小，也许你会认为孩子说的话不科学，怎么能说太阳公公笑了呢？但是，这就是童年，无法避开也无法超越的童年。成人不管取得如何伟大的成就，都没有资格嘲笑童年的稚嫩、无知，因为童年有着成人不可能有的天真、纯洁、好奇、智慧，还有最为可贵的原创力。中华民族史前文化那些让我们震惊的艺术作品不就是这样的吗？在文明时代，你在哪儿见过人面鱼纹这样优美的构图呢？马家窑彩陶上绚丽多姿的纹饰让文明时代一切装饰在它面前黯然失色！面对着广西右江巨崖上的规模宏大的岩画，哪一位现代艺术家不羞愧难当？

马克思问得好：“为什么历史上人类的童年时代，在它发展得最完美的地方，不该作为永不复返的阶段而显示出永久的魅力呢？”[②] 中华民族的史前，那上百万年特别是新石器时代近万年的历史，不就是它的童年吗？已经发掘的诸多文化遗址包括大地湾、红山、仰韶、河姆渡、马家窑、大汶口、凌家滩、石家河、龙山等，不就是它发展得最完美的地方吗？所有的中华民

① 《马克思恩格斯选集》第 2 卷，人民出版社 1995 年版，第 28—29 页。

② 《马克思恩格斯选集》第 2 卷，人民出版社 1995 年版，第 29 页。

族史前文化都是具有永久魅力的，它们所达到的艺术成就不仅今天的高科技无法达到，而且未来的高科技也不可能达到。它们是不可克隆、不可取代、不可超越的唯一，因唯一而第一。

## 第五节　装饰的萌芽

史前人类的装饰，可以大致将它分成两类：装饰自身和装饰器物。装饰自身又可以分成两种情况：一是为自己的形体增添美；二是为自己的身份和品德增添美。玉器是重要的装饰物，它主要用来装饰人自身，也用来装饰别的器物。

人的身体是人生命功能的重要载体。注意装饰自己的身体，说明史前先民对自身形体有了高度的关注。人对身体的关注有一个从善到美的过程。善即功能，这里指生命功能。人的身体与动物的身体均有生命功能，具体情况又有异。有些功能，人有，动物没有；有些功能，动物有，人没有。装饰与生命功能相关，对于人不具备的某种功能，人会通过装饰的手法，让其在虚拟的世界中实现，如人有时会给自己装饰上一对翅膀。

人对自己身体的装饰，从其原初动机，是为了性。动物为了吸引异性，会展示自己的形体美，但动物不会用装饰的手段。人则不同，除了像动物一样展示自己自然性的形体美之外，还会化化妆，或在身体上加上一些佩件，如在耳朵上加上一个玉坠，在脖子上套上一串项饰。

装饰的产生，虽然究其初是为了性，但后来的发展则不只是为了性，而是向整个社会展示自己的美丽，以获得社会的认可。如果装饰仅为获得异性关注，那仍然是动物性的行为，属于装饰的低层次；如果装饰不只是为了获得异性的青睐而是为了向整个社会展示美丽，那就属于装饰的高层次，因为这才真正是人的行为。

装饰的产生，见出人性发生与发展的三个层次：

### （一）人的自我意识的觉醒

人尚处于动物阶段，只有对外界的认识，而没有对自身的认识，待到人逐渐开始关注自身的状况，将自身的状况与外部状况联系起来思考，就说明人有自我意识了。

装饰的产生源于需要，人之所以有这种需要，是因为人对自己身体关注了，换言之，人有自我意识了。

（二）人的身体意识的觉醒

不能说动物没有身体意识，但只有在两种情况下，它才给予关注：一是关系到生存；二是关系到交配。人则不只是在这两种情况下才关注自己身体，身体对于人来说，不只是生命的寄托物，也不只是交配的工具，它还是灵魂的居所。人会更多地从灵与肉关系的维度去关注自己的身体。

装饰的效果不只是美化了身体，而且还会传达一种信息，此信息经由身体通向灵魂，继而通向神灵。

（三）人的社会意识的觉醒

上面我们谈到，装饰究其最初的目的是吸引异性，获得爱与交配的权利，但其后的发展极大地突破了这一点，装饰的目的更多的是为了获得社会的认可。就吸引异性来说，人与动物是一样的，这种心理是人性的最低层次；希望获得社会认同，这一心理是动物没有的，显示出人性的较高层次。装饰以其审美效应宣示人性的尊贵。因此，从本质来看，装饰是人社会意识觉醒的反映。

史前人类很早就注意到装饰自身了，距今 20000 多年前属于旧石器时代的周口店山顶洞文化遗址就发现有不少装饰物，其中有打磨得比较精致且染有赤铁矿粉的石珠，所有石珠紧挨着头骨发现，说明它们原是头饰，可能是用某物做成带子，将这些石珠穿在一起的。中华民族先民大约在近 10000 年前进入新石器时代，这个时代人类就能制作玉器了。

史前装饰类玉器中最值得我们重视的是玦，史前人类最早的玉器中有玦，距今约 8000 年的内蒙古兴隆洼文化遗址出土了最早的玉玦。

这种有一个缺口的圆圈状玉器是做什么用的，古玉研究专家栾秉璈先生说：“关于玦的用途，因时代而异。史前玦主要作耳饰用。如浙江嘉兴马家浜、南京北阴阳营、江苏省常州圩墩、四川巫山大溪等史前墓葬中，玦均被发现位于死者头骨耳际，故而确定玦为耳饰。”① 关于玦饰为什么受原始人类青睐，杨伯达说：“人们赖以生存的面部主要器官不外乎耳、目、口、鼻、舌这‘五官’，如缺其一都会给生活带来极大的不便。其次是正侧面时人们可以相互看到对方的耳部，这个部位经过装饰可引人注目并产生好感。前者是功能上的重要性，后者是在人际关系上给人以美好的审美印象。两者促成耳饰的出现和发展，佩耳饰的人应是普通部落成员。”②

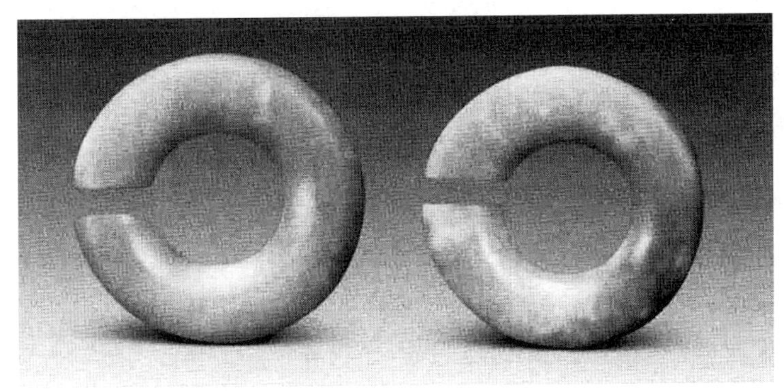

内蒙古兴隆洼遗址玉玦

虽然部落的普通人员均佩耳饰，却不是人人都能佩玉玦的，基于玉的珍贵，佩玉玦的只能是部落的高级人员。玦的造型非常具有美感。它为圆圈状，悬在耳际，烘托着椭圆形脸，行动时微微摆动，为女性平添了妩媚和娇美。新石器时代的玦均为素面，可能史前人类认为，作为耳饰不可能太近距离观赏，不需要雕刻花纹，商代的玦多有纹饰，这个时候的玦就多用来做佩饰了。

史前人类很早就懂得美化脖子，因而项饰发明很早。考古发现，属于新石器时代早期的裴李岗文化遗址就出土有项饰，特别是山东大汶口文化早期邹县野店文化遗址出土了一件玉串饰，由大小不均一的八个小型玉璧、一个双连璧、一个四连璧和一个玉坠组成，制作虽然较为原始，但创意却见

① 栾秉璈：《古玉鉴别》（下），文物出版社 2008 年版，第 665 页。

② 杨伯达：《杨伯达论玉》，紫禁城出版社 2006 年版，第 17 页。

出对审美的最高追求。

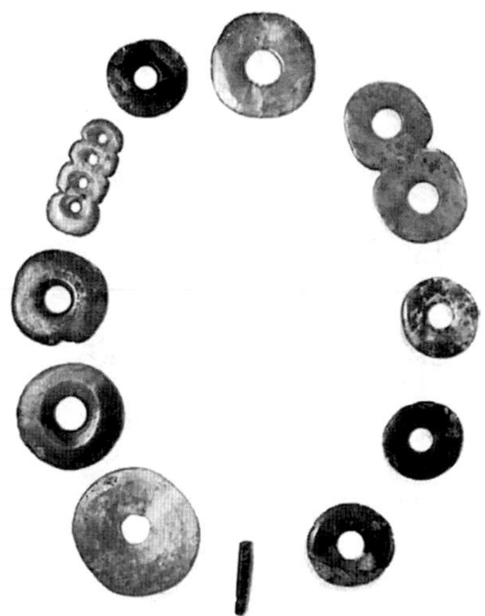

山东邹县野店出土的大汶口文化玉串饰

新石器时代晚期的项饰一般均做得精美，多由许多玉珠、玉管穿成，有些色彩还很丰富。江苏新沂花厅北区墓地出土有属于大汶口文化的项饰六组，形制各异。其中标本为 M16 ∶5 的一件，由白色闪石玉琢成，“整个项饰由琮形管 2 个，冠状佩 2 个，弹头形管 23 个和鼓形珠 18 颗组成。琮形管为长方形柱体，分为四节，上饰简化的带冠人面纹和兽面纹，中间有对钻的小圆孔，穿挂在项饰左右。冠状佩为扁平体，正反两面饰相同的兽面纹，弹头形管串联在项饰的上部，大小不同的鼓形珠挂于琮形管下部。巧妙的是，在冠状佩三通遂孔两侧，分别用数十颗小玉珠，串联成小圆环，自然地垂挂下方，使整个项饰得到锦上添花的装饰效果，独具匠心”①。

项饰的发明，说明史前人类对于如何美化人身已经有相当自觉的意识了，项饰的功能不只是美化了脖子，实际上它更大程度上美化了脸面和胸脯，美化了人整个上身。

冠饰在史前装饰类玉器中也有重要的地位，冠饰除了美化外，还能显示主人的身份和地位。良渚文化遗址出土的冠饰种类较多，有倒梯形的，

① 栾秉璈:《古玉鉴别》(上)，文物出版社 2008 年版，第 131 页。

也有十字形的，表面有兽面纹，也有无兽面纹的，顶部多呈“三凸”状。

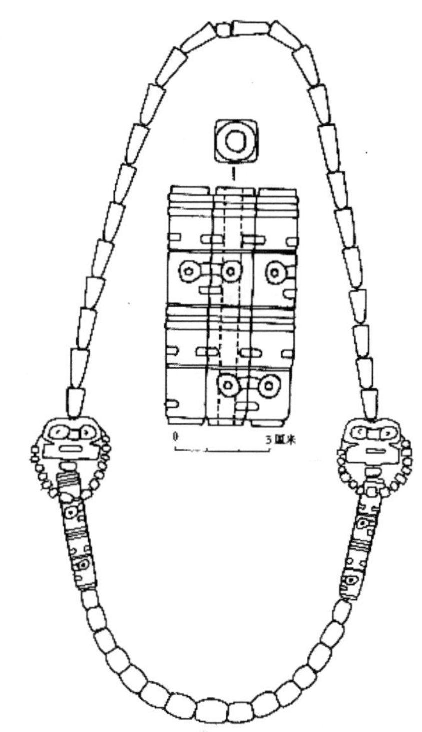


江苏新沂市花厅遗址北区墓葬大汶口文化玉项饰

良渚文化反山 M15 冠状饰

耳饰、项饰、冠饰、发饰主要是给人看的，向社会显示自己的美丽和高贵，手镯则有些不同，手镯当然也有向他人显示的功能，但主要是供自己欣赏。现代人喜欢手镯，这种喜好也可以追溯到史前人类。距今 6300—4600 年的大汶口文化、距今 5600—5300 年的凌家滩文化、距今 5000—4500 年的良渚文化都发现有玉镯。这一现象值得重视。让社会欣赏自己与自己欣赏自己其哲学意义是大不一样的。前者强调的是人的社会性，后者强调的是人的自我性。

凌家滩文化玉镯

人性是可以分成社会性与自我性两个方面的，这两性实际上也来自大自然。大自然中的诸物均存在种群普遍性与个体差异性。动物对自己的种群普遍性与个体差异性是缺乏认识的，人对于人的这两性则有着自觉的认识，并且能较好地调整这两种关系。一方面，人认识到自己是某个族群的一分子，会尽量让自己融入这个族群，让族群认可。另一方面，人感觉到自己是个体的存在，会尽量地显现出自己的个体价值，让自己与别人区分开来。人的这种自觉性在人体的装饰上也体现出来了。耳饰、项饰、冠饰等装饰物主要是让人家看的，目的是让人家认同。手镯虽说人家也可以看，但主要用来自己欣赏，因而对手镯的认同，在很大程度上是自我的认同。

审美是人性的显现，人的两性——社会性与自我性在审美上也见出了。审美的社会性与审美的自我性可以达到统一，也可能存在不统一。就是说，社会上认可的美，个人可能不认可；反过来，个人认可的美，社会上也可能不认可。

在人类所有具有精神性质的活动中，也许只有审美具有最大的宽容性，那就是说，审美既重视社会认同性，又宽容自我认同性。冠饰这种装饰品其社会认同性无疑是列在首要地位的，而像手镯这样的装饰品其社会认同性就弱了。

与手镯审美性质差不多的指环在大汶口文化也发现了，江苏省新沂花厅北区墓地出土有指环四件，分算珠形、圆环形两类，外形十分精巧。比之手镯，指环是更具自我性的装饰品。也许正是因为这一装饰品自我性更强，因此，它后来成为爱情的信物。情侣之间互赠戒指，特别是男人向女人赠送戒指在现代社会爱情生活中有着重要的意义，它不仅表达的是一份仅属于个人的情感，同时也寄托着一种信任与期望。也许在玉器中，手镯、指环算不上重要的器具，这是因为史前对玉器审视一般取社会认同性这一视界。

史前人类文化遗址还出土很多现在命名为环的玉器。江苏省新沂花厅南区墓地出土环10件，北区墓地出土环96件。这些环圆周规整，磨制光滑，颜色有白、棕、湖绿等。它们是做什么用的，现在难以判断了，但很可能是人体的饰件。

史前人类用于个体身体的装饰物，也许在最初是分散的，然而到后来，开始讲究配置与组合，于是组佩出现了。组佩的出现是史前人类装饰生活中的重大事件。组佩有很多种，各器在其中处于不同的地位。其中有一种组佩非常重视珩的作用。珩类似于璜，在使用时，璜的两端朝上而珩则一般朝下。珩在组佩中起组织的作用。高大伦说："珩，全佩的主干部分。……所有全佩上各种杂佩都垂在珩下。珩可能由一块玉，也可能由两块玉做主干，其形制不定，以在全佩中的位置来确定，只要在全佩中起主干作用就是珩。"[①] 可以想象史前人类身上组佩的情景，它或挂在胸前或佩在腰际，行动时，叮当有声，向社会显示一种身份，也显示一种美。

史前人类的人体装饰，形式美与内涵美兼而有之，形式美可能更显得突出，这种主要用于人体装饰的饰品与礼器不一样，礼器更看重内涵而饰物更看重形式。

史前人类的装饰才华不只是用于装饰人体，也用于装饰各种器物，这些器物中有生产工具，也有生活工具；有宗教祭祀用具，也有政治礼仪用具。除此外，还有大量的玩赏物，当然，玩赏之中也可以含有辟邪求瑞的含义。史前人类制作的大量动物佩件，也许是这种玩赏物。红山文化的C形龙、

① 高大伦：《玉器鉴赏》，漓江出版社1993年版，第44—45页。

玉猪龙从器物上有钻孔来看，均是佩饰。

良渚人制作的圆雕玉鸟，极为简洁，且素面，现在一般将它看作鸟崇拜的体现，说是一种巫术用具。我倒是觉得不要将史前人类全部的动物饰件看成巫具，也不必一一归结为自然崇拜或图腾崇拜。其中一些比较生活化、情趣化的动物饰件，也许它就是人们的一种玩物。《诗经》有句："投我以木瓜，报之以琼瑶。"也许这些小小的玉饰件，就是青年男女彼此赠送的心爱之物。

考察史前人类的用具包括石器、陶器、玉器，人们一般重视的是它的功能性，一是生产和生活功能，这两者属于物质性的功能；二是宗教和礼仪上的功能，这两者属于精神性的功能。这种考察是必要的，但是不能仅限于它这几种功能。我们不能低估史前人类精神生活的丰富性与多样性。除了以上几种功利性的追求外，他们还有审美上的追求。

审美上的追求有两个突出特点：形式性和情感性。形式性即是说它对事物形式感兴趣，至于感兴趣的原因，不是这形式能给人带来具体的物质的或精神的功利，而是这形式让人的感官快适。如果此形式是可视的形式，它让眼睛快适；如果此形式是可听的形式，它让耳朵快适。形式性是对物——审美对象的要求，情感性则是对人——审美主体的要求。处于审美状态的人，其情感必定处于激荡之中，如果审美对象的性质是肯定人的感官的，它的情感是正面的——快乐；如果审美对象的性质是否定人的感官的，它的情感是负面的——不快乐。我这里说的审美公式当然是纯理论性的，事实上不可能做到如此纯粹，因为生活不能做如此的切割。首先，虽然理论上有形式的存在，但事实上所有的形式都会联系到内容，而且形式就是内容的存在方式，因此审美的重形式是打了诸多的折扣或者说添加了诸多的限制的。

再说情感性，人的情感也不会是孤立的，人类不会有无缘无故的情感，凡情感均涉及理智，而理智均与事物的内容相关。

康德是为审美立法的人物，他为"鉴赏"也就是"审美"做了四个判断：(1)"鉴赏是凭借完全无利害观念的快感和不快感对某一对象或其表现方法的一种判断力。"（2）"美是那不凭借概念而普遍令人愉快的。"（3）"美是一对象的合目的性的形式，在它不具有一个目的的表象而在对象身上被知觉时。"（4）"美是不依赖概念而被当作一种必然的愉快底对象。"① 他的这些话，概括起来就是上面说的形式性与情感性，即审美只是关系到事物的形式与主体的情感。

康德也知道这种审美在实际生活中不是没有但极少，于是他提出有两种美——"自由美"和"附庸美"。自由美指符合上面所说的只涉及事物形式不涉及事物内容因而与功利无关的美；附庸美则是涉及事物内容即功利美。前一种美，康德能举出的例子是花，某些鸟类，还有壁纸上的簇叶饰等，在现实生活中显然后一种美非常之多。

尽管前一种美在人的生活中不是很多，但理论上审美不能不做这样的概括。这正如水，真正的水只能是蒸馏水，它的构成是两个氢原子和一个氧原子。但谁都知道，在自然状态下，蒸馏水极少，几乎所有的水都是非蒸馏水。

史前先民的生活中，他们的制品基本上都是有实际用途的，也就是说它的性质是功利的。大体来说，主要包括两个方面的功利：一是物质性功利，又可以分为两个方面，即生产上的功利和生活上的功利，前者主要指那些作为生产工具的器物，如石斧、木耜、骨针等，后者主要指那些作为生活用具的器物，如陶罐、陶盆、陶钵等。二是精神性功利，也可以分成两个方面：宗教性器物和礼仪性器物，这两者大多情况下是相兼的。

这些器物均有它们的形式，它们的形式也均是内容的载体或者说内容的存在方式。它们的美又美在哪里呢？按康德的理论，它们均属于附庸美，这些美均是有条件的、有目的的，换句话说，均涉及功利。不能不认为，对于附庸美来说，功利是美的重要来源。但是，这里也还有一些分别：一种情况是直接从物的功利中得到愉快，比如一具石斧，因为能砍木头，故而让人愉快；另一种情况则是将它的功利悬置起来或者说用括号括起来，只是从

① ［德］康德：《判断力批判》上卷，宗白华译，商务印书馆 1965 年版，第 47、54、74、79 页。

它的形式感到愉快。这种从形式上获得的愉快，可以看成间接地从物的功利中获得愉快。尽管两种愉快都立根于功利，但因一为直接一为间接，就产生了区别，前者的愉快我们一般看成善的愉快，只有后者，我们才看成美的愉快。

善的愉快与美的愉快其实是相通的，而且后者来自前者。尽管如此，我们还是坚持它们的分别：善的愉快来自事物的内容；美的愉快来自事物的形式。善的愉快可以向美的愉快实现转换，这种转换充分见出审美的创造力。

尽管审美不能不以人类全部的社会生活为内涵，但当这些社会生活实际上只是制作审美的原料，人类固有的审美天性与后天的审美修养在审美需要的驱动下自觉与不自觉地对生活提供的各种现象进行着审美加工，从而使得进入审美视野后的生活其形态和价值均悄然地发生着变化。

比如“吉祥如意”，它首先是现实生活的一种肯定，其表现形态非常多，诸如部落打了胜仗、女人生了孩子，都可以说是吉祥如意；其次，它又是对未来美好生活的一种企盼。作为未来美好生活的企盼，它的表现形态就可能虚化了，不会只是某一种美好的愿望，而可能是诸多美好的愿望。那么，又如何将所有的美好愿望表达出来呢？那就需要借助于审美的创造了。红山文化中的勾云形器，可以说是这种审美创造的杰作。现在考古学界对于勾云形佩的作用还没有定论。笔者更多地相信它是一件人体的装饰物或者说佩件。人们将它佩在身上有两个作用：一是美化身体；二是寓意吉祥或者还加上辟邪。勾云形器能很好地实现这两种作用吗？从它的造型看是完全可以的。勾云形器有好几种造型，但基本结构是中部是一卷曲的圆弧，四角各展开略曲的柱头。此图可以给人丰富的想象，你可以想象成彩云翻卷，鲜花开放，也可以想象成盘龙蛰伏，还可以想象成两兽嬉戏。勾云形器的中部最为重要，它为椭圆形，整个线条变化呈 S 形，它有太阳意味。不管你如何想象，它的审美效应则是基本可以确定的，那就是柔和、舒卷、亲切、美妙。它可以体现你的任何美好愿望。

史前人类的器物主要为三大类：石器、陶器、玉器。显然，石器和陶器主要为功利性的器物，极少用作装饰物的，玉器则不同，它极少用作生产工具和生活工具，它主要用作祭器、礼器和装饰物。祭器、礼器具有精神性的功利，装饰物虽然也有精神性的功利在内，但主要用来美化人自身的，其形式的重要性远超出内容的重要性，而且对形式的要求主要就是美。

我不赞成将史前人类的生活全部巫术化，那是人类童年，童年时期的人类虽然对周围的世界有诸多的恐惧，但因懵懂无知，反倒有更多的无忌。因而原始人的生活主要是一片率真，一派欢乐。是阳光普照的大地，不是黑暗阴森的洞穴。

装饰在人类生活中的地位十分重要。装饰的需要源于精神上的需要，精神的天空有多宽阔，装饰的天空就有多宽阔；精神的世界有多绚丽，装饰的世界就有多绚丽！

装饰显现为审美，隐含为文明。实际上审美只是舞台，唱出来的大戏却是人类的进步，是文明。《周易》中有专门讲装饰的卦：贲卦。此卦《彖传》说："贲，亨。柔来而文刚，故亨；分刚上而文柔，故小利有攸往。刚柔交错，天文也。文明以止，人文也。观乎天文以察时变，观乎人文以化成天下。"

天文是装饰的精神追求，而人文是人类创造的现实。

人类的一切劳作均存在装饰，而玉器无疑是人类装饰的经典。史前玉器中装饰性的玉器占多数，这一事实说明玉器正是应着人类的审美需求而产生的。审美是人类进步特别是走向文明的重要动力。装饰万岁！

## 第六节　民族的童年

人类的童年在某种意义上类似于个人的童年，那个时代科学技术不发达，生产力水平也很低，然而，艺术包括工艺却能取得令人难以想象的巨大成就。首先，原创性。史前基本上没有模仿性的作品，几乎每件作品都是唯一。其次，想象奇特与构图完整的统一。这说明原始人的心智发展其实也是平衡的，如果仅仅感性发达，构图不可能做到完整。再次，技术难度极高工艺却极为精湛。那时没有金属器具，玉器上那微细的纹线到底是如何刻出来的，让人百思莫解。

虽然只是匆匆地浏览史前的艺术，我们却不能不承认史前初民极其卓越的智慧与巨大的创造力，他们的艺术之所以取得极高的成就，不得不承认，他们其实在审美上也有着极高的追求。

## 一、史前审美意识的基础

从唯物史观的立场来看史前审美意识，我们发现史前人类的审美意识的产生是有一定的基础的，即它有两个基础。

### （一）基于人性

人性可分为自然人性与社会人性。史前人类距动物阶段相对较近，因而较文明时代的人类保留有较多的动物性，这种具有动物性的人性，我们称为自然人性。

自然人性的基本点是生存需求，它可以分成两个方面：一是个体生命的保存；二是种族生命的保存。

就个体生命的保存来说，其中最重要的莫过于食了。食是审美意识产生的基础。史前人类文化遗址以食器出土最多，食器中主要有盛贮器和炊器。盛贮器造型美观，器表多有花纹，反映出初民们对食的重视。新石器时代的中期，盛贮器中以水器最为精美，最具代表性的是仰韶文化中的尖底瓶。这尖底瓶除了盛水外还有何功能，至今还是个谜。

新石器时代后期盛贮器以酒器最为精美。大汶口文化已出现薄胎高柄杯，到龙山文化，这种杯的制作达到登峰造极的地步，其中两城类型蛋壳高柄杯陶胎厚度只有0.5—1毫米，杯沿厚仅0.3毫米，真可用薄如蝉翼来形容。中国在进入文明时代后，青铜礼器中也数酒器最精美。从史前陶制酒器到青铜酒器，明显存在着一条继承发展的线索。

炊器主要用来烧制食品。从炊器的造型可以见出他们对美食的重视，炊器中的鼎主要是用来煮肉的，它腹部圆鼓，一般三足，火从足下烧起。鼎的造型十分有利于将肉煨煮成肉羹。烹羹的过程中，鼎中之物的细微变化均是重要的，这关涉到羹的质量。由此，中国古代还产生了“鼎中之纤”这一成语。这说明中国古人对于美食是十分讲究的，烹调术之高可谓叹为观止，而“鼎中之纤”这一成语不只是用来说明烹制食物，还用来说明要注意事物细小的变化。

诸多的先秦文献记载，远古人类对于羹这种食品特别喜欢。而做羹不仅对炊器有特殊的要求，而且于火候、调料、做法也均有诸多讲究，由羹导出“和”这一概念。《左传·昭公二十年》记晏子与齐侯论“和”：“公（齐侯）曰：‘和与同异乎？’对曰：‘异。和如羹焉。’”晏子与齐侯讨论的“和”是个哲学概念，也是一个社会学概念，后来也引申为美学概念。

中国最早的哲学著作《老子》中有“味”这一概念，其三十五章云：“道之出口，淡乎其无味，视之不足见，听之不足闻，用之不足既。”“味”在这里当然不是饮食概念，而是哲学概念，但它的确是借用了饮食概念。

中华民族的食物结构中羊占有重要地位。主要生活于黄河流域的中华民族初民视羊为美味，由此派生出善与美两个重要概念。善与美均以羊字为组成部分，实际上，羊在中华文化中不仅是美味，而且是吉祥的象征。羊所构成的字也不只是善与美两个字，值得特别指出的是，由羊组成的字其意义都是正面的、美好的。

自然人性中与种族生命的保存相关的就是男女之性爱了。史前文化中的重要主题之一就是生殖崇拜。诸多的纹饰暗喻着生殖的意义，如鱼纹、蛙纹和鸟纹，岩画中赤裸裸的男女交媾的画面，还有诸多的以突出生殖部位为特征的女人雕塑，都说明史前初民对种族生命的保存的关注。

人性有群体性也有个性，凡人都有这两个方面，但是在史前，人的个性的一面没有得到张扬，群体性的一面占优势地位。这一特点在史前诸多文物中体现出来了。地下考古发现的史前器物，类型性很强，个性较弱。我们一般能够比较出一个族群与另一个族群在制器上的差别，但是，在同一个族群的器物中我们很难发现制器者个性特点。

### （二）基于经济

经济是人类得以生存与发展的根本原因，经济的根本使命就是创造让人类得以生存与发展所必需的物质生活资料。史前人类已有生产了，旧石器时代的人类主要靠渔猎为生，居无定所，这个时候人们已有审美意识。山顶洞人洞穴中发现石珠等装饰品就是证明。旧石器时代还有岩画，虽然创作这样的作品很难说出自审美，但其中包含有审美的因素却是可以肯定的。

新石器时代的经济主要是农业经济。距今 8500—8000 年的秦安大地湾文化遗址、裴李岗文化遗址均发现了农业的遗迹。略晚于大地湾文化的中国南方的河姆渡文化，其农业相当发达了。在发掘区 400 平方米的范围内普遍有稻谷的发现，稻谷与稻秆堆积层竟厚达 20—50 厘米。农业对于初民们的诸多意识包括审美意识的建构，具有极其重要的作用。某种意义上可以说，中华民族的审美观就建立在农业文明的基础上。

由于农业，人类不再迁徙流浪，而是定居下来。而定居下来人们就有可能静下心来思考一些涉及宇宙人生的哲学问题，也有可能来从事诸如村庄、城市、王宫、祭坛等重要的建设项目。更重要的是，人类可以不只以物质功利的眼光来观看自然界，还能以超越物质功利心态观赏自然界的美了。中国美学中关于自然审美的资料特别丰富，其理论也非常精彩，应是与中华民族的农业产生较早也相当发达有密切关系。

中国人的时间观念远比空间观念强，而且也总是将空间观念转化为时间观念，将空间审美转化为时间审美。苏轼怀念距离遥远的弟弟，举头望月，寄托相思，开口却说："不知天上宫阙，今夕是何年。"距离不是问题，时间才是问题，"但愿人长久，千里共婵娟"。这种哲学暨审美观念也与农业生产关系密切。农业生产远比任何一种生产更注重天气、季节的变化。史前陶器上诸多的鸟纹样、蛙纹样，其实不能只看成动物崇拜，它们也是太阳、月亮的象征，而太阳、月亮也不能简单地看成神灵崇拜，它们其实是时间意识的一种特殊显现。蒋书庆说，中国彩陶艺术"对日月往来，寒热交替规律的探索，形成以鸟为太阳形象的类比，也产生了以蛙为月亮形象的象征，产生了'双鱼抱月'的形态，为月亮上下弦月的表示，为月亮死生轮回、圆缺消长的寓意再现。日月长短周期相参照，产生以月亮周期切割划分太阳周期的花纹形式，产生了同时兼顾日月往来周期的阴阳合历的历法。半坡彩陶月亮出没周期规律的花纹形式中，体现了犹如周代月相，以'生霸'等作为'四分'形式的区别，体现了朔望月的周期长度，也引发出对二十八宿及其起源的思考”①。

## 二、“丰裕社会”与审美自由

关于史前人类的生存状态，我们很容易产生这样的观点：基于生产力的落后，其生存是相当艰难的。然而按照美国著名人类学家马歇尔·萨林斯的看法，这其实是一种误解，固然史前人类的生产力是较落后的，但是由于当时地球上环境很适合人的生存，物质资源极为丰厚，当时的人们的生活并不如我们所猜想的那样艰辛。马歇尔·萨林斯说，原始人类“在维持温饱之外，人们的需求通常很容易获得满足。这种'物质丰富'部分依赖生产的简易、技术的单纯，以及财富的民主分配。生产是家庭式样：使用的是石头、骨头、木头、皮毛——这些'周围大量存在的'材料。结果就是，从原材料的取得，到劳作的投入，都不费太大的力气。他们可以非常直接地获取自然资源——'任人自取'——甚至获得必要的工具也异常方便，与所需技能有关的知识也颇为寻常。劳动分工同样简单，主要是性别间的分工，再加上狩猎者普遍分享这一相当出名的自由风气，所有的人都能加入这种长期繁荣，共享'物质丰富'”②。马歇尔·萨林斯将这种社会称为“原初丰裕社会”。

这种“丰裕社会”对于人类的发展具有极其重大的意义。首先是精神自由，物质上的丰裕，让人们不必将全部心思用于寻求食物，可以有更多的心力用于精神上的思考与想象，从而促进理论思维的发展，同时也促进人的想象力的发展。在这种社会背景下，人们有了最初的科学认识活动，也有了最初的宗教活动，还有了最初的艺术活动包括原始的歌舞、绘画、雕刻、

---

① 王志安、段小强主编：《马家窑文化研究文集》，光明日报出版社 2009 年版，第 189 页。

② [美] 马歇尔·萨林斯：《石器时代的经济学》，张经纬等译，生活·读书·新知三联书店 2009 年版，第 13 页。

游戏等。所有这些活动，只要有可能在一定程度上超越功利，就有可能让审美渗入。审美的现象是快乐，本质则是自由。原初丰裕社会的可贵正在于它给予了原始人类最大的自由感。

马歇尔·萨林斯不无感慨地说："我们总认为狩猎采集者是贫穷的，因为他们两手空空；或许我们更应认为，他们的一无所有是出于对自由的追求，他们极端有限的物质生产，使他们摆脱日常琐碎的光顾，可以尽享人生。"①

马歇尔·萨林斯在他的著作中引用人类学家L.马歇尔对原始部落昆人奈奈部落的考察资料："……每个男人可以并确实获得了每个男人所得，而每个女人也有每个女人所有……他们生活在物质丰富之中，因为他们使用的工具适应了他们身边取之不竭，并对每个人都可随意获得的资源……昆人总有更多的鸵鸟蛋壳来制作珠串或用于贸易，但即使这样，每个女人还能找到一打或更多的蛋壳来做储水器——就她所能携带——以及制作漂亮的珠串首饰。"②从上引的材料可以看出，卡拉哈里沙漠的昆布须曼人虽然生产水平极低，但不愁不吃愁穿，他们有足够悠闲的时间，足够自由的心态从事着具有审美性质的游戏与装饰。这样，我们就能理解：为什么河姆渡人能够在象牙上刻出那样精美的双凤图案，同样，马家窑的彩陶上的图案为什么那样绚丽多姿、美轮美奂。没有自由的心态，就没有审美的艺术，而自由的心态是由丰裕的物质生活来保障的。

丰裕的物质生活为自由的心态创造了条件，而自由的心态则为审美开辟了无比广阔的天地！

也许因为物资的获得太容易了，也许因为心态极端单纯，根本就没有财富的观念，史前人类对于物质财富并不看重。对现存印第安原始部落做过考察的人类学家说：

---

① [美]马歇尔·萨林斯：《石器时代的经济学》，张经纬等译，生活·读书·新知三联书店2009年版，第17—18页。

② [美]马歇尔·萨林斯：《石器时代的经济学》，张经纬等译，生活·读书·新知三联书店2009年版，第12页。

> 印第安人对他们的用具毫不在乎，完全忘记了制作时的辛劳……印第安人对待东西一点也不小心，即使只是举手之劳。……无论多贵重的东西，一经转入他们之手，新奇的劲头一过，便不再当回事了；在那之后，无论贵贱，全部弃置泥沙。①

这段引文非常值得注意。财富在这里不是一个经济问题，不能用经济学的眼光来看它。在这里，它只是用来说明印第安人心态的一个材料。从上引材料我们可以看出印第安人有着怎样的心态呢？

尽管劳动是艰辛的，尽管财富到来并不那样容易，然而印第安人都不把这些看得很重要。那么，他们看重的是什么呢？是快乐。劳动诚然是谋生的手段，但也是快乐之源，财富诚然是生存必需之物，但如果财富暂时不与生存挂上钩来，也就是说，它的功利价值被悬置，重要的就是它能不能给人带来快乐了。财富可以给人带来快乐，如果财富给人带来的快乐，仍然联系到它的功利价值时，那快乐是低下的；只有当它不与功利挂钩，纯然成为艺术品时它给人带来的快乐才是最高的。龙山文化两城类型的那只蛋壳高柄黑陶杯，人们在玩赏它时是不会将它用来饮水的。印第安人应该有欣赏他们财富的时候，但是，"新奇"劲一过，他们也许就不会那样珍爱了。如果这财富成为别的"新奇"劲的障碍时，它就可能随意将它毁坏，丝毫也不伤心。

由印第安人对待财富的态度，我们可以推测史前中华民族对待财富的态度，也许不一样，但是不是也有可能相通或相似的地方呢？

无功利之心是最为可贵的，虽然生产力水平低下，但是，史前人类的无功利之心比现代人多，所以他们比起现代人更能从事自由的创造。

## 三、史前审美意识的特质

关于史前审美意识的特质，我们拟从诸多角度来考察：

---

① [美] 马歇尔·萨林斯：《石器时代的经济学》，张经纬等译，生活·读书·新知三联书店2009年版，第16页。

### (一)就审美对象言之,史前初民审美意识的两个突出特点

#### 1. 自然审美的生活性与平易性

人类与自然本有着天然的联系,但是,这种联系随着人类文明程度的提高而有所变化。

史前,人类距动物阶段较现代人类要近。他们几乎就生活在自然环境之中,对自然特别亲和。由于农业是史前初民主要的生产方式,而农业生产的本质,就是人与自然直接对话。因此,与农业相关的大自然最早进入人们的审美视野。

史前初民的装饰艺术,不管是陶器的装饰还是玉器的装饰,均大量地运用自然的形象。河姆渡文化一期的一个陶盆,刻有水藻图案,线条稚拙、流畅,构图简约,但有变化,每棵水藻相对独立但又有所呼应,有的还有水草连接。整个图案显然出自精心设计。河姆渡文化遗址一期还出土一件刻有猪图的陶钵。猪的形象刻画兼具写实性与图案性。这两幅图画充满着童心的天真与无邪的浪漫,充分见出先民对自然审美的生活性与平易性。

#### 2. 对社会审美的仪式化与天地性

新石器时代晚期,中华民族各部族陆续进入父系氏族社会,贫富出现分化,人与人之间因为地位的差别而构成种种对立,具有初级国家性质的部族或部落政权悄然出现,具有原始宗教性质的巫术礼仪活动弥漫整个部落。由于王权的绝对权威地位,原始宗教活动基本上是在王权的控制下进行的,王权与教权实现了统一,部落或部族的最高首长往往就是最高的巫师。

在此背景下,服务于王权与教权的各种社会活动体现出一定的礼制来,这种礼制当其进入操作层面,均不同情况地仪式化。这仪式化的礼必然具有形式美,同时,它也渗透了情感,因而具有感染力。《尚书》《国语》等古籍记载有远古歌舞活动的情景,这种歌舞总是体现出宗教、政治、审美三者的统一,这三者统一的艺术其最高境界是天人合一。传说中,三皇五帝均有自己的音乐,而且奏乐时君民同赏。更重要的是,这种音乐达到了与天地合一的境界,即《乐记》说的“与天地同和”。

那么,这样的作品创作的原则是什么?《吕氏春秋·仲夏纪·古乐》载:

“帝颛顼生自若水，实处空桑，乃登为帝，惟天之合，正风乃行，其音若熙熙凄凄锵锵。帝颛顼好其音，乃令飞龙作（乐），效八风之音，命之曰《承云》，以祭上帝。”这里说得很清楚，颛顼的音乐效的是“八风之音”，取的是自然的节律。音乐本是社会的审美方式，本应按照人的情感需要来制律，但按中国音乐传统，它取的是自然之节律。取自然之节律的音乐，其效果非同凡响，它不仅能实现天和，而且也能实现人和。颛顼的《承云》就有这样的效果。

史前艺术所追求的大体上是这种境界，不独音乐如此。远古人们的思维是：思考社会不离开自然，反思人生不离开天地。他们的艺术创作是这种思维方式的具体体现。

### （二）就审美意识的内涵言之，史前初民审美意识的三个突出特点

#### 1. 敬神意识高于一切意识

审美意识不是独立的意识，总是融汇在其他意识之中。就它对于其他意识的渗透、影响来说，它对于敬神意识的渗入与影响要优于其他意识。而敬神意识又在最大程度上制约着、影响着审美意识。

由于对于自身命运的不可知，对生的好奇和对死的恐惧，史前人类总是以极端的虔诚奉献给他们认定的命运主宰者——神。他们设身处地地想象神是什么样子，喜欢什么样的食物、歌舞，于是，将人所能达到的最高的享受包括美的享受奉献给神。在敬神中，史前人类将自己审美水平张扬到极致。所以，史前审美最多在祭神、娱神的活动中见出。就玉器来说，最美的玉器应是神玉，它是用来献给神的。只有在文明社会，最美的玉器才是王玉，它是王的专利物，是权力的象征。良渚文化中的冠状饰形态多样，风格基元有二：神和美。神通过动物的某些元素来体现，比如兽目，凸显出神的威严与神秘；美则通过艺术构图来体现。

史前人类是泛神论者，天地万物各有神灵，社会人伦诸多事宜均有神灵，所以几乎事事要敬神，物物要礼拜。史前是不是产生了最高神灵，现在还不能确知，但是，从中华民族进入文明时代后对天的崇拜中可以推想，史前人类对于高悬于头顶的天是最敬畏的，我们有理由认为，天是最高的神灵。

2. 物种生命保存意识优于个体生命保存意识

动物包括人的生命意识都可以分为个体生命保存意识与物种生命保存意识。就动物来说，比较突出的是物种生命意识的保存。在动物界，我们看到诸多这样的例子。为了让物种生命得以保存，年长的动物总是义无反顾地护卫着它们的幼仔，而不惜牺牲自己的生命。相比于个体生命，动物更为看重的是种族的生命。这种生命意识，在史前人类中也得到一定程度的体现。

在中国史前人类的文化遗址中最为常见的形态是裸体女雕像。20 世纪 80 年代，在辽宁西部喀左县东山嘴文化遗址发现两尊怀孕妇女雕像，均为裸体立像，头与右臂残缺，腹部凸起，臀部肥大，左臂曲，左手贴于上腹，有表现阴部的记号。① 这样的雕像在史前诸多文化遗址都有发现，尤其是新石器时代早期、中期偏早期的遗址。学者一般将这种雕像称为女神，这是不错的，但不是一般的女神，而是专主生殖的女神。一些史前文化遗址也出土有男祖这种器具，这可以看作史前男性生殖器崇拜的体现。史前人类已经认识到生育不只是妇女的事，所以，史前岩画中有大量交媾的画面。这不是欢娱的表现，而是生育主题的宣示，崖壁上画上男女交媾画是一种巫术。它以这样一种方式向天地神灵祷告，希望上天能多多赐给人类后代子孙。

生育主题在史前文化中的表现形式非常多，上面说的是显性的，而更大量的则是隐性的，陶器纹饰中的鱼纹、蛙纹就隐含有生育的主题。

3. 宗教意识兼容科学意识

史前考古发现的大量史前人类活动遗迹证明史前人类的生活弥漫着浓郁的宗教气息。1983 年至 1985 年，在红山文化牛河梁遗址发掘出一座“女神”庙，此庙由一个多室和一个单室组成，多室在北为主体建筑，单室在南为附属建筑。多室结构复杂，由主室、前后室、东西侧室组成。主室与东室

① 参见郭大顺、张克举：《辽宁喀左县东山嘴红山文化建筑群址发掘简报》，《文物》1984 年第 11 期。

为圆形。室内供奉着各种人物雕像，也有动物雕像，人像全为女性，有头、臂、肩、乳房、手的残块。其中一尊头像相当于真人大小，残块拼合后，头部的眼、鼻、嘴、耳等部位结构合理。眼睛为晶莹的碧玉镶嵌而成。如此精致的雕像，如此复杂的神室，只能说明当时的宗教活动无论在组织规模上还是在对神灵谱系的认知上都达到了极高的水平。据此，根本不能低估史前人类的宗教意识。史前人类所留下的大量的器物，除生产工具与生活工具外均与宗教相关，特别是玉器，几乎全部与宗教活动或宗教意识相关。

史前人类的活动中也有科学探索活动，其中最重要的应属于对天体运行规律的认识。由于当时还没有发明文字，有关天文的认识，不能记录成文，只能通过图画形象表现出来。鸟是常见的纹饰之一。学者一般从图腾崇拜的角度去解释它，这种解释是有文献佐证的。生活在中国东南的东夷族是以鸟为图腾的。但这是不是唯一的解释？鸟的图案在史前是不是还有别的意义？比如天文学的意义？美国学者班大为对于古史的天文学研究，给我们以启发。

班大为说，今本《竹书纪年》在前 1071 年有一条重要记载：裸眼可见的五大行星在天蝎座（房星）聚会。这一天象记在帝辛即纣王三十二年、文王四十二年。皇甫谧（215—282）在其《帝王世纪》中说："文王在丰，九州之诸侯咸至，五星聚于房。文王即位四十二年，岁在鹑火，文王于是更为受命之元年，始称王矣。"这就是说，这一天象被文王视为吉象，用作上天受命的根据。《竹书纪年》关于此一事件的记载不止于此，接下来还有"有赤乌集于周社"的记载。班大为说："赤乌，或说太阳鸟，当然会让人想起凤凰，她是王朝更替的先兆，她的出现预示着有德之主的崛起。赤乌降于周人祖先住地的社坛，再加上她的红色（周人礼制尚红），象征着天命将向周人统治者西伯昌（文王别名）转移。"① 班大为从天文学的史料证明《竹书纪年》说的那次五星聚会实有其事，并进一步说明中国人很早就有对天体运行的科学观察。

① ［美］班大为：《中国上古史实揭秘》，徐凤先译，上海古籍出版社 2008 年版，第 11 页。

中国古人喜欢用鸟来代表某座星，像“鹑火”，就用鹑来代表某一星象。关于鹑火，《石氏星经》有一个解释：“自柳九度至张十七度，于辰在午，为鹑火。南方为火，言五月之时阳气始盛，火星昏中，七星朱鸟之处，故曰鹑火，周之分也。”班大为说：“鹑火是什么？简单地说，鹑火是一个恒星密布的天区，在功能上相当于被称为朱鸟的星群，在商代和西周早期，这时正是夏至点的所在。”① 由此我们发现，原来鸟在古代并不只是作为神灵的形象出现，它还作为天文上的某星座的代表出现。

在中国古代的典籍中，“赤乌”这种鸟常被用来作为某种天象名称，同时又将它的出现与社会人事结合起来，体现出神的旨意。上面提到的周代商的革命，好些古籍提到“赤乌”这一星象，有的还提到现实生活有赤乌、赤雀或凤凰飞来。除《竹书纪年》有“赤乌集于周社”的记载外，《墨子》亦说：“赤乌衔圭，降周之岐社，曰：‘天命周文王伐殷有国。’”另，《吕氏春秋》说：“凡帝王者之将兴也，天必先见祥乎下民……及文王之时天先见火，赤乌衔丹集于周社。”梁朝星占学著作《瑞应图》云：“赤雀者，王者动应于天时，则衔书来。”

这些说法不禁让我们想到史前文化中诸多鸟形象，它们或出现在陶器、玉器、象牙器的纹饰中，或单独做成玉雕。它们的意义是什么呢？可能不只是鸟图腾崇拜，有可能还是天象的一种象征。这种象征具有诸多的意识，如科学、宗教、政治、审美等。

### （三）就其表现状态来看，史前初民审美意识的三个特点

#### 1. 混沌性

就是说，它的审美意识是不纯粹的，杂糅各种不同意识，如上文所说，它有科学的意识，也有宗教的意识，甚至还有礼制的意识，等等。这些意识融为一体，相互依存，相互作用，相互解释。

#### 2. 经典性

史前人类的审美意识是史前人类原始生命的经典性的表达，说经典性，

---

① ［美］班大为：《中国上古史实揭秘》，徐凤先译，上海古籍出版社2008年版，第21页。

就是说它表达的不是某个人的意识，而是群体的意识。这种意识形态是全部落的情感语言，是全部落的生命力表达形式。

3. 非文字性

史前人类没有发明系统的文字，主要靠口语来表达思想与情感，口语是声音。声音极具表现力，除内涵外，其外在表现形式诸如调质、高低、快慢、轻重，节奏均具有思想和情感传达的意义。除声音外，视觉的手段包括图画、雕刻等也是史前审美意识重要的表现手段。史前歌舞很盛行，也许，那种集祭祀、庆典、巫术、娱乐多种意义于一体的歌舞，是史前审美意识最佳表现手段。

非文字性不等于非理性，尽管史前人类的审美意识具有重感性的特点，但不能说是非理性的。史前人类制作的石器、陶器、玉器是那样精美，很难说它是非理性的产物。史前人类审美意识的表达具有最大的原创性，它是原始人生命力的最直接的表达，其想象之神奇、其构思之新颖，是人类其后的任何作品不可相比的。人类的童年犹如人的童年，具有旺盛的生命力、创造力。

第二卷

# 夏商编

# 导　语

我们将中华美学的奠基定在史前以后华夏文明的开始——夏商周三代。

我们用了两条标准：第一，中国的出现。第二，文字的普遍运用。

中国的出现，指中国作为国家的出现，一般来说，出现于夏王朝。夏王朝以前尧舜时代，有类似国家的社会形态存在，但还算不得真正的国家，只能说准国家。作为国家，不能只有一个王和有一群官员存在就可以了，它需要有比较完整地体现国家行政制度存在，而这，尧舜时代还没有，至少没有史料可以证明。而夏朝有了。基于国家的出现，我们将中华美学的奠基之始定在夏朝。

文字的出现，一般定为文明的标志。在中国，类似文字的符号，史前就有发现，距今 8000 年的大地湾文化、距今 7000 年的仰韶文化、距今 6000 年的大汶口文化、距今 4000 年的龙山文化均发现有疑是文字的符号，可惜的是不多，另，就是不认识。夏代有没有文字？应该有，但现在还没有考古发现。商代虽然有了甲骨文，但由于在牛骨上刻字毕竟不易，无法用文字充分表达思想。在商代的甲骨文中，目前我们没有发现比较有分量的属于美学理论形态的作品。文字作品真正出现是在周朝。

在文字得到充分运用之前，青铜器无疑是文化的最重要的载体。夏朝拉开了青铜器文化的大幕，而在商代和西周，青铜器大剧达到了巅峰，到春秋战国则逐渐进入低潮，但回音不绝，于汉代则有精美的结束，直如豹尾，横空一扫，收尽风华！

基于夏朝和商朝主要为器物文明，而周为文字文明，因此，我们将夏商美学归为一编，将它与周朝美学区分开来。

虽然夏朝商朝的美学主要为器物美学，但它们的意义并不弱于周朝美学。首先，夏朝美学是国家美学的开始。中国美学、中华民族美学是两个不同的概念，它们有交叉，有重叠，但是侧重点是不一样的，中国美学重在国，中华民族美学重在族（在本书统称中华美学或华夏美学）。就族美学来说，中华民族美学在夏朝就基本上成立了。在笔者看来，尧舜时代，准中国出现了，然“中国”这概念到夏朝才出现。夏朝是中国最早的朝代。按历时性的标准，它是第一个中国。

夏朝美学、商朝美学、周朝美学均是国家美学，它们具有继承性与发展性，夏朝的国家美学属雏形，它的意义重在国之建；商朝美学属国家美学的中介期；周朝美学属国家美学的成立期，它的意义重在国之立。三个朝代均以礼为国之本，礼也是美之本。夏朝的礼系草创阶段，重物，鼎是礼的物证；商朝的礼系探索阶段，重神，祭是礼的显现；周朝是礼的成熟期，重文，仪是礼的形象。

# 第一章
# 夏朝的美学思想

据《史记》载，“五帝”最后一位——大舜在位时就选定了接班人——禹。17 年后，大舜去世，三年丧期过后，按说，大禹应就天子位，然而，舜的儿子商均仗势，执意不让，大禹只得离开国都阳城而去外地，然而天下诸侯不拥护商均，都去朝见大禹。大禹就顺势即天子位，南面天下。国号曰“夏后”，后世，简称为“夏”。夏朝立国时间，为公元前 2070 年，夏朝历 17 帝，于公元前 1600 年结束。由于夏朝时，尚没有成体系的文字，夏朝历史没有得到完整的记载，但是，夏朝的历史在《诗经》《尚书》《左传》《古本竹书纪年》《论语》《墨子》《韩非子》《孟子》《荀子》《庄子》《大戴礼记》《逸周书》《山海经》以及近年整理的《郭店楚墓竹简》《上海博物馆藏战国楚竹书》等书中仍有片段记载，虽然不完整，但堪称吉光片羽，极为珍贵。司马迁的《史记》中的“夏本纪”大部分史料来自以上这些古籍。本章对于夏朝审美的论述主要依据于文献，同时也依据于地下考古。

## 第一节 大夏之光

夏朝取国号“夏”，不知道当初是出于什么考虑。但“夏”对于中国文化产生了巨大的影响。夏，成了中国人、中华民族、中国最早称呼，此称呼影响至今。

东汉许慎的《说文解字》指出：

夏，中国之人也。从夊，从页，从臼。臼，两手，夊，两足也。①

篆书的“夏”字的确像一个人，上部是“页”，即头；页字下，为“臼”字，“臼”字写法，中间是两竖，像躯干，左右为手；下部是“夊”字，为交叉的两腿。以“人”为国号，藏有深意。大禹的心中，肯定是想到人的，他也许认为，在他的国度，人是主体。国是人之国，人是国之人。建国为人，做人为国。国与人这种密切关系，让人联想到的是文明这一概念。文明内涵虽然丰富，但核心是人，文明不论是哪一种文明，都是人的创造，是人的又一体。而人，当其成为文明的人，应该是群体的人，而不应是个体的人，而群体，有诸多不同的层次，男女、老少、家、族、族群、超族群的联合体，最高层次应该是超族群的联合体，超族群的联合体是国。

“夏”，是中国人最早的表达，更是“中国”最早的表达。

作为国的表示，它首先指大禹创建的国家。张守节为《史记·夏本纪》“夏禹，名曰文命”所作的正义云：“夏者，帝禹封国号也。”后来，则用来泛指中国。《诗经·周颂·时迈》：“肆于时夏。”朱熹《诗集传》注：“夏，中国也。”《战国策·秦策四》：“称夏王。”鲍彪注：“夏，中国也。”《汉书·地理志》：“此之谓夏声。”颜师古注云：“夏，中国也。”②

“夏”，还与“诸”连缀成“诸夏”，与“华”连缀成“华夏”，与“中”连缀成“中夏”，均表示中国。《左传·闵公元年》：“诸夏亲暱”，孔颖达疏：“诸夏皆谓中国也。”《文选·曹植七启》：“华夏称雄。”张铣注：“华夏，中国也。”③《后汉书·班固传》：“目中夏而布德。”李贤注：“中夏，中国也。”④《汉书·匈奴传赞》：“蛮夷猾夏。”颜师古注：“夏，谓中夏诸国也。”《诗经·大

① 许慎：《说文解字》，中华书局1963年版，第112页。

② 以上四条均见宗福邦等：《古训汇纂》，商务印书馆2003年版，第460页。

③ 以上两条均见宗福邦等：《古训汇纂》，商务印书馆2003年版，第1933页。

④ 宗福邦等：《古训汇纂》，商务印书馆2003年版，第28页。

雅·皇矣》："不长夏以革。"郑玄笺："夏，诸夏也。"[①]

表示中国的概念，还有中、华。

"中"，是个多义词，涉及国的时候，有的地方说的是国之中；有的地方说的是国之都；有的地方说的是世界之中。但当它与"夏""华""国"等概念连缀的时候，指的就是中国。《文选·桓温荐谯元彦表》："中华有顾瞻之哀。"李周翰注："中华，中国也。"《公羊传·隐公七年》："不与夷狄之执中国也。"何休注："中国者，礼义之国也。"

"华"，本义是花，引申为光、盛、艳、美等。它也用来表示中国，而且，它还与"夏"连缀成"华夏"。亦用来表示中国。《文选·颜延之阳给事诔》："以缉华裔之众。"刘良注："华，谓中国也。"《文选·曹植七启》："华夏称雄。"张铣注："华夏，中国也。"[②]

为什么要用夏来表示中国呢？这涉及"夏"其他的意义。"夏"其他的意义可以分为三：

一是大。《诗经·秦风·权舆》："夏屋渠渠。"《毛传》注："夏，大也。"当时的夏，应该是大禹治水后，所整理与规划的土地，《禹贡》说："禹敷土，随山刊木，奠高山大川"，禹将国土划分为九州，"九州攸同，四隩既宅，九山刊旅，九川涤源，九泽既陂，四海会同"，"禹赐玄圭，告厥成功"[③]。"九州"就是中国的版图，疆域与今日有相当的重叠，"东渐于海，西被于流沙，朔南暨声教讫于四海"。"九州"在春秋是一个流行的概念，均用来说中国的疆域，可见不是妄语。

二是太阳。《春秋繁露·官制象天》云："夏者，太阳之选也。"《独断上》亦云："夏为太阳，其气长春。"[④]

由"太阳"引出诸多义：

（1）"明"义。中国古代也常用此义来赞美夏朝。《尚书·舜典》"蛮夷

---

① 以上两条均见宗福邦等：《古训汇纂》，商务印书馆 2003 年版，第 460 页。

② 以上关于"华"的资料均见宗福邦等：《古训汇纂》，商务印书馆 2003 年版，第 1933 页。

③ 江灏等：《今古文尚书全译》，贵州人民出版社 1990 年版，第 70、8、88 页。

④ 宗福邦等：《古训汇纂》，商务印书馆 2003 年版，第 460 页。

滑夏”。《蔡枕集传》:“夏,明而大也。”①

(2)“文”义。《孔子家语·论礼》:“夏籥序兴。”王肃注:“夏,文舞也。”

(3)“兴”义。《尸子》云:“南方为夏,夏兴也。”

(4)“火”义。《吕氏春秋·孟春纪》:“孟春行夏令。”高绣注:“夏,火也。”

(5)“赤”义。《周礼·春官·巾车》:“夏,赤也。”

(6)“五彩”义。《周礼·天官·序官》:“夏采下士四人。”贾公彦疏:“夏即五色也。”

(7)“天德”义。《春秋繁露·威德所生》:“夏者,天之德也。”

(8)“主养”义。《春秋繁露·阳尊阴卑》:“夏,主养。”②

当“太阳”与“夏”相联系的时候,夏王朝的伟大、光辉、美丽、欣欣向荣就可想而知了。不管历经470多年的夏王朝经营得是不是这样,夏凭借它与太阳的联系,在人们心目中美好形象已经固定,而且,这夏,已经超出了夏王朝,而是中国。

三是大雅。《诸子平议·墨子二》:“于先生之书大夏之道之然。”俞樾按:“大夏,即大雅。雅夏古义通。”

“雅”,在中国古代,雅即是礼义。夏朝一直被赞美为礼仪之邦。由于它是中国的第一个朝代,因此,它也就成了礼仪之邦之开端。《左传·定公十年》:“夷不乱华。”孔颖达疏:“中国有礼仪之大,故称夏;有服章之美,谓之华。”③

“夏”概念所表示的诸多美好意义,在夏地望、夏文化的实际中得到充分的体现。

夏地望。夏地望涉及两个方面:一是夏朝的都城;二是夏朝管辖的地域以及夏朝文化的影响圈。

夏朝的都城在何处,有多种说法。比较一致的看法是:阳城。《古本竹书纪年》:“禹居阳城。”阳城在今河南登封市嵩山附近。20世纪70年代

① 宗福邦等:《古训汇纂》,商务印书馆2003年版,第459页。

② 以上关于“夏”的资料来源均见宗福邦等:《古训汇纂》,商务印书馆2003年版,第460页。

③ 宗福邦等:《古训汇纂》,商务印书馆2003年版,第1933页。

在登封告成镇发现一座战国至汉代的古城遗址，出土陶器上有“阳城”字样。[①]另外，还有阳翟（禹州）说、斟寻（巩义）说、商丘说、晋阳说、平阳说等。夏朝数次迁都，国都多是可以理解的。

关于夏朝管辖的地域，《禹贡》透露了重要信息。《禹贡》说，大禹在治水完毕，将全国划分成九州。九州是冀州、兖州、青州、徐州、扬州、荆州、豫州、梁州、雍州。《禹贡》说：“九州攸同，四隩既宅，九山刊旅，九川涤源，九泽既陂，四海会同。”“……东渐于海，西被于流沙，朔南暨声教讫于四海。”九州与现今中国的中心部分基本重合，它就是夏人生活的地方，是夏朝管辖的地域。地下考古发现这些地方存有夏文化的遗存：冀州地区发现有二里头文化东下冯类型的遗存。兖州、青州地区发现有岳石文化遗址，而岳石文化可能是夏朝属下某些“邦国”的文化遗存。徐州是徐人的居地，徐人之女涂山氏嫁与禹。夏与徐联姻，其势力必然达到此地。在安徽江淮地区，发现有二里头文化的遗物。扬州地区也受到二里头文化的影响，上海、浙江一带出土了类似二里头文化的陶器。《史记·越王勾践世家》说：“越王勾践，其先禹之苗裔，而夏后帝少康之庶子也。”荆州地区，今湖南、湖北、江西一带同样受到夏文化的影响，在江汉和今江西地区发现不少二里头文化的遗存。豫州是夏朝统治的中心。梁州距夏朝的统治中心比较远，但仍能找到夏文化的遗迹。考古学家认为：“在成都平原，三星堆出土的陶盉和玉璋、玉、圭、玉戈，其文化源头都能追寻到二里头文化中去。三星堆还出土两件铜牌，其中一件镶嵌着绿松石，其造型、风格、图案等都与二里头遗址出土的青铜器牌饰十分相像。”[②]雍州地区指青海、甘肃一带，考古学家认为：“在甘青高原的齐家文化中，也可见到一些二里头文化因素：如甘肃天水出土的象鼻陶盉、甘肃临夏出土的陶盉等，都与二里头文化同类

① 参见河南省文物研究所、中国历史博物馆考古部：《登封王城岗与阳城》，文物出版社1992年版，第255页。

② 中国社会科学院考古研究所编著：《中国考古学·夏商卷》，中国社会科学出版社2003年版，第134页。

器物近似。”①

禹划九州的事迹，学界一直存疑，但是，九州的说法，自西周以来，一直没有中断过，而且诸多记载说九州之说始自夏。《左传·宣公三年》云：“昔夏之方有德也，远方图物，贡金九牧。”杜预注云：“使九州之牧贡金。”《山海经·海内经》：“禹鲧是始布土，均定九州。”司马迁是肯定禹划九州说的。在《史记·五帝本纪》中，他说：“唯禹之功为大，披九山，通九泽，决九河，定九州。”也许，夏朝的疆域并没有这么大，但是，考古事实证明，夏朝的影响达到了九州，甚至超过了九州。夏朝存在时，中国大地，方国林立，夏朝的开拓必然要与它们发生联系，或是战争或是友好交易，在这期间就留下夏文化的影响。据考古与文献可知，夏文化的影响西到达甘肃、青海一带；东则到达海滨。中国的东部是东夷族活动的地区，东夷族中的后羿、寒浞还一度夺取过夏朝的江山。夏文化南下深入湖北、湖南，与中国南部的三苗发生过冲突。夏文化北进，抵达草原大漠地区。历史学家詹子庆说：“内蒙古的敖汉旗大甸子遗址的夏家店下层文化墓葬中，出土了陶爵、陶鬶24件，其形状与偃师二里头遗址及洛阳东马沟遗址出土的二里头文化同类器物相似。另外，大甸子出土的玉圭等玉礼器，也与二里头遗址出土同类玉器相似。研究者还注意到大甸子遗址中造型富有土著文化特征的彩绘陶器上的饕餮纹，则与二里头文化陶器、青铜牌饰及漆器上的饕餮纹十分相像。”②

禹划九州是治水后的丰硕成果，不仅是自然地理的必然，而且也是国家管理的必然。除此以外，禹还将国家版图的管理划分为“五服”，不同的服以及距京城不同的距离，对朝廷交纳的贡物不同：

> 令天子之国以外五百里甸服：百里赋纳緫，二百里纳铚，三百里纳秸服，四百里粟，五百里米。甸服外五百里侯服：百里采，二百里任国，三百里诸侯。侯服外五百里绥服：三百揆文教，二百里奋武卫。绥服

---

① 中国社会科学院考古研究所编著：《中国考古学·夏商卷》，中国社会科学出版社2003年版，第135页。

② 詹子庆：《夏史与夏代文明》，上海科学技术文献出版社2007年版，第175页。

外五百里要服：三百里夷，二百里蔡。要服外五百里荒服：三百里蛮，二百里流。①

“五服”的划定，标志着统一国家政权的建立，夏王权最高地位的确定。从这些事实来看，不管“禹划九州”是否真实，夏朝建立的国家疆域已经很大了，而且夏朝也足够强大。因为只有强大，它才会有如此巨大的辐射力，也才能在远离夏朝统治中心的中国东南西北各地发现夏文化的遗存。

赞美“夏”为“大”，理所当然。夏文化不只在“大”，还在“明”，明即文明，文明在中国古代，主要是从礼仪体现出来的。中华民族崇尚礼仪，标榜自己是礼仪之邦，这礼仪之邦，开始于夏。

中国以礼治国溯源于黄帝，但黄帝建的国严格来说只是部族联盟；当然也可以追溯到尧舜，但尧舜建的国只是酋长国，连国号都没有。真正称得上完备的国，应是夏朝建立的国。

黄帝、尧舜治国，已经有礼，但礼不够系统，只是一些礼的因素。从夏朝开始，这礼就开始系统起来了。夏礼与商礼、周礼基本上是一个体系。《论语·为政》载孔子与学生子张讨论礼的承传问题：“子张问：‘十世可知也？’子曰：‘殷因于夏礼，所损益可知也。周因于殷礼，所损益可知也。其或继周者，虽百世可知也。’”子张问的是今后十代的礼仪制度可以预知吗？孔子说，殷因袭夏朝的礼，它所废除的和所增加的，可以知道；周因袭殷朝的礼，它所废除的和所增加的，也可以知道。如果有继承周礼的就是百世也是可知的。孔子在这里，提出一个重要的问题，礼的发展必然有承传性，后朝承传前朝，它也会有变异性，变异不外乎减损和增加。之所以可知，是因为它的承传与变异有规律。孔子显然对于这种规律是了然于心的，所以敢于说“其或继周者，虽百世可知也”。这里，对于我们要论述的夏礼的重要启示是：夏礼是礼之源。众所周知，礼的完备是在西周，主要功劳归于周公。周公所构建的周礼不仅维系了周朝八百年的江山，更重要的，它成为中国数千年来封建制度的主干。不管朝代如何更替，以周礼为主干的制度不变。

① 司马迁：《史记·夏本纪》。

如此说来，夏朝不仅是中国封建社会的开端，而且是中国数千年封建社会精神力量的基础。其实，夏礼的意义，何止于只对中国数千年的封建社会，它对中华民族全部的未来都有着不可估量的影响，不管你是否明确地知道。也就是说，夏礼已经内化为中华民族的精神血液，成为中华民族的文化基因，是中华民族永恒的生命之魂。

孔子是东周春秋时人，距夏朝灭亡有千年了，但他说："夏礼，吾能言之，杞不足征也；殷礼，吾能言之，宋不足征也。文献不足故也。足，则吾能征之矣。"① 当然，夏礼我们今日是不知道了，但可以逆推。从哪里逆推？从周礼。孔子是周礼的崇拜者，他说："周监于二代，郁郁乎文哉，吾从周。"② 周礼因为"监于"夏殷二代的礼，以至于"郁郁乎文哉"，这"文"之源——夏礼岂可忽视哉？

不管从国势的强盛、国土的广大，还是从国家制度文明所达到的层次，夏朝足以成为中国伟大的开始的标志。

值得补充说明的是，夏文化不是无源之水，它是有源头的。一是可从夏朝开国之君大禹的血缘来说。据《史记》："夏禹，名曰文命。禹之父鲧，鲧之父曰帝颛顼，颛顼之父昌意，昌意之父曰黄帝。禹者，黄帝之玄孙而帝颛顼之孙也。"③ 二是可从地下考古来说。不少学者认为，夏文化由仰韶文化、龙山文化发展而来。徐中舒先生认为："从诸多传说较可靠的方面推测，仰韶似为虞夏民族的遗址。"④ 范文澜认为，"龙山文化层在仰韶之上"。因此，可能更近夏朝文化。他说："龙山文化分布的区域很广，东起山东，北至辽东南部，南至浙江，已经证实确为龙山文化的遗址约有二十余处，日后可能有更多的发现，特别是夏朝作为根据地的西部地区。"⑤ 这样，中华文化从史前到文明时代就完全贯通了。

---

① 《论语·八佾》。

② 《论语·八佾》。

③ 司马迁：《史记》，岳麓书社 1988 年版，第 9 页。

④ 《徐中舒历史论文选辑》，中华书局 1988 年版，第 148 页。

⑤ 范文澜：《中国通史简编》第一编，人民出版社 1949 年版，第 105 页。

从中国美学的发展意义上言，夏朝是中国美学奠基的第一块基石。我这里说的是中国美学而不是中华民族美学，中华民族美学的第一块基石要早得多，而中国，真正的中国，是从夏朝开始的。夏朝的国名，以及与它相关的中、华，这些美好的词汇，为中华美学定下了基调，这基调就是宏大、明艳、壮丽、中正、文明。其实，这“夏”“中”“华”三个概念的精华就是中华美学之魂。①

## 第二节 治水哲学

夏文化的首要大事是治水。治水主角是大禹，另外还有他的父亲鲧。治水，始于尧当政的时候，那时大禹和他父亲鲧都在尧朝为官，都被尧派去治水，鲧失败了，而大禹成功了。大禹治水对中华民族的历史影响甚为巨大，也至为深远。治水，一是关涉华夏族的生存；二是关涉农业的命运；三是关涉国土的安全。这些还只是明显的意义，而治水过程中所体现的精神文化关涉中华民族的哲学、道德、审美以及诸多的方面，对中华文化精神的构建更为重要。可以说，治水不仅是中华文化的重要母题之一，而且是关涉中华整体文化性质的重要因素。大禹治水，其文化内涵广泛而深入地渗透到中华民族的文化血液之中，成为中华民族内在生存力的重要构成因素。

大禹治水是在其父鲧治水的基础上展开的，一方面，大禹治水是鲧治水的继承；另一方面，鲧治水是大禹治水的陪衬。中国诸多关于父子俩治水的神话，尽管在表述上有诸多的差异，基本立场是相同的，那就是凸显这是两种完全不同的治水，因而也就有两种完全不同的效果。自然，所有的神话传说，都是突出、颂扬大禹的。我们现在来看看神话中的描述：

> 洪水滔天，鲧窃帝之息壤以堙洪水，不待帝命。帝令祝融杀鲧于羽郊。②

---

① 参见拙文《中华美学之魂》，《人民日报》2016 年 12 月 19 日；又见《新华文摘》2017 年第 6 期。

② 《山海经·海内经》。

滔滔洪水，无所止极。伯鲧乃以息石息壤以填洪水。[①]

箕子乃言曰：我闻在昔，鲧堙洪水，汩陈其五行。帝乃震怒，不畀洪范九畴，彝伦攸斁。鲧则殛死。[②]

昔者鲧违帝命，殛于羽山，化为黄熊，以入于羽渊。[③]

虽然，鲧治水给附会上神的故事，说是鲧偷窃了天帝的“息壤”，让天帝震怒，又说是天帝有意不给他“洪范九畴”，但拂开这些神秘的迷雾，我们清晰地看到，鲧治水失败的主要原因是“汩陈其五行”，“汩”，乱也。他的主要办法是用息石、息壤来填洪水，用一个字来概括，就是“堵”。堵，在一定情况下，也许可以奏效于一时，但从根本上来说，是制服不了洪水的，当洪水的力量积累到足以超过土石的力量时，土石就崩溃了。说鲧治水“不胜其任”是恰当的。那么，禹怎么治水呢？

禹乃嗣兴，天乃赐禹洪范九畴，彝伦攸叙。[④]

禹尽力沟洫，导川夷岳。[⑤]

禹别九州，随山浚川，任土作贡。[⑥]

江汉朝宗于海，九江孔殷，沱、潜既道，云土、梦作乂。[⑦]

导弱水至于合黎，馀波入于流沙。导黑水至于三危，入于南海。[⑧]

砥柱，山名也。昔禹治洪水，山陵当水者凿之，故破山以通河。河水分流，包山而过，山见水中，若柱然，故曰砥柱也。山穿既决，水流疏分，指状表目，亦谓之三门矣。[⑨]

禹之时，共工振滔洪水，以薄空桑，龙门未开，吕梁未发，江淮通流，

---

① 《山海经·海内经》郭注引《归藏·启筮》。

② 《尚书·洪范》。

③ 《国语·晋语》。

④ 《尚书·洪范》。

⑤ 袁珂、周明：《中国神话资料萃编》，四川社会科学院出版社 1985 年版，第 251 页。

⑥ 《尚书·禹贡》。

⑦ 《尚书·禹贡》。

⑧ 《尚书·禹贡》。

⑨ 袁珂、周明：《中国神话资料萃编》，四川社会科学院出版社 1985 年版，第 254 页。

四海溟涬，民皆上丘陵，赴树木，舜乃使禹疏三江五湖，辟伊阙，导廛涧，平通沟陆，流注东海，鸿水漏，九州干，万民皆宁其性。①

以上引文只是大禹治水的一些片段描述，但是我们已经足以看出，他治水的基本原则，是“导”。这种方法与其父鲧的“堵”法恰好相反。禹成功了！为什么“导”能成功而“堵”不能成功呢？神话将其归结为天帝的帮助，说是天赐给了禹“洪范九畴”，禹是照着“洪范九畴”所提示的方法去治水才成功的。当然，没有天帝，但确有“洪范九畴”，只是这“洪范九畴”，不是来自天帝所赐，而是来自大禹对自然规律的深刻认识。大禹深知，水的本性是流动的，而且是从高处流向低处的，堵、堙的办法之所以不能奏效，因为它是违背洪水本性的；导、引的办法之所以有效，是因为它是符合洪水本性的。

大禹治水的经验直接启发了中国的哲学智慧。这在中国先秦的道家著作中得到充分的展现。《老子》提出：“人法地，地法天，天法道，道法自然”②，这“法”可以解释为遵循、根据、效法、依托，等等。自然与人是存在矛盾的，自然不能完全地满足人，人必然要与自然作斗争。正如自然界总会发生洪水，而洪水总是不利于人类的，人不能不去征服洪水，不能不去与自然斗。人与自然斗，最好的办法是“道法自然”。因为水是要流动的，与其将其堵起来，还不如顺其本性，将其导向适合它本性的地方去。

《庄子》将《老子》的“道法自然”思想展开，创造性地提出“与物为春”“自适”“天放”“以鸟养鸟”等许多概念，其核心思想是“天与人不相胜”。他说：“天与人不相胜也，是之谓真人。”③何谓“天与人不相胜”？不相胜，即“和谐”义也，当然，是人遵循天的规律在活动，但人遵循天活动，某种意义上也改造了天。比如治水，大禹采取的是导引的方法，这导引自然是从高处导向低处，就水来说，应该说哪个低处都是可以的，但大禹不能这样，他在考虑水的属性时，也考虑到人的利益。因此，他的治理洪水不仅

① 《淮南子·本经训》。

② 《老子·二十五章》。

③ 《庄子·大宗师》。

是为水找到一个好的归宿，同时也为人创造了一个美好的家园，一个统一的中国，一个强大的中国。《禹贡》结尾这样赞美大禹的功绩：

九州攸同，四墺既宅，九山刊旅，九川涤源，九泽既陂，四海会同。六府孔修，庶土交正，底慎财赋，咸则三壤，成赋中邦。……东渐于海，西被于流沙，朔南暨声教讫于四海，禹赐玄圭，告厥成功。

因此，"道法自然"其实不是一种自然主义的哲学，而是一种主体性的哲学。

道家哲学表面上看是尚柔，尚退，尚弱，尚无为，对人的能动性大加挞伐，甚至说出"堕肢体，黜聪明，离形去知"这样的话，然透过现象，它的实质只不过是希望将人对自然规律的破坏减少到最低程度。道家用的是减损法。道家说的人与物合一，人化为物，透过现象则可发现，实质上是要人尽最大可能地效法自然，借助自然，利用自然，将自然的伟力化为人的力量。所以，如果说，"无为"用的是减法，则"物化"用的是加法。

大禹治水用的导引法，其中既有减法，也有加法，只是它完全隐含在实际的行动中，道家的聪明是将它提炼出来了，而且上升到理论，使之成为一种主导人一切行为的理念，一种哲学。

大禹治水就这样成为中国古典智慧的母题。

大禹治水虽然依仗着他的智慧，但智慧的获得及智慧的具体运用并不是轻松的事，事实上，大禹治水历尽了千辛万苦。这点，在许多的古籍中也有记载，如《尚书·虞夏书·益稷》中大禹与大舜有一段对话，大禹说："予创若时，娶于涂山，辛壬癸甲。启呱呱而泣，予弗子，惟荒度土功。"① 这是说，他娶了涂山氏的女儿，结婚才四天就治水去了。启生下来啼哭不止，也顾不上照顾他，一心一意只忙着治理水土的事。这件事，传颂数千年，很可能是真的。至于他在外奔波劳累造成的身体伤害情况，诸种书籍中的描写大致是一样的：

禹之王天下也，身执耒锸以为民先。股无胈，胫不生毛，虽臣虏之

① 《尚书·益稷》。

劳，不苦于此矣。[1]

这条语录只是说大禹累得不成人形了，另一些古籍则说大禹实际上已经致残了。《尸子》卷下云：“禹于是疏河决江，十年未阙其实。手不爪，胫不毛，生偏枯之疾，步不相过，人曰禹步。”

禹这样舍生忘死治理洪水，没有信念支撑着，是不可能的。

禹的观念，首先是家国观。禹治水，最让人称道的是家国观，史载，禹治水，“居外十三年，过家门而不敢入”。[2] 为什么不敢入，因为工程紧，极忙。不是不能入，而是不敢入，这不敢，不是因为有纪律或法制约束，而是因为这样做就会让斗志松懈，责任感松懈，工程的紧迫感松懈。这才是最要命的。这里，体现出国家至上，人民至上，工作至上的观念。这种观念在中华民族历史上一直发挥着积极作用。禹治水过家门而不入，流传数千载，几乎家喻户晓。除了家国观外，还有天命观、生死观。文献记载：

> 禹南省，方济乎江，黄龙负舟。舟中之人，五色无主，禹乃仰天而叹曰：“吾受命于天，竭力以养人。生，性也；死，命也。余何忧于龙焉？”龙俯首低尾而逝。[3]

天命一条，《史记》也记载了，说明这个故事流传很广。大禹在这里所表现的对天命、对生命的看法，与儒家的思想很一致，事实上，是儒家向大禹学习的。《史记·孔子世家》记载：“孔子去曹适宋，与弟子习礼大树下。宋司马桓魋欲杀孔子，拔其树。孔子去。弟子曰：‘可以速矣。’孔子曰：‘天生德于予，桓魋其如予何！’”[4] 这段故事，来自《论语》。虽然孔子的遇险与大禹的遇险不一样，但是他们说的话却很类似。将天命认定为善的支持者，或者说，将善提升为天命，从而认定善的不可侵犯性和崇高性，这是儒家对待生命的基本看法，而这种看法显然来自禹。虽然，《吕氏春秋》《淮南子》这两书远在《论语》之后，但是两书中记载的大禹的传说，应该说早

---

① 《韩子·五蠹》。

② 司马迁：《史记·夏本纪》。

③ 《淮南子·恃览训》。

④ 司马迁：《史记·孔子世家》。

在孔子的时代就有流传了，孔子不可能不受到其影响。宋代儒家张载说："存，吾顺事；没，吾宁也。"① 这种说法与上引禹说的"生，性也；死，命也"，一个意思。

将生命归之于天命，须有一个重要前提，这生命必定是善的生命。何谓善的生命？在儒家是很明确的，那就是这生命是既属于个人的，也是属于人民的、国家的。为民尽力，为国效劳是儒家所肯定的生命的基本意义。孔子赞扬尧，重要的一条，就是尧自觉地担当起天下的责任，"朕躬有罪，无以万方，万方有罪，罪在朕躬"②。"所重：民、食、丧、祭。"③ 这种思想在后世儒家得到继承，孟子提出"民贵君轻"的思想，强调民为邦本，君王要关心人民的生活，要与民同乐。这种思想虽然带有一定的理想性，却是非常可贵的。宋代的大儒家张载说："民，吾同胞；物，吾与也。"提出，作为大丈夫，要"为天地立心，为生民立命，为往圣继绝学，为万世开太平"④。所有这一切，我们都可以从大禹的传说中找源头：

如果说大禹治水其治法更多地见出其哲学的智慧，而他在治水过程中所表现出来的对个体生命的体认，却显示出中华民族所推崇的社会伦理原则，它无疑是中国儒家道德人格的母题。

大禹治水，以其艰苦卓绝的精神展示出一种人格的光辉来，这种人格的光辉让我们想到西方哲学中的崇高，想到中国美学中所讲的壮美，想到孟子说的大丈夫。

这里，有这样几对关系，值得我们注意：

第一，深刻的实践痕迹与生命力的张扬。大禹的生命如我们在上面所引的文字中所说的，充满着艰险性，但是，他都坚持下来了，它让人的生命的张扬到了极致。这种美学，在中国先秦，特别推崇。它的表现形态主要有二说：

---

① 《张载集·正蒙》。
② 《论语·尧曰》。
③ 《论语·尧曰》。
④ 《张载集·语录中》。

一是“孔颜乐处”说。“乐处”，处的是艰难的生活，感受到的却是乐。《论语》中，孔子赞美颜回：“贤哉，回也！一箪食，一瓢饮，在陋巷，人不堪其忧，回也不改其乐。贤哉，回也！”① 这里，虽然没有大禹那种跋山涉水的艰辛，却有难以忍受的贫困。大禹尝艰辛如饴，颜回则从穷困得乐。艰辛本身不是饴，饴的是艰辛的价值与意义。同样，贫穷本身不是乐，乐的是处贫穷中仍然坚守的青云之志。

艰险、贫穷可以产生在许多不同的情况之下，有与自然的抗争，也有与社会上邪恶势力的抗争；它可以表现在日常生活中，也可以表现在特殊的场合，比如战争。所有这些都可能导致悲剧，导致死亡。悲剧、死亡也有美吗？当然有。逐日的夸父死得多么悲壮，又死得何等壮美，崇高！你知道孔子的学生子路是如何死的吗？卫国发生内乱，子路在卫大夫孔悝处做邑宰。内乱发生时，他不在国内，本可以躲过这一场灾难。可是子路听到消息反而拼命往回赶。他认为，作为卫国的邑宰，理当赴国难。在战斗中，帽上的红缨击断，他说：“君子死而冠不免”，将红缨接上，又将帽子端端正正地戴上，整理好衣袍后，继续战斗。最后，从容地死在战场上。子路以其死实践了孔子的教导：“志士仁人，无求生以害仁，有杀身以成仁。”大禹身上所体现出来的崇高精神，正是儒家所推崇的这种气节的美，具有悲剧意味的美。事实上，不只是儒家，一般的中国人都以大禹的这种摩顶放踵以利天下的行为为美的典范。想想中华民族美学从来就是将这种具有悲壮意义的美视为美的极致。在中国古典美学中，这种以气节取胜的美，孟子称之为“大”，说是“充实之谓美，充实而有光辉之谓大”②。这“大”就是这种具有崇高意味的美。

二是“大丈夫”说。这主要体现在《孟子》中：

> 孟子曰：“是焉得为大丈夫乎？子未学礼乎？丈夫之冠也，父命之；女子之嫁也，母命之，往送之门，或之曰：‘往之女家，必敬必戒，无违

---

① 《论语·雍也》。

② 《孟子·尽心章句下》。

夫子!'以顺为正者，妾妇之道也。居天下之广居，立天下之正位，行天下之道。得志，与民由之；不得志，独行其道。富贵不能淫，贫贱不能移，威武不能屈，此之谓大丈夫。"①

孟子在这里提出他的大丈夫标准是"居天下之广居，立天下之正位，行天下之道"。这种理念与大禹的理念是一致的，孟子提出要培植这种人格，须得在生活中经受各种磨炼。他将磨炼分为三种不同的情况："富贵""贫贱""威武"。三种磨炼都是很不容易的。"贫贱""威武"，这两种处境的考验与大禹治水历经的千辛万苦相似。所不同的是，孟子将这种磨炼实际的功利价值淡化，凸显它在人格锻造上的重要意义。大禹治水，彰显的却是实际的功利价值，这就是《淮南子·修务训》说的："禹沐淫雨，栉扶风，决江疏河，凿龙门，辟伊阙，修彭蠡之防，乘'四载'，随山刊木，平治水土，定千八百国。"

所有这些考验，都体现出人与现实的冲突，这种冲突，不仅体现在肉体层面，也体现在精神层面。这种冲突可能有腥血，有污秽，但它也能创造美——一种有些悲壮的美。《周易》坤卦上九爻辞所说："龙战于野，其血玄黄。"《坤·文言》曰："阴凝于阳必战，为其嫌于无阳也，故称龙焉；犹未离其类也，故称血焉。夫玄黄者，天地之杂也；天玄而地黄。"其血玄黄，悲乎，壮乎？

第二，外貌奇丑而内心极为崇高。在中国古代，对美的看法是可以分为两类的，一类是纯粹的外貌美。对于这种美，中国古人予以承认，并且也肯定，但是先秦最为看重的是第二类美即内心的善，这种善的外在显现，在先秦也看着美。《老子》中认为，"天下皆知美之为美，斯恶已，皆知善之为善，斯不善已。"② 这里，美的对立面不是丑，而是"恶"，善的对立面不是恶，而是"不善"。也就是说，在先秦，"丑"这个概念不存在。为了突出人物内心的善，儒家和道家的代表人物，常将外貌的"恶"（丑）与内心的善对立起

① 《孟子·滕文公章句下》。

② 《老子·二章》。

来，强调人们看重的不是外貌的好看与不好看，而是内心的善与不善。《荀子》提出“相形不如论心，论心不如择术。形不胜心，心不胜术。术正而心顺之，则形相虽恶而心术善，无害为君子也；形相虽善而心术恶，无害为小人也”①。荀子提出察人有三种方式：一是“相形”，即注重外貌的好看与不好看；二是“论心”，即注重心地的善恶；三是“择术”，这“术”指道术，它也在心，但它已超越伦理的范围，而涉及对宇宙规律的理解与掌握了，我们可以将它说成真。荀子举了很多例子，从正反两面说明自己的论点，他说，徐偃王、孔子、周公、皋陶、傅说、伊尹，这些人外貌都不好，甚至说得上很难看，但是，他们心地善良、道术高妙，因而称得上“美人”。

道家在这个问题上同于儒家，《庄子》中有《德充符》一章，写了许多残畸之人，他们虽体残身畸，但德行高尚。其中有一位名哀骀它的人，说是“丈夫与之处者，思而不能去也。妇人见之，请于父母曰‘与为人妻，宁为夫子妾’者，十数而未止也”②。鲁哀公开始不信，后来有机会见到此人，果然“恶骇天下”（这里的“恶”相当于后来说的丑），但是与他相处不到一个月，则觉得哀骀它有过人之处；不到一年，就非常信任他了，并且将国事托付给他。庄子与荀子一样，重德，他说：“德有所长而形有所忘。”③

儒家与道家共同的重德行、重内在心灵美的美学观，也可以溯源于大禹治水的传说，前面说到，大禹治水，过于劳累，以至“手不爪，胫不毛，生偏枯之疾，步不相过，人曰禹步”，这种形象当然是难看的，而禹本来也长得很丑，《尸子》一书说他“长颈鸟喙，面貌亦恶矣”，然而“天下从而贤之，好学也”。这与《荀子》《庄子》所说如出一辙。

大禹治水传说类似于《圣经 · 创世记》中挪亚方舟的故事，从某种意义上，它当得上中国文化的胚胎，而就于中国美学的意义而言，大禹治水传说中包含有中国古典美学中关于美的基本理念的母题。

---

① 《荀子 · 非相》。

② 《庄子 · 德充符》。

③ 《庄子 · 德充符》。

## 第三节 中国首龙

龙在中国史前考古中并不少见，距今约8000年的兴隆洼文化遗址发现了中华民族的第一座龙的造型，这是用石头堆塑的龙，摆在地面上，形象不完整，说它是龙，只是猜测。比较重要的龙的造型主要出现在玉器中，距今6000年的红山文化出土的C形龙、玉猪龙造型精美，两种类型的龙均为佩饰，为了爱美而佩戴是肯定的，但也可能是辟邪。南方，凌家滩文化、石家河文化均出土了精美的玉龙，体量都不大，同样是佩饰。良渚文化只有龙的刻纹，没有龙的雕塑。

陶器中龙的造型少见，最著名的是陶寺遗址出土的一具陶盘，盘中有蟠龙的纹饰。这龙盘显然是礼器了，不是祭祀的用具，就是权力的象征。陶寺文化是尧舜的文化，此盘的出土之所以受到特别的重视，是因为尧舜时代，有准国家出现了。虽然，中国的文献资料说中国三皇五帝尚龙，龙也就与帝王联系在一起，成为帝王的象征，但一则三皇五帝的资料都是传说，甚至是神话，可信度打了折扣；另外，没有相应的考古发现。红山文化、凌家滩文化、石家河文化所发现的玉龙，均与三皇五帝的故事联系不上。因此，陶寺遗址出土的龙盘让人产生一个想法，是不是龙作为帝王的象征始于尧？这种猜测诚然是可以的，但不能坐实。

在这种背景下，二里头文化出土的绿松石龙的意义就不同寻常了。2002年，考古人员在二里头3号宫殿基址，在南院发现宫殿使用期的一具墓葬，墓主为30—35岁之间的男性，该墓出土了许多陶器、漆器，特别引人注意的是，墓主胸腹部摆放着一件绿松石拼嵌的龙形器，龙形器中部压着一件铜铃。龙形器长约64.5厘米，龙体由2000余片大小绿松石拼嵌而成，每片绿松石大小0.2—0.3厘米，厚度0.1厘米左右。龙头椭圆形，鼻梁凸出，用圆形的白玉嵌成，圆形的白色玉球分列在鼻梁两边，为眼睛，龙嘴为一颗圆形的绿松石球。龙头衬叠在方形的绿松石片上。龙身三度弯曲，龙尾蜷缩。龙尾后3.6厘米处，有一条绿松石条形饰，与龙体垂直。由龙首到条形饰总长为70.4厘米。据考古学家研究，龙形器应是贴嵌在木质的托体上。

二里头文化绿松石龙

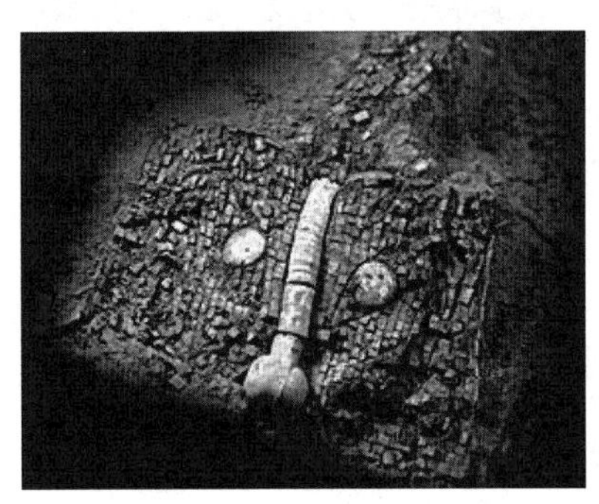
二里头文化绿松石龙的头部

此龙形器的头部与同在二里头文化偃师遗址出土的绿松石镶嵌兽面纹牌很相似，基本上可以认定，这就是夏人想象中的龙头。

龙形器具有何种意义，涉及墓主人是谁，对此学者们有各种不同的理解。有学者认为，龙形器是龙牌，“在祭祖典礼上，某种特殊身份的人，手持‘龙牌’列队行礼，或手持‘龙牌’边唱（颂扬祖先功德）边舞（模仿祖先生前的活动）。”① 也有学者认为，墓主可能是拥有养“龙”（鳄鱼）特殊技能的贵

① 杜金鹏：《中国龙、华夏魂——试论偃师二里头遗址“龙文物”》，见杜金鹏、许宏主编：《二里头遗址与二里头文化研究》，科学出版社 2006 年版，第 104 页。

二里头文化绿松石镶嵌兽面纹牌

族，只是因为家族的缘由，陪葬了这种龙形器，因此，它不具王位、王权这样的政治意义。[①] 还有学者认为，龙牌是夏部族图腾崇拜的产物，墓主人可能是主持祭祀的职官“御龙氏”，铜铃意味着向神灵告知，而龙尾后的长方条饰则象征田地。[②] 在诸多看法中，何驽先生的看法值得格外重视。何驽说：“绿松石的整体造型是蛇，与甲骨文和金文中的‘虫’字如出一辙。”他注意到，龙形器原本是墓主用手臂揽在怀里的，遂联系金文的“禹”字，其蛇的象形旁边有一个弯曲的手臂造型，认定“二里头 2002VM3 出土的绿松石龙形器用手揽在怀中的造型，就是‘禹’的象形或形象象征”。至于墓主的身份，何驽说：“墓主生前主要的身份应是伶官，即乐师和舞师，他在重大的祭祀场合，舞动绿松石龙牌进行程式化的舞蹈。”[③]

笔者认同何驽先生的观点。

笔者想进一步阐述的是龙形器中的龙与禹有什么关系。上面我们谈到过，史前文化中并不缺少龙，问题是龙的意义究竟是什么。现在普遍认可

---

① 参见朱乃诚：《二里头文化“龙”遗存研究》，见杜金鹏、许宏主编：《二里头遗址与二里头文化研究》，科学出版社 2006 年版，第 132 页。

② 参见蔡运章：《绿松石龙图案与夏部族的图腾崇拜》，见杜金鹏、许宏主编：《二里头遗址与二里头文化研究》，科学出版社 2006 年版，第 135—142 页。

③ 何驽：《二里头绿松石龙牌、铜牌与夏禹、万舞的关系》，《中原文化研究》2018 年第 4 期。

的看法：龙是中华民族图腾。图腾理论来自西方，用在中国是不是合适，还是一个悬而未决的问题。既算合适，是不是应该做一些变通？所有这些，我们都没有做深入的研究。对于龙图腾的理解，中国学者一般认为有二：一是民族精神，二是帝王象征。前者应没有问题，问题是后一种看法。史前只有部落联盟，充其量为酋长国。能说龙是帝王的象征吗？当然，有关中华民族始祖的传说中，始祖大都与龙有关系，伏羲、女娲、神农都人首蛇（龙）身，然而，为什么是这副模样，文献均没有做出合理的阐述。因此，说龙是帝王的象征，不仅没有考古材料作支撑，文献资料也很薄弱。

如果说龙是大禹的象征，则又是另一番情况。

第一，大禹名“禹”。《说文解字》：“禹，虫也，从厹，象形。”虫，动物的统称。大虫为虎，长虫为蛇。从名字看，禹就是虫。1923 年，历史学家顾颉刚先生在《读书杂志》发表《与钱玄同先生论古史书》，文中，他说：“我以为禹或是九鼎上铸的一种动物”（该文收入《古史辨》第一册）。此说曾遭到鲁迅的讥讽。对于禹为动物说，顾颉刚晚年仍坚持不变。① 当然，顾颉刚的说法，笔者也不同意。

笔者认为，证明大禹的存在，并不需要直接证据，直接证据也不可能。主要看大禹主要事迹的合理性以及这些事迹能否构成逻辑链。大禹最重要的事迹是治水，治水过程中有神话传说的成分，但基本事实经得起历史地理学的检验。《水经注》就多处征引大禹治水的事迹。

第二，从大禹的主要事迹——治水来看，他理当与龙联系在一起。《左传·昭公二十九年》云：“龙，水物也。”又，《管子·经言》云：“蛟龙得水而神可立也。”在所有的英雄豪杰、历史人物、神灵、仙道之中，谁最有资格敬称作水神，无可争议只有禹。

第三，从有关禹的文字资料来看，大禹与龙相关处甚多。

（1）大禹出生地。大禹的出生地有各种说法，其中一种说法是“西羌”，最早见于记载的是陆贾的《新语·术事》：“大禹出于西羌”，《史记·六国

① 参见《顾颉刚古史论文集》第二册，中华书局 1988 年版，第 202 页。

年表》记录了这一说法:“禹兴于西羌。”《史记》的《集解》引皇甫谧云:“孟子称禹生石纽,西夷人也,传曰禹生自西羌是也。”《史记》的《正义》引扬雄《蜀王本纪》云:“禹本汶山郡广柔县也,生于石纽。”广柔,隋改名汶川。这一说法引起历史学家李学勤的重视,撰专文《禹生石纽说的历史背景》,他说,禹生石纽说有三种可能:第一种可能是羌人到来之前蜀人的传说,第二种可能是羌人迁蜀后带来的传说,第三种可能是夏人自己的传说。不管哪一种可能,夏与西羌有着血缘关系是可以肯定的,而西羌与龙有关系。《殷虚文字缀合·626,630》云:“龙来氐羌。”东汉马融的《长笛赋》云:“近世双笛从羌起,羌人伐竹未及已。龙鸣水中不见已,截竹吹之声相似。”另,《史记·匈奴列传》云:“匈奴,其先祖夏后氏之苗裔也……五月大会龙城,祭其先、天地、鬼神。”,《史记·索隐》引崔浩“西方胡皆事龙神”。如此说来,大禹(夏后氏)是匈奴的祖先,他们同族。匈奴等居于西北的少数民族,统称为“氐、羌”,他们有崇龙的习俗,堪称龙族。龙族的一支即禹祖这一支迁蜀,龙的崇拜就带到了蜀地,待禹在中原建国,也就带到了中原。

(2)大禹治水。大禹治水与龙发生关系的记载有很多。择要摘录如下:

洪水滔天,蚍龙为害,尧使禹治水,驱蚍龙,水治东流,蚍龙潜处。(《论衡·吉验》)

禹理水,三至桐柏山……惊风走雷,石号木鸣……禹怒,召集百灵,授令夔龙。桐柏等山君长稽首请命。(《太平广记》卷四六七引《戎幕闲谈李汤》)

禹治水,有应龙以尾画地,导水所注当决者,因则治之也。(《楚辞·天问》王逸注)

龙门山……禹凿山断门一里余,黄河自中流下……每岁季春,有黄鲤鱼,自海及诸川,争来赴之。一岁中,登龙门者,不过七十二。初登龙门,即有云雨随之,天火自后烧其尾,乃化为龙矣。(《太平广记》卷四六六引《三秦记》)

禹南省,方济乎江,黄龙负舟。(《吕氏春秋·恃君览·知分》)

斩龙台……相传禹王导水至此,一龙错开水道,遂斩之。故峡名

错开，台名斩龙。（《巫山县志》）

禹尽力沟洫，导川夷岩，黄龙曳尾于前，玄龟负青泥于后。（《拾遗记》）

禹平天下，二龙降之，禹御龙行城外，既周而还。（敦煌旧抄《瑞应图》引《括地记》）

这些故事中，龙与禹的关系，禹是主体，是禹掌控指挥龙，而不是龙掌控指挥禹。故事中，龙有两类：一类是吉龙，它们听从大禹指挥，为治水做出贡献；另一类是孽龙，它们危害百姓，或者在洪水中不够用心，以致犯了错误。这些龙，均遭到禹的严厉惩处。

从故事中大禹与龙的关系来看，大禹是龙的领导者，是龙之神。

必须明确的是，不是大禹崇拜龙，而是龙崇拜大禹。夏王朝崇拜龙，实际上崇拜的不是物之龙，而是驭龙之人，这人就是大禹。

那么，二里头出土的绿松石龙牌应作何解释呢？

笔者认为，这龙牌应是大禹的神位，为“尸”。《辞源》释“尸”：“神像。古代祭祀时，代死者受祭，象征死者神灵的人，以臣下或死者的晚辈充任，后世逐渐改用神主、画像。”[①]《诗经·小雅·楚茨》：“礼仪既备，钟鼓既戒。孝孙徂位，工祝致告：‘神具醉止’，皇尸载起。钟鼓送尸，神保聿归。”《仪礼·士虞礼》：“祝迎尸。”注：“尸，主也。孝子之祭，不见亲之形象，心无所系，立尸而主意焉。”[②]之所以要立尸，是因为孝子想念亲人的形象，而亲人已逝，于是让人扮成已逝的亲人的形象，接受孝子的祭拜。

二里头出土的龙形器应是“尸”捧着的大禹的神位。龙形器上的龙形象作为大禹形象的象征，也是“尸”。

那么，这捧着龙牌的“尸”，是个什么级别的官？《春秋公羊传·宣公八年》，汉代何休注曰：“祭必有尸者，节神也。礼，天子以卿为尸，诸侯以大夫为尸，卿大夫以下以孙为尸。夏立尸，殷坐尸，周旅酬六尸。”[③]这里，

① 《辞源》第二册，商务印书馆 1980 年版，第 900 页。

② 《辞源》第二册，商务印书馆 1980 年版，第 900 页。

③ 《辞源》第二册，商务印书馆 1980 年版，第 900 页。

明确说“天子以卿为尸”，大禹是天子，大禹的尸为卿，这级别不是如诸多学者说的不高不低，而是比较高。

龙形器上龙的身体上有一只铜铃，这铜铃是做什么用的，因为有这铜铃，有学者认为他是伶官、舞者。

祭祀时有没有乐舞？应是有的。《诗经·小雅·楚茨》说到祭祀中有钟鼓，有乐，没有说到舞，更没有说到“尸”做舞。《春秋公羊传·宣公八年》倒是说到祭祀中的乐舞：

> “壬午，犹绎，万入去籥”：“绎者何？祭之明日也。万者何？干舞也。籥者何？籥舞也。其言万入去籥何？去其有声者，存其心焉尔，存其心焉尔者何？知其不可而为之也。犹者何，通可以已也。”

这段文字分两部分，第一句是经文，后面几句是传文。经文说：“壬午（十七日），仍然举行绎祭。万舞入场表演，撤去籥舞。”传的阐释是：“什么是绎祭？乃明日之祭。什么是万舞？是手持武器的舞蹈。什么是籥舞？是手执雉羽、籥管的舞蹈。经文所说‘万入去籥’是什么意思？指撤去有伴奏的舞蹈，保留无伴奏但心仍在音乐中的舞蹈，这样做，是想存留心在乐舞中。存留心在乐舞中是什么意思？就是明知不应当绎祭，却偏要绎祭。‘犹’是什么意思？它与“已”相通，就是说，这种绎祭可以停止了。”

这段关于祭祀乐舞的描绘，没有说有尸，如此说来，认为“尸”是伶官、舞者没有根据。

出土龙形器的墓穴在宫殿区，什么样的人可以葬在宫殿区？有学者认为“持有龙牌的人由于长期从事这种神圣的祭祖典礼，经验丰富，具有了某种能够更好地与祖先沟通的本领甚至垄断了某种与先王沟通的权力，因而深受夏王器重与赏识，不仅得到赏赐，更被允许把生前使用的龙牌作为随葬品带到另一个世界中继续使用”[①]。这种分析可能主观了一点。也许比较可能的是这样一种情况：宫殿建筑与这位尸者墓葬恰重合在一个区域内。

---

① 杜金鹏：《中国龙、华夏魂——试论偃师二里头遗址“龙文物”》，见杜金鹏、许宏主编：《二里头遗址与二里头文化研究》，科学出版社 2006 年版，第 104 页。

或“尸”死在前，宫殿建在后；也可能倒过来，宫殿毁弃了，故死者也就能够葬在这里。至于龙形器为什么不留在世上而能够让“尸”带入墓中，原因可能很简单：或是“尸”的要求，或是夏王的恩赐。

也许从美学角度来看龙形器，并非一定要知道持龙形器的人是谁，它的造型更值得注意。

前面我们说过，史前不缺龙的造型，但唯独缺绿松石龙形器上的这种龙的造型。这种造型的意义有三：

第一，它是严格意义上的“中国”第一具龙的造型。所谓严格意义上的“中国”，就是有国家形态的中国，这样的中国，是从夏王朝开始的。前面，我们谈到过夏朝的一些礼制，从国家形态上来看，作为国家，至少有三个要素，要有一个国号，这是名分；要有一个国家制度，这是实质；要有人认同，中国的学者基本上都认同夏朝的存在并认为它是一个国家。

至于夏王朝是怎样的国家形态，学者们有不同的看法，有“封建制”国家、“家长奴隶制”国家、“原始君主城邦制”国家、“方国联盟”国家、“介于部落（史前时代）与帝国（秦汉）之间的王国阶段”式的国家、“共主政体”的“专制主义”国家等①。不管是哪种国家，总之是国家了。

第二，它是龙作为君王形象象征的首次表达。龙的意义是丰富的，但到汉代，龙的意义的核心明确了，它是君王的象征，自此以后，龙形象运用有了严格的限制，如若破坏了这种规制，就会以谋反罪论处。汉代前，龙作为君主形象的象征应该有一个逐渐为社会承认的过程，这个过程从哪个时候开始？可以考虑三说：黄帝说、尧舜说、夏禹说。黄帝说，有一定的文献可据，但无考古可征；尧舜说，有一定的文献和考古材料可据，但不坚实；综合文献与考古，夏禹说最为可信。前面我们说过，文献中，禹与龙的关系最为密切，材料最为丰富；现在又在宫殿的墓葬中发现了龙形器，这就足以说明以龙的形象象征君主是从夏禹开始的。

第三，它是龙的标准形象的基础。龙的形象自史前至夏形形色色，有

① 参见詹子庆：《夏史与夏代文明》，上海科学技术文献出版社2006年版，第17—18页。

些很难说是龙，如马家窑文化彩陶器上的青蛙纹，有学者就说它是龙纹，名之蛙龙纹。龙的标准形象应该最早出现在王宫、王本人用具之中。大体上，这种龙有三个突出特点：有长长的类似蛇或蜥蜴或鳄鱼的身子，有类似兽但不能认定为哪种兽的头部；有上下起伏腾挪，夭矫升天入地的状态。这种龙的最早出现是在夏朝，其突出代表就是龙形器上的龙。

龙作为帝王象征的认定，促使了凤作为帝后象征的认定。凤，又名凰、凤凰、鸾、鸾凤等，一种吉祥鸟的称呼。有的文献，将雄性凤鸟称为凤，而将雌性凤鸟称为凰。这种动物与龙一样，实际上是不存在的，但是，史前文化中有它的地位。凤凰的原型是鸟，具体点可能是长尾巴的美丽的鸟，如雉、孔雀等。史前彩陶纹饰中有诸多鸟纹，但有长尾的比较少，只有距今5000—4000年的马家窑文化彩陶中有长尾的鸟纹，其中有单飞的，也有成双飞的。比马家窑文化早一千年的河姆渡文化，出土一象牙雕片，上面有两只拥有长尾的鸟的刻纹，它们均可以看作凤凰。玉器中，称得上凤凰的只有距今4000年石家河文化出土的圆形的凤凰雕塑。这具凤凰最接近商代殷墟出土的玉凤，堪称最早的标准凤。

凤凰的意义同样很丰富，核心的是美丽、和平、吉祥。从形象与意义上为凤凰定基调的文献，最早的是《山海经》。《山海经》中多处写到凤凰，其中一处是：

> 有鸾鸟自歌，凤鸟自舞。凤鸟首文曰德，翼文曰顺，膺文曰仁，背文曰“義”，见则天下和。①

《山海经》是中国堪与《周易》媲美的一部奇书。此书有着太多的谜。它的作者，历史上的记载是伯益，伯益与大禹的关系非同一般。他们同在尧舜建立的王朝为官。洪水的大业原本是舜交给他俩的。《史记》记载：“禹乃遂与益、后稷奉帝命，命诸侯百姓兴人徒以傅土，行山表木，定高山大川。”②益对治水以及佐禹治国都有着重大贡献，他也是禹生前指定的接班人。《山

---

① 《山海经·海内经》。

② 司马迁：《史记·夏本纪》。

海经》一书，据王充的看法，是大禹授意益撰写的："禹益并治洪水，禹主治水，益主记异物，海外山表，无远不至，以所闻见，作《山海经》。"[1] 司马迁在《史记》中提到此书，只是对此书作者和内容不做评价："故言九州山川，《尚书》近之矣。至《禹本纪》《山海经》所有怪物，余（不）敢言之也。"[2] 虽然学界对于益撰写《山海经》均持怀疑的态度，但无法排除此书与伯益，特别是与夏禹的关系。既如此，我们也有理由认为，上面所引关于凤凰的观念，在夏朝就有了。如果这种推断有理，那么，可以说，中华民族的两大图腾——龙与凤，在夏朝均有了。虽然夏朝的地下考古尚没有发现凤凰的文物，但那只是时间问题，终有一天，凤凰的形象会从夏墟的地下飞腾而出。

无须深论龙凤崇拜对中华文化的意义和龙凤形象对中国美学的深远影响，这是众所周知的事实。笔者想表达的意思是：仅凭二里头出土的龙形器和可能产生于夏朝的凤凰传说，夏王朝对于中国美学的贡献堪称是奠基性的。

## 第四节 民族融合的旗帜

中华民族的融合远追溯到黄帝时期，它的完成应该是在夏商周三代。夏代位于三代之始，因此，夏在这方面的贡献不可忽视。

美学作为人文学科，它的起始应推到人之初即人刚成为人，但是，人之初的美学实际上不是美学，因为它只有审美，还没有审美学。审美学的建立，不是个体能够完成的，而只有人类的群体才能完成，只有群体的审美成为值得注意的现象并引起人们的思考，才能构成美学。群体中，有两个层次是最重要的，一个是民族，一个是国家。通常说的中华美学，实际上有两种意义：一是作为国家的美学，即中国美学；二是作为民族的美学，即中华民族美学。夏朝作为中国第一个王朝，它的美学可以说是中国美学之始；夏

---

① 王充：《论衡》。

② 司马迁：《史记・大宛列传》。

朝作为中华民族大融合第一个群体，它的美学可以称为中华民族美学之始。

前面几节，我们主要论述，夏朝作为第一个中国，它在中国美学开创上的意义，这一节，我们主要从民族融合的角度来说它在中华美学开创上的意义。

据著名历史学家徐旭生的看法，中国古代部族有三个集团：(1) 华夏集团。创始人为炎帝、黄帝，这一集团是中华民族的主体。夏族、周族均来自这一集团。华夏集团地处河南、山西及西北一带。(2) 东夷集团。创始人主要有太皞、少皞等。属于这一集团有九黎族，蚩尤为其酋长。夏朝时与夏敌对的后羿属于这个集团，后羿自己的国为有穷国，在今山东曲阜。东夷集团地处中国东部包括今山东、江苏、浙江、安徽、河北一部等。(3) 苗蛮集团。这一集团说是祝融的氏族，许多古书说它出自颛顼，而颛顼系黄帝的后代，不应该属于这一集团。这一集团最有名的氏族为三苗氏，还有驩兜氏族。这一集团主要活动的中心为湖北、湖南，南及两广、云贵。①

据《山海经》云："黄帝生骆明，骆明生白马，白马是为鲧。"② 而鲧正是禹的父亲。从鲧为黄帝的后代，可以推测夏族为黄帝族。

但夏族并不那么纯正，在发展的过程中融合了诸多民族。

(1) 夏族与西羌的关系。前文我们已经谈到夏族与西羌的关系，夏有西羌血统。西羌活动的地方主要在甘肃陇西一带，《晋书 · 地道记》云："(陇西郡大夏) 县有禹庙，禹所出也。"禹怎么又变成了西羌人呢？这可能要向上追溯。原来，黄帝部族是游动的，禹父鲧或者更上的祖先，迁移到西羌人生活的地区，而禹就出生在这个地区，故成了西羌人了。《潜夫论 · 五德志》称禹为"戎禹"，因此，夏族就既有黄帝族的血统，又有西羌的血统了。

有西羌血统其实很正常，不要说夏族因后来迁到羌族生活地与羌人同化而获得了羌人血统，其实黄帝本身就有羌人血统。《国语 · 晋语十》说："昔少典取于有蟜氏，生黄帝、炎帝。"少典氏与有蟜氏分属于古代的氐、羌。

① 参见徐旭生：《中国古史的传说时代》，文物出版社 1985 年版，第 40 页。

② 《山海经 · 海内经》。

氐与羌也不是两个完全不同的民族，“‘氐羌’是羌族中一支的专名，‘羌’则是各种羌的总名，但是随着历史的进展，氐羌发展成为一大的部族，而逐渐单称‘氐’”①。

历史学家刘起釪说：“禹之为夏族宗神，实际上是由先为羌族西戎（其族自称羌、被称戎）中的九州之戎的宗神来的，故曾称为‘戎禹’。禹这族作为羌族的九州之戎中的一支，步着其前辈黄帝族的前进路线，东进创造了夏文化，形成后来建立了夏王朝的夏族（正像金王朝之后有后金，形成建立清王朝的满族一样），禹就由原来羌戎的宗神成为夏的宗神。”②

（2）夏族与古蜀的关系。这同样涉及夏族的起源。上面引文说，禹出生的地点——“石纽”在何处？《史记·夏本纪》“正义”引《蜀王本纪》：“禹本汶山郡广柔县人也，生于石纽。”石纽一作“石坳”。这样，禹就成了四川人了。禹所生的汶山县对此事有记载。《汶志纪略》卷四《逐录》：“汶邑之南十里许飞沙关，俗称凤岭。岭端平衍，方可十余亩，土人传为郛儿坪。坪南悬崖峭壁，下临岷江，前有巨石百丈，前人摩崖书‘大禹故里’四字。”③

夏族作为西羌人迁移到蜀，涉及古蜀国的历史。《山海经·海内经》说：“洪水滔天。鲧窃帝之息壤以堙洪水，不待帝命。帝令祝融杀鲧于羽郊。鲧复生禹。”“羽郊，当是河南登封县的嵩山。”④《国语·周语上》云：“昔夏之兴也，融降于崇山。”“崇山”即嵩山，“融”即祝融，祝融降到嵩山杀了鲧。祝融杀了鲧，然因为“鲧复生禹”而造就了“夏之兴”。

河南嵩山应该是夏族兴盛之地。有意思的是，成都西面也有座山也称“崇山”。于是，有学者认为这很可能与夏族西迁四川有关。夏族西迁四川后建立了一个国为崇国，建立了崇国的夏族人称为“崇人”。《国语·周语下》称鲧为“崇伯鲧”，《逸周书·世俘》称禹为“崇禹”。“崇”与“丛”音同，这就与古蜀国的国王“蚕丛”联系上了。

---

① 刘起釪：《古史续辨》，中国社会科学出版社1991年版，第173页。

② 刘起釪：《古史续辨》，中国社会科学出版社1991年版，第129—130页。

③ 转引自刘城淮：《中国上古神话》，上海文艺出版社1988年版，第375页。

④ 孙华：《四川盆地的青铜时代》，科学出版社2000年版，第335页。

古史中，夏与古蜀的联系，还不仅见于以上史料。《史记·五帝本纪》云："黄帝……生二子……其二曰昌意，降若水；昌意娶蜀山氏女，曰昌仆，生高阳，高阳有圣德焉"，而按《世本》："颛顼生鲧，鲧生高密，是为禹也。"同样的说法，见《大戴礼记·帝系》："颛顼产鲧，鲧产文命，是为禹。"

《华阳国蜀志》云，古蜀帝"号曰丛帝"，丛帝治过洪水。他被当地人尊为鳖灵神。之所以会这样，因为鳖灵是水神。故有学者认为丛帝鳖灵应当就是崇伯鲧。[①] 鲧治水，得到过鳖灵的帮助。屈原《天问》中有句："鸱龟曳衔，鲧何听焉？"闻一多在《天问疏证》中也说"鲧本龟鳖之属"。

(3) 夏族与南方苗蛮的关系。夏族与南方苗蛮的关系，要追溯到尧舜王朝。因为三苗不听中央政府的管辖，尧舜派禹去征伐。三苗活动的地域，《战国策·魏策》有记载："昔者三苗之居，左有彭蠡之波，右有洞庭之水，文山在其南，而衡山在其北。"此次征战，也严惩了苗蛮的另一氏族——驩兜。在大禹治理自己的国家时，三苗发生大乱，禹趁机再次征讨。《墨子·非攻》记录了这场战事。战争是残酷的，重要的是结果。《墨子·非攻》是这样写的："禹既已克有三苗，焉磨为山川，别物上下，卿制大极，而神民不违，天下乃静，则此禹之所以征有苗也。"这段文字主要讲通过克三苗，禹将文明带到了野蛮的南方。征三苗另一重要的成果是促进了族群的融合。一方面，夏族的生活方式影响三苗；另一方面，三苗的生活方式也影响了夏族。双方都有吸收，尽管吸收的成分多少不一样。最重要的是，三苗融入了中华民族，成为中华民族的一员。

(4) 夏族与东夷的关系。夏族与东夷的关系更为密切。《后汉书·东夷列传》据《竹书纪年》说，当时活跃在中国东方大地的夷多达九种：畎夷、于夷、方夷、黄夷、白夷、赤夷、玄夷、风夷、阳夷。其实还不止。据《禹贡》，青州地面有莱夷、嵎夷，冀州有岛夷，徐州有淮夷。夷人不仅杂居在夏人的生活区，而且有的还在夏朝为官。夏王朝成立后，发生过好几次与东夷族严重冲突：

---

① 参见孙华：《四川盆地的青铜时代》，科学出版社 2000 年版，第 329 页。

一是甘之战。甘之战的起因与大禹的禅让有关。大禹将他的王位禅让给了伯益，引起了他的儿子启的不满，伯益只得将政权交给启。天下诸侯对此多有意见。于是就有了有扈氏的反叛。启召集军队，在甘这个地方与有扈氏进行决战。虽然战争本身与民族矛盾没有关系，但有扈氏打出的旗号是对禅让制的维护，而这次禅让，涉及民族利益。因为伯益是东夷人。禹的让位不只是让位于贤，还是让位于别族，这事意义深远。

二是后羿之乱。后羿是东夷族的一位杰出首领，居住在穷桑，也就是今天曲阜一带。后羿趁夏王室内乱，一度夺取了夏政权，史称“后羿代夏”。关于这次事件，屈原《天问》说：“帝降夷羿，革孽夏民。”此事，《左传・襄公四年》有记载：“昔有夏之方衰也，后羿自鉏迁于穷石，因夏民以代夏政。”[①] 鉏，河南滑县东十五里；穷石，即穷谷，洛阳市南。从地名来看，后羿此时就住在夏王朝的腹心地带。后羿作为东夷族的首领，取代夏立国，国号“有穷”。

三是寒促之乱。寒促也是夷人，《左传・襄公四年》载：“寒促，伯明氏之谗子弟也。”后遭伯明国酋长抛弃，为后羿收留，为自己的“相”。但寒促不是一个知恩图报之人，他设计杀死了后羿，取代后羿为王，国号仍为“有穷”。寒促较后羿更为荒淫、残暴，夏王的后代少康联合夏族同姓一起灭了寒促，夺取了王位。这个动乱历经数十年，其影响是深远的，其负面的影响自然非常多，但积极的一面还是有的，就是促进了夏族与东夷族的融合。

夏族与东夷族的融合虽然有战争的手段，但更多的也许还是结盟与和平相处。早在少康之前，相王当政时，就出现过“于夷来宾”的盛况，这种盛况一直延续下来。据《竹书纪年》：

> 后相即位，居商邱。元年，征淮夷、畎夷。二年，征风夷及黄夷。七年，于夷来宾。相居斟灌，少康即位，方夷来宾。帝宁居原，自原迁于老邱。柏杼子征于东海三寿，得一狐九尾。后芬即位，三年，九夷来御。……后泄二十一年，命畎夷、白夷、赤夷、玄夷、风夷、阳夷。[②]

---

① 《左传・襄公四年》。

② 范祥雍编：《古本竹书纪年辑校订补》，新知识出版社1956年版，第10—13页。

这段话的大意是：夏王相即位，居商丘，征伐淮夷、畎夷。二年，又征风夷及黄夷。七年，诸夷来朝拜。相居斟灌。少康即位，方夷来朝拜。帝宁（帝杼）居原，自原迁于老邱。夏伯杼子征东海，伐三寿，得到一只九尾狐。芬（帝方）即位，三年，九夷来朝。……帝后泄二十一年，命令畎夷、白夷、赤夷、玄夷、风夷、阳夷来朝拜。

从历史记载来看，夏族与东夷族的融合是全面的、最充分的，其次是与南方的苗蛮集团的融合，而夏民族本身就来自西羌，西羌又被称为"西夷"（《史记·六国年表》）、"西戎"（《左传·文公三年》）。其实，戎也不只是指西戎，它还是诸多少数民族的统称。中华民族的血统从来就不单纯，它是以黄帝族为主的华夏族与诸多名之为戎、夷、蛮的少数民族融合的产物。这种融合始自黄帝时期。夏族建国之初以及成国之后，融合了诸多民族，构成了中华民族的基本框架，而且夏被灭国后，也继续着构建中华民族的大业。商灭夏后，夏族被迫迁徙。徐中舒先生说："夏商之际夏民族一部分北迁为匈奴，一部分则南迁于江南为越。"[①] 夏的国家政权的建立意味着大一统的中华民族已经形成，虽然如此，中华民族的融合并没有中止，一直到现在还在进行。

民族的融合，意义是多方面的，就美学上来说，就是中华民族美学的形成。有关夏朝的记载，透露出这种美学的两个基本特征。

一是以和谐为主题。《史记·夏本纪》中有一段这样的记载：

> 于是夔作乐，祖考至，群后相让，鸟兽翔舞，《箫韶》九成，凤凰来仪，百兽率舞，百官信谐。帝用此作歌曰："陟天之命，维时维几。"乃歌曰："股肱喜哉，元首起哉，百工熙哉。"

这段文字出自《尚书·虞夏书·益稷》，描绘的本是舜帝歌舞情景，然而，司马迁却将它用在《夏本纪》。也许，他认为，这种歌舞，不应属于舜，而更应属于禹。它是夏王朝的审美，而不是舜王朝的审美。

这段文字的主题是显豁的，它描写一场以和谐为主题的歌舞。这种和

---

① 徐中舒：《夏史初曙》，《中国史研究》1979 年第 3 期。

谐是天人关系和人际关系的和谐。在大禹与大臣皋陶讨论“九德”时，又提出另一种意义的和谐：“宽而栗，柔而立，愿而共，治而敬，扰而毅，直而温，简而廉，刚而实，强而义，章其有常，吉哉。”[①] 这是九对矛盾的和谐，概括起来，就是阴与阳的和谐。两种和谐，前者是实物之间的和谐，后者是性质之间的和谐。前者必须通过后者才能得以实现。

和谐是中华美学的主题，也是人类美学的主题，夏朝美学的和谐观不仅为中华美学的和谐观规定了方向，而且为人类美学的和谐观作出了贡献。

二是以礼为灵魂。礼，现在我们一般认为起源于周，其实是不对的，礼的起源可以往上推，夏朝就有礼了。孔子说：“夏礼吾能言之”[②]，说明春秋时，夏礼并没有失落。夏有礼，殷也有礼，殷礼，孔子也说“吾能言之”，那么，夏商周三代的礼有什么关系呢？《礼记·礼器》云：“三代之礼一也，民共由之。或素或青，夏造殷因。”这就是说，三代的礼基本内容一以贯之，这基本内容就是讲仁论德，重文轻武，敬祖事神。当然，它们也有一些不同。《礼记·表记》引孔子的话说：

> 夏道尊命，事鬼敬神而远之，近人而忠焉，先禄而后威，先赏而后罚，亲而不尊，其民之敝，蠢而愚，乔而野，朴而不文。殷人尊神，率民以事神，先鬼而后礼，先罚而后赏，尊而不亲。其民之敝，荡而不静，胜而无耻。周人尊礼尚施，事鬼敬神而远之，近人而忠焉，其赏罚用爵列，亲而不尊。其民之敝，利而巧，文而不惭，贼而蔽。

从这个介绍来看，三代的差异在于“夏道尊命”“殷人尊神”“周人尊礼”。三者各有特点而内在相通。比较而言，一是夏礼更重命，命为天定，因此夏更尊重天命；二是夏礼更重人，这是相对鬼神而言的，夏礼对鬼神是“远之”，而对人“近”之；三是夏礼更重朴，这是相对于文而言的。总起来说，夏礼更近于周礼。

夏人的审美应该是以礼为灵魂的，它的审美观与商朝相通，但更接近

---

① 司马迁：《史记·夏本纪》，岳麓书社 1988 年版，第 11—12 页。

② 《论语·八佾》。

于周朝，而周朝的礼才真正是中华民族数千年来意识形态的灵魂，亦为审美的灵魂。

## 第五节 宫殿——大一统的国家象征

首都是国家得以成立的根据。夏首都在何处，20 世纪 60 年代前没有明确结论，考古没有发现，因此，夏王朝在史学家的笔下，归属于“传说”。1959 年，著名的历史学家徐旭生根据文献提供的线索，在洛阳平原一带考古，在偃师县二里头村，发现了一处大型的文化遗址。此遗址东西长约 3—3.5 千米，南北宽约 1.5 千米，经测定，为夏代文化遗址。在此遗址发掘了大量珍贵的陶器、玉器以及少量的铜器文物。最为重要的发现，是宫殿遗址。宫殿遗址的发现，说明二里头存在一个王城，此城无他，只能是夏都。

二里头的宫殿遗址共有两座，考古学家将它们分别命名为一号和二号。

一号宫殿遗址夯土台基，近正方形，总面积为 9585 平方米。台基高出地面约 0.8 米。台基中部偏北处为主体殿堂建筑遗址，四周有回廊，南面有大门，东面、北面有两个侧门。根据回廊的廊柱和廊柱外挑檐柱的设施推测，宫殿的屋顶应为四面坡的庑殿顶，这是古代中国最高规格的屋顶。主体殿堂正对着南大门，中间是一片开阔地。南大门外有一条缓坡形路面，是出入宫殿的大道。

据《周礼・冬官考工记》：“夏后氏世室……殷人重屋……周人明堂。”戴震的《考工记图补注》云：“王者而后有明堂，其制盖起于古远。夏曰世室，殷曰重屋，周曰明堂，三代相因，异名同实。……明堂在国之阳，祀五帝，听朔，会同诸侯，大政在焉。”这种功能与明清皇宫中的太和殿相同。

根据《周礼・冬官考工记》有关“夏后氏世室”的记载，结合地下考古材料，著名的建筑史学家杨鸿勋对二里头一号宫殿建筑进行了还原。他强调一号宫殿已经具有了后代宫殿“前朝后寝”的礼制。①

① 参见《杨鸿勋建筑考古论文集》，清华大学出版社 2008 年版，第 95 页。

历史学家郑杰祥认为:"一号宫殿建筑基址,是我国迄今所发现的最早、规模最大的而且保存较好的一座大型宫殿建筑基址,整个宫殿布局合理,结构严谨,规模宏伟,可说是已经具备了我国后世宫殿建筑的规模。"①

二号宫殿距一号宫殿 150 米,基址长方形夯土台基,南北长 72.8 米,东西宽 57.8—58 米,包括主体建筑、东南西三面回廊和四面的围墙。整个建筑规模小于一号宫殿。据专家们推测,这座建筑可能是宗庙,即王家的社庙,主要用来祭祖。

中华民族很重视祭祖,祭天地多伴随着祭祖。《礼记·祭法》云:"有虞氏谛黄帝而郊喾,祖颛顼而宗尧。夏后氏亦谛黄帝而郊鲧,祖颛顼而宗禹。"② 祖先崇拜是中华民族的重要传统,一直延续至今。

近些年,在陕西神木县石卯村有重要的考古发现,确定这是一处属于龙山文化晚期的城址,不排除是夏代时一个方国的首都。这座城池由皇城台、内城和外城构成,总面积 400 余万平方米。皇城台大体呈方形,依山势而建,皇城岗很可能是祭台或宫殿建筑的遗址,总面积 8 万余平方米;王城的内城面积 210 余万平方米;外城面积 190 余万平方米。石卯遗址出土了大量的玉器,可惜早在 20 世纪 20、30 年代已散落欧美各地,现在国内尚搜集到百余件。据地下考古发现,石卯可能毁于外来部落的侵入。有关石卯的秘密还有待进一步展开。如果它真的是夏朝一个方国的都城,它的精彩当极大地丰富夏代的文化。

不管从政治、从经济还是从文化来看,都城特别是都城中的宫殿都是一个时代的精华所在。它的精彩集中反映了一个时代的审美风貌。在二里头之前,尧都陶寺遗址也发掘出宫殿遗址,二里头的夏都宫殿较之陶寺的尧都宫殿有着明显的承传与发展。

二里头的夏都宫殿是中华民族大一统国家政权的象征,也是中国宫殿美学的重要源头。

---

① 郑杰祥:《新石器时代与夏代文明》,江苏教育出版社 2005 年版,第 410—411 页。

② 《礼记·祭法》。

# 第 二 章
# 商朝的美学思想

如果说，夏朝的存在，在二里头文化的性质确认前还有一些学者怀疑的话，那么，商朝的存在，从来没有人怀疑过。《史记·商本纪》是最早关于商代历史的记载，除了诸如商朝创始人契的出生这样的传说，其他的主要记载均基本上得到甲骨文的佐证。郭沫若说“可以断言的是，商代才是中国历史的真正的起头”①。也就是说，商朝历史是信史。商朝在中国文化建构上的贡献有些特别。我们通常将夏商周总放在一起，统称先秦，认为先秦是中国传统文化的奠基期，那么，三朝的贡献是不是一样的呢？当然不是，夏朝是三代之初，是中国进入文明时代的第一个朝代，是中国之为中国的开始，其意义自然重大，但有关夏朝的文献资料太少，地下考古尚称不上丰富。周朝，西周周公构建礼乐传统，春秋时期百家争鸣，形成了中国文化主体的儒道两家，战国时期，稷下学术方兴未艾。虽然周朝八百年战乱不已，但中国文化确实是在周朝搭起了基本框架。那么商朝呢？是不是位列第三？其实不是。商朝的重要贡献并不弱于夏、周，甚至可以说，没有商，也就没有周。周的基本制度承袭商，最重要的是最早的文字甲骨文主要发

① 《中国现代学术经典·郭沫若卷·中国古代社会研究》，河北教育出版社 1996 年版，第 15 页。

现于商，集中体现中国哲学思想的《周易》其实并不是在周朝而是在商朝创建的。夏商周三代称之为青铜时代，作为一个时代，其始在夏，其衰在周，而商是巅峰，正是商，显尽了青铜器的辉煌。正是因为如此，夏商周三代于中国文化的贡献，可谓三足鼎立，各有千秋，难分轩轾。基于商朝没有留下系统的著作，关于它的美学思想的探索只能结合文献与地下考古来进行。

## 第一节　甲骨文美学

众所周知，中国最早的文字是甲骨文。这种文字集中发现于商代。这不等于说，商代才出现文字。中国的文字溯其源可达史前。

从史前人类所创造的陶器、石器、玉器的水平来看，当时的人们应该有文字了，因为这些器具的制作涉及诸多人的合作，因而，不仅思想交流是不可少的，而且有必要将思想交流的结果用文字表示出来。所以，文字的存在是应然的，也是必然的，只是目前的考古尚未能支撑这一点。著名历史学家李学勤主编的《中国古代文明的起源》一书这样说："最早的龟甲刻划符号是在河南舞阳贾湖遗址发现的，距今7500—6500年前。刻划着符号的龟腹甲和龟骨残片出土于裴李岗文化的墓葬中，上面的符号其中一个很像甲骨文的'目'字，一个很像甲骨文的'户'字，它们的构形方法据称也与甲骨文十分相似。它们与汉字之间是否存在渊源关系？由于可供比对的资料太少，这一发现到底具有怎样的意义，还有待进一步的研究。"①

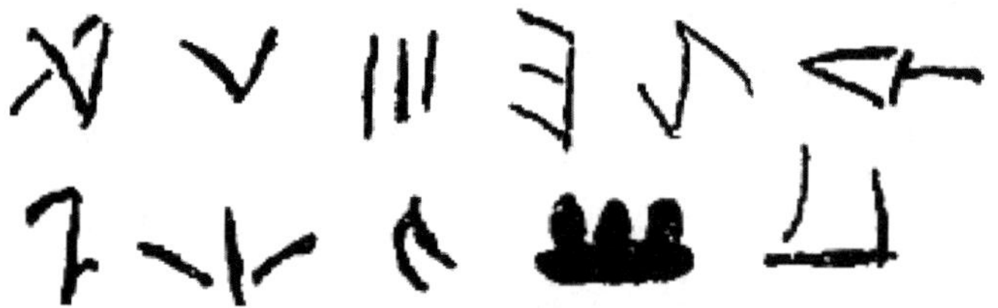

河姆渡文化遗址陶片上的文字符号

① 李学勤主编：《中国古代文明的起源》，上海科学技术文献出版社2007年版，第247页。

刻划在陶片上类似文字的符号，在河姆渡文化遗址也有发现，这些符号距今7000—5000年。

仰韶文化晚河姆渡文化2000年左右，在属于这一文化的半坡遗址中发现更多这样的文字符号。这些符号刻在陶钵外口沿的黑宽带纹或黑色倒三角纹上，每钵一个符号，极少两个符号刻在一起，一共发现113个符号。半坡类型的其他遗址长安、临潼、铜川、宝鸡、郃阳等也都发现类似的符号。

仰韶文化半坡类型西安半坡遗址发现的陶文

与半坡陶文类似的符号在秦安大地湾遗址、马窑文化的马厂类型遗址、半山类型遗址、大溪文化遗址也都发现过。这些符号比较抽象，更多地像数字符号，因此，学者们对它们是不是文字持谨慎的态度。

20世纪50年代大汶口所发现的一些类似文字的符号引起了人们极大的兴趣。基本上为学者确定为文字符号的共六个。其中四个是在莒县陵阳河遗址发现的；一个是在诸城县前寨遗址出土的陶器残片上发现的；还有一个出土于大汶口遗址的75号墓，用红色的颜料写在灰陶背壶上。六个字中有两个字是由三个象形的符号组合而成，三个符号是：太阳、月亮（也有人说是火）、山（图参见史前篇陶器章大汶口文化节）。

1992年1月考古工作者在龙山文化丁公遗址做第四次发掘时，在一片灰陶片上发现有11个字，分为五列。自右至左竖书，各字多连笔，类行书。关于丁公陶文的看法只有极少数学者持怀疑的态度，绝大多数学者认为已经是汉字，具体又分两种观点：一种观点认为，它与古汉字属于同一系统。

另一种观点认为，丁公陶文与古汉字不属于同一系统，裘锡圭认为，丁公陶文是“已被淘汰的古文字”，王恩田认为是“东夷文化系统文字”。①

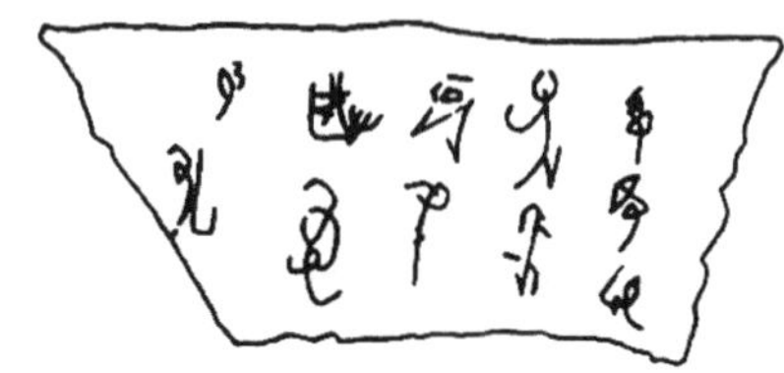

丁公陶文

大体上来说，文字的产生经历了四个阶段：一是实物阶段，以人的表情、语音、动作，还有物件来表达思想与情感。二是图画阶段，以图画来表达思想与情感。史前的诸多绘画均有表意的作用。三是符号阶段，创造一些符号来表达思想与情感。四是文字阶段，将符号规范化、规律化，则称为文字。大汶口文化陵阳河遗址发现的日月山符号属于第二阶段，而丁公陶文介于第三阶段与第四阶段之间。让人非常遗憾的是，史前文字符号虽然发现了不少，但基本上都不可辨识，因此，我们尚无法断定它是不是文字。

夏代有没有文字，也是一个争执不休的问题。现在可以肯定的是，夏代陶器上有刻划符号，比如，二里头文化陶器上就有很像文字的刻划符号，但同样不能准确地辨析。

商代发现的甲骨文则与之不同，它基本上可以辨识，因此，它被确定为中国最早的文字。

甲骨文有诸多名字：龟、龟甲、甲文、龟甲文、龟版文、契、契文、殷契、甲骨刻辞、甲骨刻文、贞卜文、贞卜文字、卜辞、甲骨卜辞、殷墟卜辞、殷墟书契、殷墟文字、殷墟遗文、商简等。现在比较流行的名称为“甲骨文”。甲骨文字的发现是比较晚的，第一部甲骨文集《铁云藏龟》的编辑者刘鹗说是“龟版亥岁出土”，即1899年出土，而另有一些学者说是1898年出土。

① 《专家笔谈丁公遗址出土的陶文》，《考古》1993年第4期。

甲骨文的发现是偶然的，具体说法有多种，比较权威的说法且见诸文字的是王襄的《题易穞殷契拓册》："村农收落花生果，偶于土中检之，不知其贵也。范贾（指古董商范维卿）售古器物来余斋，座上讼言所见，乡人孟定生世叔闻之，意为古简；促其诣车访求，时则清光绪戊戌（1898 年，与刘鹗说异）冬十月也。翌年秋，携来求售，名之曰龟版。人世知有殷契自此始。"①

甲骨文刻在龟版、牛的肩胛骨上，它本是卜辞，是占卜事由及结果的记录。

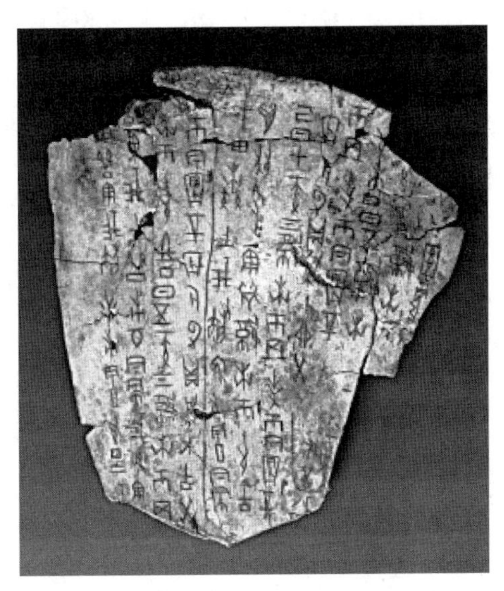

甲骨文

在中国，第一位搜购并研究甲骨文的学者是王懿荣。王当时的身份是国子监祭酒。他所藏甲骨 1000 余片。王去世后，所藏甲骨一部分由其子转售给了刘鹗，一部分赠送给天津新亚学院。与王懿荣同时搜购甲骨的还有王襄、孟定生、端方等。王懿荣之后，甲骨搜集与整理贡献最大的人物，一是小说《老残游记》的作者刘鹗。他搜藏的甲骨片 5000 余片，编为《铁云藏龟》一书。另一是罗振玉，罗搜集的甲骨 30000 余片，编印成《殷虚书契》（后易名《殷虚书契前编》）、《殷虚书契菁华》、《殷虚书契后编》、《殷虚

① 王襄：《题易穞殷契拓册》，《河北博物院半月刊》第 85 期。

书契续编》、《殷虚古器物图录》等书。1949年以后，编辑出版的甲骨文材料书，主要有胡厚宣先生主编的《战后宁沪新获甲骨集》《战后南北所见甲骨录》《战后京津新获甲骨集》《甲骨续存》等，后来，他又与郭沫若合作，由郭为主编，他为总编辑编辑了《甲骨文合集》（1—13册）。目前已搜罗的甲骨总数达16万片，采集的甲骨文字4000多个，其中超过一半能够辨识。关于甲骨文考释的单字字典主要有：罗振玉的《殷虚书契考释》、商承祚的《殷虚文字类编》、王襄的《簠室殷室类纂》、朱芳圃的《甲骨学文字编》、孙海波的《甲骨文编》、李孝定的《甲骨文字集释》等。

甲骨文为商代政治、经济、文化、社会诸多方面的研究提供了第一手资料，非常宝贵。它的美学价值主要在四个方面：

第一，甲骨文为中国的主流文字——汉字基本的构字原则和语法原则奠定了基础，文字的运用，从根本上决定了中国人的思维法则，从而为中国美学的基本性质和本质特点奠定了基础。

（1）“六书”。中国文字造字法，总结为“六书”，即象形、指事、会意、形声、假借、转注。六书中，造字法主要为前三项：象形、指事、会意。“六书”在甲骨文就有了。

一是象形。《说文解字·叙》云：“象形者，画成其物，随体诘诎，日、月是也。”六书中，象形是最早的造字方法，它是基础。象形，说文云象形，重在象，它以描绘对象形象的方式表达意思。甲骨文的“日”字，就是一个圆圈，中间加一个点。“月”字，就是一个半月形。甲骨文中象形字很多，如“雨”字，写作下雨的图画。

二是指事。《说文解字·叙》云：“指事者，视而可识，上、下是也。”指事，是在象形的基础上，加上一种符号式的提示，表达意思。甲骨文中，“上”字，一横上或一个凹形上加一点，这上点就是指示在其上。“下”字，即“上”字的颠倒。

三是会意。《说文解字·叙》云：“会意者，以类合谊，以见指撝，武、信是也。”会意，由两字构成，将二字的意义合在一起，产生一个意思，甲骨文中的“武”字，两字组合，一字为戈，一字为行。余永梁先生说：“从行从戈，从戈操戈，行于道上。趄趄武也。”① 甲骨文中的“明”字有两个，一个由“日”“月”组成，意思是日月相照；另一个由“窗”与“月”组成，有月照窗上的意思。

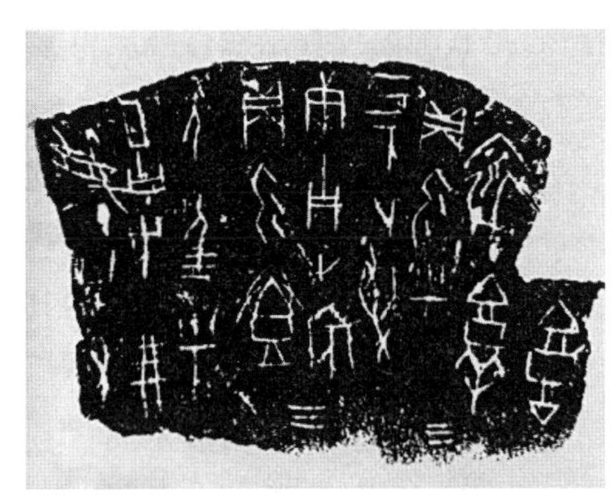

甲骨文卜辞

四是形声。《说文解字·叙》云：“形声者，以事为名，取譬相成，江、河是也。”形声，一半是象形，一半是读音，这样做是为了区别同一义类中的不同字，如江、河，都是水，但发音不同。左边的三点水，说明它们的义，右边的字表示它们的音。

“殷墟文字中，形声字甚多，如从女之妃、妊、妹、娍、婥、姘、婐……从马之骊、騽、玛……从水之洹、洋、泺、淮、氾、潢、涛等……”②

五是假借。《说文解字·叙》云：“假借者，本无其字，依声托事，令、长是也。”字不够用，就一字多义，这一字之所以能多义，有两种情况，一种是由本义拓展的假借；一种是纯属音同的假借。“令”字假借为“长”字，属于前者。

甲骨文中，“西”，本义是鸟在巢上，字体不改，借作表示方位的“西”，这假借属于前者。甲骨文中“凤”也借为“风”，这就属于后一种假借了。

六是转注。《说文解字·叙》云：“转注者，同意相受，考、老是也。”转

① 见《殷墟文字续考》，刊清华研究院《国学论丛》1 卷 4 号，1928 年，转引自吴浩坤等：《中国甲骨学史》，上海文化出版社 1985 年版，第 119 页。

② 刘梦溪主编：《中国现代学术经典·董作宾卷·甲骨文断代研究例》，河北教育出版社 1996 年版，第 123 页。

注，指义相同或相类的字可以互相代替，如“考”与“老”。甲骨文中，这类字较少。

六种造字法，基础是象形。象形是客观世界的反映，对象是什么，就是什么；指事和会意都是在客观世界反映的基础上加上主观提示；形声同样是在象形基础上发展的。董作宾说：“由象形变为形声的过程在殷文中最显明的当为‘鸡凤’二字。”就“鸡”来说，“卜辞中诸鸡字皆象鸡形，高冠修尾，一见可别于他禽。或从奚声，然其他半仍是鸡形，非鸟字也。”[①] 董作宾先生拎出殷契中的五个“鸡”字，说其中两个为象形字，那是商王武丁时的字，有三个为形声字，那是帝乙、帝辛时期的字了。[②]

(2) 汉字在甲骨文后有发展，但造字法基本上沿用甲骨文。中国文字从甲骨文产生算起，有3000多年的历史了。这种以象形为基础的文字体系，对中华文化的影响是巨大的。仅就对美学的影响来说，主要有四：

其一，它是中国书法艺术的源头。书法是中国特的有一种艺术形式，它的特点是：以文字为基础，而不脱离文字原有的功能（因而它不是绘画）；它是毛笔的艺术；它有一定的章法；它显示出一定的风格。这四条甲骨文都具备：(1) 它的功能是记事达意，审美是次要的。(2) 首先用毛笔蘸上朱砂或墨料涂写在甲骨上，后刻。(3) 有一定的章法，董作宾先生说：“为了卜兆有左右向的关系，而贞卜的文字，也分了左行与右行。”[③] 他曾在《大龟四版》中说明过龟版刻辞的公例，龟版刻辞有个公例：“沿中缝而刻辞者向外，在右右行；在左左行；沿首尾甲两边刻辞者向内，在右左行；在左右行。龟版文例大致如此。在骨版上也只有左行右行两类。”[④] (4) 初步形成一定的

① 《中国现代学术经典·董作宾卷·甲骨文断代研究例》，河北教育出版社 1996 年版，第 123 页。

② 参见《中国现代学术经典·董作宾卷·甲骨文断代研究例》，河北教育出版社 1996 年版，第 123 页。

③ 《中国现代学术经典·董作宾卷·甲骨文断代研究例》，河北教育出版社 1996 年版，第 132 页。

④ 《中国现代学术经典·董作宾卷·甲骨文断代研究例》，河北教育出版社 1996 年版，第 132 页。

风格。董作宾先生将商代甲骨文分为五期：武丁期；祖庚、祖甲期；廪辛、康丁期；武乙、文丁期；帝乙、帝辛期。董作宾于五期中各取一例，说明甲骨文已经有了自己风格特点。第一期雄伟，这是一代雄主武丁的时期，韦、亘两位史官所刻的文字充分反映了这个时代的特点。不过，二人也还有分别，韦更多的为雄健，而亘更多的为精劲。第二期谨饬，这为祖庚、祖甲时期，他们算得上守成的君主，反映在甲骨文的风格上则是谨饬守法。第三期颓靡，这一时期商王为廪辛、康丁，政治已见衰败，文风凋敝。这个时期的书法已不似此前守规律，而极幼稚、柔弱、纤细、错乱、讹误的文字屡见不鲜。第四期劲峭，这一时期的书体中有一种他期中没有的特征，纤细的笔画中有一种刚劲的意味。董作宾先生说，这一特殊现象是文丁时期的文字复古运动的显现。①

其二，中国艺术是以汉字为载体的，或为直接载体，或为间接载体。直接载体的是文学，其中最重要的是韵文文学——诗词曲等；间接载体的是其他艺术包括造型艺术、音响艺术、综合艺术等。所谓间接载体，就是说，虽然不以汉字为表达手段，但骨子深处是汉字的精神。可以说，正是汉字铸造了中国艺术的美学品格。这其中，韵文文学特别突出。中国诗歌的美学意味，根本离不开汉字，试图将中国诗歌翻译成任何一种其他文字都不会成功。

其三，中国美学中的重要概念“象”“比”“兴”“兴象”“意象”“意境”均与中国特有的以象形为基础的文字体系有着血缘关系。中国的文字体系就其本质来说是一种富有美学色彩的文字。“象”“比”“兴”“兴象”“意象”“意境”这些概念的精神及形态首先是在文字中存在，然后才影响到艺术中去的。

其四，形象思维的本体化。思维可以大致分为两种：形象思维与逻辑思维，前者以形象为思维单位，以形象的直观呈示和形象的组合表达思维；

① 以上关于商代甲骨文书体风格的论述采自董作宾，见刘梦溪主编：《中国现代学术经典·董作宾卷·甲骨文断代研究例》，河北教育出版社 1996 年版，第 133—134 页。

后者以概念为思维单位，以概念的直接呈示和概念的组合表达思维。中华民族两种思维方式都具有，但形象思维明显处于本体的地位。也就是说，中国人虽然不乏逻辑思维，但逻辑思维是建立在形象思维基础之上的，其原因就是中国人从小学的就是以象形为基础的文字系统，并且用的也是这种文字。形象思维其本质是美学思维，可以说中国人的思维本体是美学的。

第二，甲骨文的文本中产生了中国美学中的一些重要的概念，主要有“游”“美”等。甲骨文中关于“田游”的卜辞很多，所谓“田游”，就是田猎和游观。仅从《殷契征文》《殷虚书契考释》两书中的记载来看，关于商王帝辛游观的卜辞达 139 次，记载田猎的卜辞达 171 次。中国古代对于田猎、游观批评的多，主要原因是田游是统治者的专利，而统治者田游，其意义基本上都是负面的。《尚书·周书·无逸》是周公对成王的告诫，主题是防止逸乐。开篇即明言：“呜呼，君子所，其无逸。”在文中，周公说“呜呼，继自今嗣王，则无淫于观，无逸，于游，于田，以万民惟正之供”。《老子》也痛斥耽于逸乐的生活：“五色令人目盲；五味令人口爽；驰骋田猎，令人心发狂；难得之货，令人行妨。”① 其实，田游也有积极一面，这积极一面就是审美。

第三，甲骨文记载了中国古代工艺发展的水平，是为美学的物化形态。

甲骨文除了记载乐、舞等艺术品种外，还记载了不少工艺。工艺作为工与艺的统一，它具有审美的成分，某种意义上，也可以看作美学的物化形态之一。郭沫若先生将甲骨文中的工艺分为四类：

食器：鼎、尊、簋、卣、盘、甗、壶、爵。

土本：宫、室、宅、家、牢、圂、舟、车。

纺织：丝、帛、衣、裘、巾、幕、斿、旒。

武器：弓、矢、弹、箙、钺、戈、函、箙。

郭沫若先生说：“就这些文字上面已经可看出当时手工技术的盛况。特别是食器一项，那已经超过了粗制的土器和石器的时代，而进展到青铜器的时代了。商代所遗留下来的彝器便是这种青铜制的食器，《殷文存》中所

① 《老子·十二章》。

收集的彝器的铭文在七百种以上，这个数目，当代不可尽信，因为其中有些是周器的滥入，也有器盖不分，一器析而为两器的，但大体足以征见当时的青铜器已很发达。”①

虽然我们现在不能得见商代器物的具体形象，但可以想象商朝工艺发展的程度。工艺的发展，具有多方面的意义，其中一个方面是美学的，它反映出审美的细化、精化。事实是，正是商朝工艺的繁荣才为周朝的工艺繁荣奠定了基础，更重要的是为进入《周礼・考工记》积累了大量的感性材料，因而《考工记》能够提炼出反映那个时代的工艺美学思想。

第四，甲骨文全面地记载了商朝社会生产生活的方方面面，生动地反映当时社会的审美风尚，这些风尚中有一些成为中华民族社会生活的传统习俗，成为中国古代社会审美的重要特色。

(1) 生产状况。商朝，中国的畜牧业、农业均很发达。卜辞有大量这方面的记载，畜牧业中，最能引人兴趣的是“服象”。商朝时，中原地带天气湿热，森林茂密，有大象出没。甲骨文中就有商人“获象”的记载：“今夕其雨，获象。”② 除此以外，有一个“爲”字，古金文及石鼓文都写成人坐在大象上的形象，罗振玉先生认为这个字“意古者役象以助劳，其事或尚在服牛乘马之前”③，可以想象，服象、畜象、役象的景象何等美妙、动人。

这种生活本身的美悄然进入人们的精神生活领域，而当人们要表达一种美丽的视觉场面时，“象”这一概念油然升上心头，于是，原本用作动物象之名的“象”就成为表示美丽场面的“象”。“象”字在中国文化、中国美学中，地位非同一般。《周易》创论之先是创象，所谓“立象以尽意”，而审美也始于“观象”。与研《易》不同的是，研《易》是立象而得意；而审美则是

① 刘梦溪主编：《中国现代学术经典・郭沫若卷・中国古代社会研究》，河北教育出版社1996年版，第183页。

② 转引自刘梦溪主编：《中国现代学术经典・郭沫若卷・中国古代社会研究》，河北教育出版社1996年版，第172页。

③ 转引自刘梦溪主编：《中国现代学术经典・郭沫若卷・中国古代社会研究》，河北教育出版社1996年版，第176页。

“观象”以畅神。前者重意，后者重情；前者于象为立，得意则忘象；后者于象为观，畅神而不离象。

商代，北方的游牧民族与中原的华夏族交往频繁，游牧民族中羌族在文献中出现较多。“羌”字在甲骨文中写作羊人，从羊从人，这表示羊在他们生活中的重要地位，据董作宾的研究，“羌”字原来只是羊人两种符号组合，“后来便加上了绳索，以示羁縻之意了”[①]，此字写作[illegible]。

(2) 社会结构。社会结构涉及两个层面，一个是家庭层面，主要是夫妻关系。甲骨文中“妻”字写作[illegible]。董作宾说，此字各家认为“敏”，仅叶玉森先生独释为妻，叶在《说契》中说：

> 契文（妻）作[illegible]从女首戴发，从又或二又，盖手总女发，即妻之初谊。总发者，使成髻施笄也。[②]

董作宾先生认为“其说甚是”。他认为，武丁时代称妻者有妻妌，武丁有妻三位。我们已知为妣辛、妣戊、妣癸三位。

河南安阳发掘的一座殷代大墓，即为武丁妻子妇好的墓。妇好是一位女将军，她就是妣辛。墓中出土了大量珍贵的青铜器和玉器，足见她生前社会地位之高。

社会结构的另一个层面则是国家权力层面。郭沫若先生从甲骨文中发现殷商以母权为中心的国家权力结构。主要根据有二：一是殷之先妣皆特祭。在甲骨文的卜辞中，祭先妣的次数远比祭先公的多。这是王国维的发现，郭沫若予以肯定，并用来推论殷商的社会权力结构的特点。二是帝王称“毓”。郭沫若说：“毓即后字，甲骨文的‘毓’字像产子之形，子为倒子形，在母下或人下，而有水流之点滴……毓字在古当即读后，父权逐渐成立，则此字逐渐废弃，故假借为先后之后。……卜辞于今王称为王，仅于先王称为‘毓’，则女酋长之事似已退下了中国政治舞台，而相距则当不

---

① 刘梦溪主编：《中国现代学术经典 · 董作宾卷 · 甲骨文断代研究例》，河北教育出版社1996年版，第120页。

② 转引自刘梦溪主编：《中国现代学术经典 · 董作宾卷 · 甲骨文断代研究例》，河北教育出版社1996年版，第78页。

甚远。”①

这一发现非常重要。母权制社会对于中国历史的影响非常深远。《周易》的阴阳哲学，将“阴”列在“阳”的前面；中国的国家政治中，多次出现母后临朝的现象；中国的家庭中老祖母的特殊重要地位；还有中国美学中深沉的“崇阳恋阴”情结……凡此种种，均与母权制社会影响相关。

随着青铜器走上历史舞台，甲骨文的部分功能为钟鼎文所取代，钟鼎文又名“金文”“铭文”。它是錾刻在青铜器上的文字，功能主要是记载相关的历史事实，也有卜辞，但主要不是卜辞。钟鼎文的字形基本上承袭甲骨文，特别是象形这一特点，因此，它也可以称为图画文字。但钟鼎文较之甲骨文在三个方面有很大的进步：一是注重笔画韵味，钟鼎文多用圆笔，曲折腾挪，又讲究撇捺，富有韵律感；二是注重风格神采，每幅钟鼎文基本均有自己的风格，《后母戊方鼎铭文》仅“后母戊”三字，笔势雄浑，丰腴而不失豪壮；《大禾人面纹方鼎铭文》，只“大禾”二字，刚健挺拔。《商尊铭文》字数也不多，如一片竹林，清秀可爱，生意盎然；三是文字增多，其记事功能、审美功能均较甲骨文有很大提高。虽然书法之源在甲骨文，但那只是涓涓细流，真正成为一条河，那还是钟鼎文。钟鼎文始于商，成大器于西周。

商代青铜器上的铭文不是太多，早期多为一两个字，多则也只几个字。铭文多为器所有者的族徽。中期，记事铭文出现，字数多至二三十个字。铭文的真正繁荣是在西周，字数多，记事内容重要，且注重用笔和章法，见出书法的意味。西周晚期的《毛公鼎铭文》字数多达499个，为最长的铭文。《虢季子白盘铭文》《散氏盘铭文》《颂壶铭文》都是书法史上的经典。关于周朝青铜器及其铭文的价值，我们将在周朝文献的研究中加以阐述。

甲骨文是可以作美学研究对象的。唯一的遗憾是目前我们已经确定的4000多甲骨文尚有一小半不能辨识。相信，它终会为学者所破解。甲骨文美学的春天终将到来。

---

① 刘梦溪主编：《中国现代学术经典·郭沫若卷·中国古代社会研究》，河北教育出版社1996年版，第198—199页。

## 第二节　从神权到王权

关于夏商周三朝的意识形态,《礼记·表记》有一个很精辟的论述:

> 夏道尊命,事鬼敬神而远之,近人而忠焉,先禄而后威,先赏而后罚,亲而不尊,其民之敝,蠢而愚,乔而野,朴而不文。殷人尊神,率民以事神,先鬼而后礼,先罚而后赏,尊而不亲,其民之敝,荡而不静,胜而无耻。周人尊礼尚施,事鬼敬神而远之,近人而忠焉,其赏罚用爵列,亲而不尊。其民之敝,利而巧,文而不惭,贼而敝。

这段话比较了夏商周三朝的意识形态。这里有几个要点:

对鬼神的态度:夏人,"事鬼敬神而远之","远之",实质并不信鬼神。殷人,则尊神、信神,将它摆在第一个位置上。周人,"事鬼敬神而远之",在这点上同于夏。

对礼的态度:夏人,不懂礼,只尊崇政令。殷,字面上看,是有礼但不尊崇礼,礼,放在事鬼敬神之后;但实际上,应该是有两种礼:事人之礼与事神之礼,商人更重事神之礼,事人之礼放在其次的位置。周人,尊礼。

其结果:夏人,"蠢而愚,乔而野,朴而不文"。这"不文",就是不文明,当然也谈不上美。殷人,"荡而不静,胜而无耻"——无德、无耻。这里没有谈到"文",但按我们的理解,虽然殷人不缺乏形式上的文,但缺德之文,因而不是真正的文。周人尊礼,好处多点。但也有问题:"利而巧,文而不惭,贼而敝"——百姓趋利讨巧,文过饰非,大言不惭,害人败事而手法隐蔽。一句话,人变得狡猾了。

《礼记》这段话是深刻的,它并没有简单地肯定礼,认为礼也有问题,但基本立场是肯定礼的,因为礼能够让人们"忠"——敬业、忠诚。对于三代都崇尚的"事鬼敬神",它的态度是倾向周人的,周人事鬼敬神,但不摆在第一位,第一位是礼。最不赞成的是殷人的事鬼敬神,因为他们将这看作意识形态的全部或者第一。

《礼记》的观点当然不一定正确,但它至少真实地说明了一个问题:从夏到周，在意识形态上，中华民族是在从“尊神”走向“尊礼”。尊神，这是宗教，原始的宗教其实质是巫术，是迷信；尊礼，这是人文。从迷信到人文，当然是进步。将夏商周作为一个过程来看，商处于重要的中间地位。

商朝，在由巫术走向人文的过程中，体现出神权中含有王权、王权中含有人权的特色，既有历时性的线性发展过程的意义，也有共时性的多元和融的意义。

神权集中体现在祭祀占卜活动中。商人的祭祀活动很多，这关涉到祭祀的对象——神灵。商人所崇拜的神灵很多，既有祖宗神灵，也有自然神灵，此外，还有超自然的神灵——上帝。祭祀的主体，上有商王、王室、贵族，下有百姓。不同阶层的人都有自己的祭祀场所。不仅重要的节日庆典要祭祀，稍许重要的事都要祭祀。像建屋，从奠基到落成，差不多每个环节都要祭祀。王家重要的祭祀会使用人牲，少者数人，多者几十人，最多可达数百人。①1959 年和 1977 年，考古人员在后岗一个商代的祭祀坑中挖出三层人骨架，共计埋有 73 个个体人骨。② 商人的占卜活动也很多。占卜的实质是与神灵沟通，以获得神灵对于所问事项的指示。商人卜事繁多。几乎每事必卜，每日必卜。

祭祀与占卜集中体现出神权的绝对性。一个问题提出来了，商人所崇拜的神权是什么？

广义的神权包括鬼权，狭义的神权不包括鬼权。

据《说文解字》：“神，天神。引出万物者也。从示、申。”与“神”同类，但功能略有不同的是“祇”。《说文解字》云：“祇，地祇。提出万物者也，从示，氏声。”那么，鬼呢？《说文解字》云：“鬼，人所归为鬼，从人，象鬼头，鬼阴气，贼害，从厶，凡鬼之属皆从鬼。”

神是人还是物，《说文解字》没有作出明确的论断，只是强调它的至高无上的功能——“引出万物”。引出万物，就是创造万物，这在《周易》中，

① 参见胡厚宣：《中国奴隶社会的人殉和人祭》（下篇），《文物》1987 年第 8 期。

② 参见中国社会科学院考古研究所：《殷墟发掘报告（1958—1961）》，文物出版社 1987 年版，第 265 页。

说是“天”的功能。《周易·乾卦·彖》曰:“大哉乾元,万物资始,乃统天。”而“祇”,作为“提出万物者”,同于《周易》中“坤”的功能。《周易·坤卦·彖》曰:“至哉坤元,万物资生,乃顺承天。”神,是万物缔造者,实为自然。商人主要也是从这个意义上理解神。不过,祭祀中的神祇,也有祖先神。祖先作为死去的先辈,实是鬼。不过,它不是普通的鬼,普通的鬼是普通人死后变成的,而祖先不是普通人,它是族群的首领,对于部落作出过巨大贡献,因此,祖先死后不只是成为鬼,而且也成为神。这样就有两种神,自然神和祖先神,除此外,还有一种上帝神。郭沫若说:

> 由卜辞看来可知殷人的至上神是有意志的一种人格神,上帝能够命令,上帝有好恶,一切天时上的风雨晦冥,人事上的吉凶祸福,如年岁的丰啬,战争的胜败,城邑的建筑,官吏的黜陟,都是由天所主宰,这和以色列民族的神灵是完全一致的。但这殷人的神同时又是殷民族的祖宗神,便是至上神,是殷民族自己的祖先。①

于是,商人所信奉的神鬼就比较复杂了,既是自然神,又是人格神;既是万物的创造者,又是殷民族的创造者;既是自然主宰,又是社会主宰。正是因为神具有如此大的力量,商人奉行的就是神权崇拜。

卜辞中的神,有诸多称呼,有神,有鬼,还有帝。商人心目中的帝,有多种意义:(1)天帝,即上帝;(2)神灵;(3)某一位商人的祖先,如帝甲(帝祖甲)。

上帝具有崇高无比的权威。凡违背上帝意旨,就是有罪,就要遭受惩罚。《尚书·商书·汤誓》说:“有夏多罪,天命殛之……夏氏有罪,予畏天命,不敢不正。”意思是:夏氏罪过很大,上天命我去讨伐他……夏王有罪,我畏惧天命,不敢不去征伐他啊。反过来,凡受到上帝恩宠,就有勇有智,就可以成为国君,成为万民的表率、统治者。

《尚书·商书·仲虺之诰》说:“惟天生民有欲,无主乃乱。惟天生聪明时乂。有夏昏德,民坠涂炭,天乃锡王勇智,表正万邦,缵禹旧服,兹率厥典,

---

① 郭沫若:《青铜时代》,人民出版社1954年版,第9页。

奉若天命。”[①] 这话是赞扬商汤的，意思是：上天生人，皆有欲求；如果没有君主，这社会就会大乱。只有天生聪明才能治理国家。夏氏昏乱失德，生灵涂炭。上天赐给您——汤王既神勇又智慧，使您成为天下万国国君的表率。您要继承禹的事业，遵循禹的典制，顺从上天的旨意。

商人的神崇拜与西方的上帝崇拜只有部分交叉，而更多是不同的，这不同，主要在于这神更多的是祖先神。据晁福林对于甲骨文卜辞所做过的统计：“关于上甲的卜辞有一千一百多条，成汤的有八百多条，祖乙的有九百多条，武丁的六百多条，在整个卜辞中有明确记载的祭祀祖先的卜辞多达一万五千余条。”[②] 这祖宗神又基本上为国君，为王，因此，这神权崇拜就自然而然地生发出王权崇拜。

《尚书·商书》中体现王权崇拜的言论很多，如《尚书·商书·仲虺之诰》说：

> 乃葛伯仇饷，初征自葛，东征西夷怨，南征北狄怨，曰：“奚独后予？”攸徂之民，室家相庆，曰：“徯予后，后来其苏。”民之戴商，厥惟旧哉！[③]

这段话是大臣仲虺说给商汤听的。他说：葛伯抢夺为农民送饭的人，所以，您最初征伐就是从征葛伯开始，为民除害。后来，您又有过多次征讨。东征，西夷的百姓怨；南征，北狄的百姓怨。都在说：“为什么独独后攻击我这里啊？”您征伐过的地方，人民家家都庆祝，说：“等候我们的君王啊，他来了我们就会死里逃生了。”老百姓这样拥戴商，恐怕由来已久了吧！

这是一首王权的赞歌，也许真有这样的事。商汤是一位贤君，他的南征北伐对于当地人民来说，不是侵略，而是解放。

王权的权威不是来自君王的武力，而是来自他的德行，而德行，就是将百姓当作人看，给百姓以生存的权利，用今天的话来说，就是尊重人权。

《尚书·商书》中谈到君王的行政，均不同程度地涉及这个方面。《尚书·商书·伊训》是著名贤臣伊尹教导商王太甲的一篇训辞。在这篇训辞

---

① 《尚书·仲虺之诰》。

② 晁福林：《先秦社会形态研究》，北京师范大学出版社 2003 年版，第 165 页。

③ 《尚书·仲虺之诰》。

中，伊尹对太甲说，对待百姓，要“代虐以宽”，“立爱惟亲，立敬惟长，始于家邦，终于四海”。这话的意思是，对百姓要有爱心，统治不要过严，要以宽代虐；教育百姓从爱家人开始到爱天下人；从尊敬长辈开始到尊敬社会一切值得尊敬的人。这些道理，包含一个重要的核心：人性与人权。伊尹将他的观点归结为一句话，“肇修人纪”①，即修治做人的法度，做人的法度就建立在尊重人性与人权的基础上。

君王行使王权，在一定程度上要受到“人权”的约束。当然，说那个时代就有了人权意识，似不妥当，但是关注普通人的基本生存权，应该可以提升到人权的高度。值得进一步说明的是，统治者对于人权的关心，并不是真的有了人权的意识，而是因为王权与人权具有某种相关性。也就是说，要巩固王权，必须在一定程度上尊重人权，否则百姓就会起来造反，推翻王权。

《尚书·商书·汤诰》有一段商汤灭夏后对诸侯的一段话：

> 嗟，尔万方有众，明听予一人诰。惟皇上帝，降衷于下民。若有恒性，克绥厥猷惟后。夏王灭德作威，以敷虐于尔万方百姓。尔万方百姓，罹其凶害，弗忍荼毒，并告无辜于上下神祇。天道福善祸淫，降灾于夏，以彰厥罪。②

这段话有三个要点：其一，天为什么要降灾夏？因为夏王“灭德作威”，具体表现就是施虐百姓，这种虐待达到难以忍受的地步。这可以说，夏的王权灭了百姓的“人权”。其二，天所体现的神权，维护基本的“人权”。神权与人权具有一致性。其三，正当的王权，上要服从神权，下要尊重“人权”。商汤劝勉“万方”诸侯要吸取夏的教训，明白这样一个道理：“上天孚佑下民”③。

关于对百姓要好一点，作为商汤首席大臣的伊尹则主要从王权与人权的关系来谈，他认为王权离不开人权，而人权也离不开王权。他说：“后非

① 《尚书·伊训》。
② 《尚书·汤诰》。
③ 《尚书·汤诰》。

民罔使；民非后罔事。”[①] 意思是，君王（“后”）没有百姓，就没有人供役使；而百姓没有君王，就不知道如何处理事情。

在这个基础上，伊尹提出他的“德治”理念。所谓德治，就是尊重人民基本的生存权。伊尹在教导商王太甲时提出“修厥德，允德协于下，惟明后。先王子惠困穷，民服厥命，罔有不悦”[②]。这里提出德治的三个方面：一是修身；二是处理君臣关系，以美德协和臣下；三是如先王那样爱民如子。

伊尹诚恳地对太甲说：

> 非天私我有商，惟天佑于一德；非商求于下民，惟民归于一德。德惟一，动罔不吉；德二三，动罔不凶。惟吉凶不僭在人，惟天降灾祥在德。[③]

这就说得非常清楚了，即使是天命，最后也必须落实到德行上。天对于商并没有私情，它佑的是高尚的品德。同样，百姓拥护王权，并不是商求于下民，而是下民归于“一德”（纯一的品德）。德讲究“一”——纯一，而不是“二三”——反复无常。

建构神权—王权—“人权”三者的内在联系，是商代意识形态的一大贡献。这一贡献为周朝的以礼治国开辟了道路，而在美学上，则为儒家美学的美在德、美在礼谱响了序曲。

## 第三节　从巫术到哲学

商朝盛行占卜，占卜实是两种筮法：一种筮法是卜，即在龟甲上钻孔、烧炙，通过对自然开裂的纹痕研究，寻求神灵的指示。重要的卜筮都刻录在龟甲与兽骨上，即甲骨文。另一种筮法是占，即运用占卦的方式，获得神灵的启示。两种占卜的方法，在商朝都有。大体上早中期用卜法的多，而中晚期用占法的多。卜法与占法直到周朝仍存在。《周礼·春官》讲的“太

---

① 《尚书·咸有一德》。

② 《尚书·太甲中》。

③ 《尚书·咸有一德》。

卜之法”就是卜法；“三易之法”就是占法。

占法源头上可追溯到夏朝以前，成长主要是商代，至商代晚期，作为商代属国的周国诸侯王周文王是占法专家，他在囚禁于羑里期间，完善了占法。占法在商代晚期逐渐走向成熟，而在周朝大放光彩。占法所留下的记录及理论整理为《周易》。《周易》的卦爻辞本为占筮的记录，但是，它所蕴藏的文化智慧极为伟大，一是为儒家誉为经典；二是为中华民族全民族包括儒、道、释各家各派尊为智慧的宝库，用今天的话来说——哲学。《周易》的影响超越时空，成为人类不朽的精神宝典。

我们现在要讨论的是占筮在商代的发展状况，寻求在筮术走向人文的历史进程中商代有何特殊的贡献。为此，不能不追溯一下它的发展源头。

占筮的主要做法是获得一个能够给自己做出满意答案的卦，卦不是临时做的，它早就做好了，预存于卦库。卦库有卦六十四种，由于每卦均可以派生出诸多的卦，因此，实际上它通向无限。不过，虽然派生无穷，但都是六十四卦中的卦。这就是有限中的无限，无限中的有限。卦有象，有数，有卦辞、爻辞，综合这些因素，按照一定的筮法，可以断出一个结论性意见来。

那么，这卦是谁做的？《周易·系辞下》说是伏羲，伏羲又名包牺氏，传说中的中华民族的始祖，传说中，他“人首蛇身”。“包牺氏没，神农氏作……神农氏没，黄帝、尧、舜氏作，通其变，使民不倦，神而化之，使民宜之。”这些，因为找不到考古支撑，故多为学者们怀疑。不过，笔者认为，倒是不必怀疑的。推想一下，远古时代，人们对于世界了解甚少，对命运更是心存恐惧，通过占卦的方式，希望得到神灵的启示，这是完全可能的。要占卦，自然要创卦，伏羲、神农、黄帝、尧、舜这些部落首领作为部落中最聪明的人，带头创卦有什么不可能的呢？

据《周礼》记载，占筮系统共有三个，名为“三易”：“一曰《连山》，二曰《归藏》，三曰《周易》，其经卦皆八，其别皆六十有四。”[①] 据说，《连山》是夏

---

① 《周礼·春官宗伯》。

代的《易》,《归藏》是商代的《易》,《周易》是周代的《易》。

现在,只有《周易》传世,《连山易》《归藏易》已佚。对于《连山易》《归藏易》是否真的存在,诸多学者存疑,其实,这两本书是存在过的。东汉学者桓谭在他的著作《新论》中就明确谈到过这两部书,他说:"易,一曰连山,二曰归藏,三曰周易。连山八万言,归藏四千三百言。连山藏于兰台,归藏藏于太卜。"① 桓谭说得如此清楚,他肯定是看到过两部书的,这其中,说连山八万言,可能有误,而归藏四千三百言,应是可信的。《连山易》是什么样子,据北宋元丰年间发现的古书《三坟》,八卦的名称是:君、臣、民、物、阴、阳、兵、象。排列次序是"山"为首:"崇山君""伏山臣""列山民""兼山物""潜山阴""连山阳""藏山兵""叠山象"②。"《归藏易》以'地'为首,八卦的名称是地、木、风、火、水、山、金、天。"③ 在《三坟》中没有《周易》,但有《乾坤易》。《乾坤易》的八卦为天、地、日、月、山、川、云、气,显然,《乾坤易》是《周易》的前身。

《连山易》的八卦很可能是后世的附会,不像神农时代的作品。《归藏易》与《乾坤易》一样,其实也是《周易》的前身,只是《归藏易》表述的是通行《周易》的"先天八卦次序"而《乾坤易》用的是"文王八卦次序"。我们试着将《归藏易》与《周易》的伏羲八卦次序的卦名对应一下:

《归藏易》:地、木、风、火、水、山、金、天

《周易》:乾、兑、离、震、巽、坎、艮、坤(先天八卦次序)

它们虽不能做到一一对应,但是可以从中找到相通的地方。先看《归藏易》与《周易》的八卦关系。第一对卦:地为土,乾为金,土生金;第二对卦:兑为金,金克木;第三对卦:离为火,风即巽,巽属木,木生火;第四对卦:震为木,木生火;第五对卦:巽为木,水生木;第六对卦:山为土,坎为水,土克水;第七对卦:艮为土,土生金;第八对卦:天为金,坤为土,土生金。这种生、克排列关系是有规律的。

① 《新论·正经》。

② 王赣等:《古易新编》上,黄河出版社1989年版,第69页。

③ 王赣等:《古易新编》上,黄河出版社1989年版,第71、73页。

虽然完整的《归藏易》是失传了，但是它的精华被《周易》的先天八卦系统吸收，这可能应是事实。

商朝中晚期盛行《归藏易》。这个时候，为商朝属国的周，其王姬昌是占卦的高手。他的威望、才华遭到商纣王的猜忌，因而被投放到羑里城囚禁起来。就是在这段日子，姬昌将他精熟的《归藏易》做了重大改造，从而成为新的《易》。这新的《易》被称作《周易》。那个时候，还是商朝的天下，周文王姬昌的《周易》初稿应是商朝的作品。[①] 周灭商后，周公对文王的《周易》又做了一些改良。[②]

正是因为周文王创造性的成果，使得《易》这部占筮之作成为一部重要的历史书、哲学书。

首先是历史书。《周易》这部书记载了诸多商代及周初的重要的历史事实，诸如商先公王亥“丧羊于易”的故事、商贤臣箕子被商纣王囚禁遭“明夷”的故事、商高宗“伐鬼方”的故事、帝乙[③]“归妹”的故事，等等。这些故事也许《归藏易》中原有，也许是周文王补加。除了这些涉及王室的大事外，《周易》的卦爻辞全面地反映了商代以及周初的社会面貌，成为研究商周社会重要的历史材料，其中多处谈到“商旅”，如“旅即次，怀其资，得童仆”。“亿丧贝。”可以看出，商代已经有了行商，“资”“贝”是当时的货币，“童仆”也是一种商品。

其次是哲学书。说是其次，不是说重要性，而是说《易》功能显现的次序。首先，它的功能显现为历史记载，随后是它的哲学品位。一旦它的哲学品位为人们所认识，《周易》作为历史书的价值就被人们所忽视了。值得指出的是，《周易》的价值有《连山易》《归藏易》的贡献。其中，《归藏易》的贡献更为重要。《归藏易》是《周易》先天八卦次序的源头。而先天八卦

① 司马迁《史记·周本纪》云：“西伯囚羑里，盖益易之八卦为六十四卦。”

② 《易纬乾凿度》云：“孔子五直究《易》作十翼，师于姬昌，法旦。”王应麟《困学纪闻》引《京氏易积算法》云：“夫子曰：圣理元微，《易》道难究，迄乎西伯父子，研理穷通，上下囊括，推爻考象。”这“西伯父子”就是周文王姬昌和周公姬旦。

③ “帝乙”有两说：一说为成汤，一说为纣父。

次序是暗合二进位制的。①

《周易》的哲学主要有四：象数、阴阳、时空和人的主体精神。这些哲学尤其是象哲学对中华哲学的影响甚大，中华美学重象，作为中华美学最高范畴的意境，就立基在象之上。其次是阴阳，阴阳哲学的实质是讲究辩证法，重视事物的相反相成，重视交感和谐。这些构成了中华特有的和谐美学的重要内核。再次是时，中华哲学重时，空间概念倒在时间概念之下，且空间的展现多在时间之中。诸多深层次的情感意味均在时间流逝中显现。花开花落，月圆月缺，冬去春来，风过无影，水流无声……自然界无时无刻不在变化之中，这变化寄寓着无限的人生况味，既让人惊喜，又让人惊魂。最后是主体哲学，主体哲学在美学中突出体现为重主观感受，重人格精神，重气尚韵。言不可喻，意不可言，全在体验之中。这一切，我们将在《周易》专章中展开。

## 第四节 从异象到审美

迷信的商人对一切自然异象都感到惊恐，都以为是神灵在向人喻示着什么。这种现象应该说从人类开始就有了，但因为没有文字记载，不能确知详情。不过在商代，这种现象得到一定的记载，其中，最著名的是商王武丁时“飞雉升鼎耳而呴”事，此事《史记·殷本纪》有详细记载：

> 帝武丁祭成汤，明日，有飞雉升鼎耳而呴，武丁惧。祖己曰“王勿忧，先修政事”，祖己乃训王曰：“惟天监下典厥义。降年有永有不永。非天夭民，中绝其命。民有不若德，不听罪。天既附命正厥德，乃曰其奈何。呜呼！王嗣敬民，罔非天继，继常祀毋于弃道。”武丁修政行德，天下咸欢，殷道复兴。帝武丁崩，子帝祖庚立，祖己嘉武丁以祥雉为德，立其庙为高宗，遂作《高宗肜日》及《训》。

《尚书》中保留有《高宗肜日》一文，其中祖己教导武丁的话与《史记》

① 参见王赣等:《古易新编》上，黄河出版社 1989 年版，第 4—12 页。

基本上相同。

这个故事的精髓是如何看待“飞雉升鼎耳而响”这样一件自然界罕有之事。

一种态度，为“武丁惧”。之所以惧，是因为将自然界这一罕见之事看成上天向下界降灾的信号。

另一种态度，“王勿忧，先修政事”，这是大臣祖己的态度。祖己说：“上天监视下民，表彰他们遵循义理而行事，上天赐给人们的寿命虽有长有短，并不是老天要让某些人夭折，而是这些人不按义理行事。有些人品行不端，又不听从老天认定的罪过。老天已经向他们发出了纠正错误的命令，可他们却说，你能将我怎么样？”

对于上天遣自然现象示警人类这一现象，祖己并不否定，但他的态度是积极的。他认为，一味恐惧无济于事，正确的态度是积极行动起来，改正自己的错误。而上天是会谅解人类的。武丁接受了祖己的这一番教导，“修政行德”，于是，“天下咸欢，殷道复兴”。

待到武丁的儿子祖庚即位，祖己建议朝廷表彰武丁知错即改的好品德，为其立庙为高宗，并为了教育祖庚，特作专文《高宗肜日》及《高宗训》。

《高宗肜日》收入《尚书》，司马迁写这段故事，史料依据即在此。

自然现象与人事到底有没有关系，商朝基本上都是认为有关系的。同类的事实还可以举出一些：

> 帝太戊立，伊陟为相。亳有祥桑谷共生于朝，一暮大拱。帝太戊惧，问伊陟。伊陟曰：“臣闻妖不胜德，帝之政其有阙与？帝其修德。”太戊从之，而祥桑枯死而去。①

这段桑谷共生的故事，在诸多史籍中有所记载②，都取肯定的态度，就是说，自然异象与人事是有关系的，但它只是警示，不是律令。《韩诗外传》将这一立场表达得最为清楚，只是将故事发生的时间有所改换，故事中的

① 司马迁：《史记·殷本纪》。

② 此故事还可见之于《汉书·五行志》《孔子家语·五仪》《吕氏春秋·制乐》《论衡·异虚》等。

人物，太戊（汤的第五代子孙）换成了汤，伊陟（伊尹的儿子）换成了伊尹：

有殷之时，谷生汤之廷，三日而大拱。汤问伊尹曰："何物也？"对曰："谷树也。"汤问："何为而生于此？"伊尹曰："谷之出泽野物也，今生天子之庭，殆不吉也。"汤曰："奈何？"伊尹曰："臣闻妖者祸之先，祥者福之先。见妖而为善，则祸不至，见祥而不为善，则福不臻。"汤乃斋戒静处，夙兴夜寐，吊死问疾，赦过赈穷，七日而谷亡。妖孽不见，国家其昌。①

"谷"，不是指谷物，而是指一种名"楮"的树，《诗经·小雅·鹤鸣·传》："谷，恶木也。"② 这样的树本为"出泽之野物"，今生长在宫廷，不正常；三天长成合抱的大树，更不正常。对它的认定，应该有四问：(1) 是不是异象？ (2) 是不是妖象？ (3) 如是妖象能不能化解？ (4) 完全不是异象也不是妖象因此谈不上化解不化解。前三问，在《韩诗外传》做了一个统一：是异象，是妖象，能化解。化解之法就是"为善"。按包括《韩诗外传》诸多史料记载，商王采取了积极为善的态度，从而让妖孽自亡，而国家不仅没有受害，反而因之而大昌。

概而言，对待自然异象以伊尹、伊陟为代表的态度是：

(1) 自然异象与人有关，自然异象有可能伤人。

(2) 自然异象虽与人有关，但自然异象可以不伤人。

这种既混淆主客体又分割主客体的意见是中国封建社会对待异象的主流态度。当然，也有反对异象为妖象的意见，战国时大学者荀子是杰出代表。他说：

星坠、木鸣、国人皆恐。……怪之可也，而畏之非也。夫日月之有蚀，风雨之不时，怪星之党见，是无世而不常有之。上明而政平，则是虽并世起，无伤也；上暗而政险，则是虽无一至者，无益也。夫星之坠，木之鸣，是天地之变，阴阳之化，物之罕至者也，怪之可也，而畏之非也。

---

① 韩婴：《韩诗外传·第二章》。

② 转引自韩婴撰，许维遹校释：《韩诗外传集释》，中华书局 1980 年版，第 81 页。

物之已至者，人袄则可畏也。①

荀子是伟大的唯物主义者，他将自然现象与人文现象区分得很清楚。作为认识论，他无疑是对的，将自然现象与人文现象如此分割，于认识论不管是对自然的认识还是对社会的认识，均是对的，但是，如果从别的学科维度来看这一问题，可能就不那么简单。

汉代的董仲舒是从哲学上提出这一问题，他认为自然现象与社会现象存在着一定的相关性，他提出一系列的观点，主要有：第一，“人副天数”：他认为，人“受命于天”，又是天地之精华，因而，人的结构包括人的精神与天即自然具有一定的对应性，“人有三百六十节，偶天之数也；形体骨肉，偶地之厚也。上有耳目之聪明，日月之象也；体有空窍理脉，川谷之象也；心有哀乐喜怒，神气之类也。观人之体一，何高物之甚，而类于天也”②。第二，“四时之副”：具体说到人的活动与时令具有一种对应性：“天有四时，王有四政。四政若四时，通类也，天所同有也。庆为春，赏为夏，罚为秋，刑为冬。……庆赏罚刑各有正处，如春夏秋冬各有时也。”③ 第三，“同类相动”：“美事招美类，恶事招恶类，类之相应而起也。如马鸣则马应之，牛鸣则牛应之。……天有阴阳，人亦有阴阳。天地之阴气起，人之阴气应之而起；人之阴气起，而天地之阴气亦应之而起，其道一也。”④ 董仲舒的这些观点概括为“天人感应论”。这一套理论系统一直为现当代学者批评，说是“唯心主义”。其实是什么主义并不重要，重要的是这套理论能不能说明与解决人类的问题。说到这，大概任何学者都不能否定董仲舒的理论对于此后数千年的中国所起的积极作用。从哲学角度言之，只要言之成理，就难以对错评论之；从政治学角度言之，它的积极作用与消极作用各占一部分；而从美学角度言之，几乎就没有消极作用而全是积极作用。

第一，它是中国美学“比兴”论的重要源头。由《诗经》研究所提出的

---

① 《荀子·天论》。

② 董仲舒：《春秋繁露·人副天数》。

③ 董仲舒：《春秋繁露·四时之副》。

④ 董仲舒：《春秋繁露·同类相动》。

“比兴”论，由诗经文扩展到诗论、文论。刘勰的《文心雕龙》设“比兴”章。他说：“兴之托喻，婉而成章，称名也小，取类也大。”“比之为义，取类不常。”这就明确提出“类”的概念。天人感应取的是同类相感，“比”“兴”的取类更为自由，只有一点相关或相似，就可以用上比兴。比兴虽然出自诗论，但实际上来自日常生活中的审美，只是在诗论得以做出理论的概括。

第二，它是中国美学“感物”说的重要源头。刘勰说：“诗人感物，联类不穷。”钟嵘《诗品序》说：“气之动物，物之感人……春风春鸟，秋月秋蝉，夏云暑雨，冬月祁寒，其四候之感诸诗者也。”

第三，它是中国美学“应感”说的重要源头。应感说，一是应，二是感，指的是自然景物对于人心的感，而人心对于自然景物有一种应。应感之所以能够成立，就在于它们具有同类性。王夫之说：“含情而能达，会景而生心，体物而得神，则自有灵通之句，参化工之妙。”①

以上这三论向上，均导向中国美学的高端理论——意境论和境界论。

这里，我们比较多地谈到董仲舒的天人感应论对于中国美学的意义，但必须指出的，董仲舒的天人感应论，其最初源头正是商朝异象论。商人所持的自然异象与社会现象具有某种相关性，启发或逗引了后世学者对此问题做进一步探索，这才在汉代应运而生地产生了董仲舒的天人感应论。

## 第五节　从怪诞到平易

商朝是一个极为迷信的朝代，对于自然形象都感到神秘，都感到恐惧。因此，在他们的工艺创作中，怪物的形象极多。最具时代代表性的怪物形象是饕餮，饕餮主要出现在青铜器上。其次是夔龙、夔凤这样的图案，这样的图案均具有怪诞性。从某种意义上讲，商朝的审美正是以怪诞为特色的。

值得我们重视的是，商朝，也是一个人性开始觉醒的时代，体现在工艺

① 北京大学哲学系美学教研室编：《中国美学史资料选编》上册，中华书局 1980 年版，第 277 页。

殷墟出土的玉夔凤

创作中，人物形象也开始出现。人物形象在工艺中的体现，主要有两种情况：一种情况是动物与人物合体；一种情况就是纯为人物形象。现在，我们分别从木雕、骨雕、石雕来做分析：

## 一、木雕

商朝侯家大墓残存的木刷品上有一动物形象，李济称之为“肥遗”，说类似饕餮，二身交结。

侯家庄商代大墓椁顶上的肥遗图案

这一图案是从侯家庄帝王陵墓 HPKM1001 大墓的椁顶上摹写下来

的，它到底有什么意义？李济说：“无疑这是中国艺术史上此类图形最早例子之一。这种图案在中国经过了若干变迁，从来以不同的式样出现。它在武梁祠上以两个分开的人形出现，下半截是两条长长的扭在一起的尾巴。然最早在殷代帝王墓葬中出现的这个图形，业已比中东和近东出现得晚了一千多年。所以它的原型可以追溯到美索不达米亚地区，非常可能和埃及的盖伯尔·塔里夫（Gebel el Tarif）包金手把上交缠的蛇形有关。亨利·法兰克福（Henri Frankfort）以为这种蛇形起源于苏美尔人。商朝的‘肥遗’也是从同一起源中受到启发，经过若干修正，以适合中国的传统。”① 李济认为商朝的“肥遗”可以追溯到中东和近东，但传播的路径，他没有说，事实上，肥遗的形象完全可以在中国史前文化中找到源头。肥遗就是蛇的形象，中国史前文化中有许多蛇形图案，学者们一般将它看作龙。肥遗的特别之处在于它是两条蛇相交的图案。两条蛇相交的图案重在交，意味着雄雌交配。史前河姆渡文化出土的一件骨片上，有两只鸟身体相连共孵一枚卵的图案。凡此，均可视为生殖崇拜的象征。李济说到的武梁祠上的两具人首蛇身神物相交的图案，学界一般认为是作为夫妻的伏羲与女娲的形象。

以动物活动寄寓人的活动，表达一种理念，这是史前文化比较普遍的现象，这种现象延续到商。

## 二、骨雕

殷商考古还发现有精美的骨雕。李济先生在《中国文明的开始》说到他 1929 年在小屯考古中发现了一件骨雕作品。这是一件长 150 厘米的骨柄。“骨柄之表面通体由上至下皆刻以花纹，分成五个单位；其中三个单位以两饕餮面组成，各占圆周一半。这三个单位被两个较瘦长的、头体相连的饕餮纹单位分隔。这五个互相类似的装饰花纹单位，在骨柄表面上下联结。使人联想到加拿大西北海岸刻有重叠兽首的图腾柱；不过，这只小屯

① 刘梦溪主编：《中国现代学术经典·李济》，河北教育出版社 1996 年版，第 397 页。

出土的骨柄，构图比较精巧和谐。”①

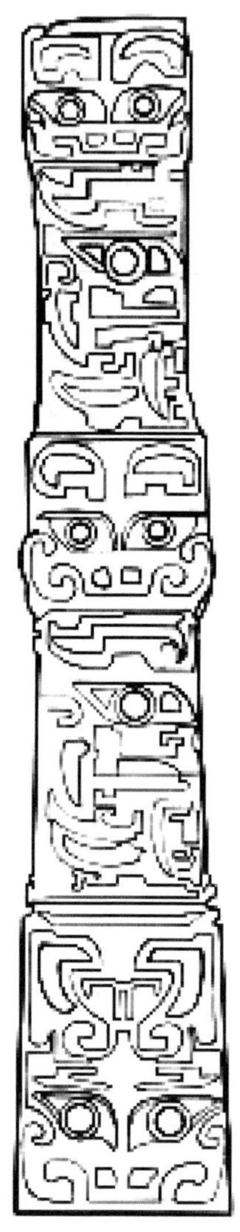

小屯雕花骨柄及其剖面（采自李济：《中国文明的开始》）

的确，骨柄上的图案为饕餮。众所周知，商代青铜器上的装饰其代表纹饰为饕餮。饕餮如同龙一样，也是一种想象的动物，它的来源很可能是牛头。让牛头为饕餮图案的基础，强化圆眼，阔口，使其成为威猛、凶狠的

① 刘梦溪主编：《中国现代学术经典·李济》，河北教育出版社 1996 年版，第 400 页。

形象。它出现在骨柄上，为骨柄平添神圣不可侵犯的意味，这骨柄莫非是权柄，是商代贵族王公身份的象征？这种刻有饕餮图案的骨柄也许与加拿大西北海岸刻有重叠兽首的图腾柱有几分相似，但两者不太可能存有相互影响的关系。人类的早期，普遍对于动物具有敬畏心理，将动物形象或刻或绘在器物上，让器物具有神圣感，这可能是人类共同的心理。任何民族都可以独自完成这样的工作，而无须向其他民族学习。因此，我认为，中国商代的饕餮纹、加拿大西北海岸人类的兽首纹，均反映了人类早期这样一种共同的文化心理。

### 三、石雕

殷墟出土文物中有石雕一项，雕刻同样反映了早期人类的文化心理。在殷商的装饰艺术中，动物母题占据重要地位，但也有人物形象。这些形象中，以人与动物合体的图案最引人注目。下面，我们介绍几件石雕作品。

殷墟虎首人身跪坐像

这件虎首人身跪坐像高 37.1 厘米，长 21.4 厘米，宽 26.8 厘米，重 28.5 千克，在殷墟出土的石雕中，被誉为最精美的一件。此件的突出特点是虎口大张。这种造型让我们联想到青铜器中的虎食人卣，那虎也是口大张，且与一枚人头相连。

殷墟人首虎尾石雕

此件作品同样出土于殷墟妇好墓，为圆雕玉人像，它的特点是人物后部生出长长的向上卷的虎尾。

妇好墓凤冠玉人像

妇好墓出土的这件凤冠玉人像，很难判断是人与动物合体，还是人独体。此件只能隐约见出人眼、鼻、嘴，而且人眼实是商周器物上常见的“臣”字纹。这件作品倒是突出体现出商代雕塑的风格：变形与神秘。变形主要是抽象化、几何化，让人物或动物的形象模糊而隐约，然后，让它变得神秘，神秘中有恐怖、有敬畏。

四磨盘出土的殷墟石雕人像

殷墟出土的玉人像，多为跪式，而这件作品为后仰式，这种姿势不多见，它难得地反映出商人开朗乐观的一面。

这些人物雕像有两点值得讨论：

第一，人物形象有两类：一类是人与动物合体；另一类是人与动物分开。人与动物合体是史前人类的文化心理。史前人类对于动物普遍怀有一种神秘的心理。由于对于动物诸多的本领不可知，因而怀疑动物为神。既然视动物为神，也就在敬畏之中对动物产生膜拜心理。商代的自然环境适合虎的生存，虎无疑是商朝最具恐惧性的野兽了。虎神，应该在商人心目中是存在的，而且商人也希望虎能护卫自己，能给人带来安全与好运。上面的人与虎合体的雕塑，或是虎神附体的人，或是人魂寄体的虎，它们均具有亲人性、利人性，商人就用这样的雕塑，寄托着自己美好的理想。

在商人的世界里，审美的巫性或者说巫术的审美性是普遍存在的。这种审美现象是史前审美心理的遗存。不过，商人的审美较史前人类有质的进步，商人的审美中，也有人性的高扬，四磨盘出土的后仰坐地的石雕就是商人乐观向上心理的很好反映。

第二，人像的坐姿问题。著名的考古学家李济注意殷墟人物的坐姿。在《中国文明的开始》一书，他注意到殷墟石刻人像的坐姿有“跪坐”“蹲居”的区别。他认为，“历史时期东部海滨的土著，即居住在以往黑陶文化区域的居民，我们称之为‘东夷’，亦即‘蹲居的蛮族’。换句话说，商人曾在某种程度上采用了沿海文化中的装饰艺术；而这些滨海而居的土著却执着于传统的蹲居，并不模仿他们的征服者的样子改为跪坐”①。

在侯家庄墓地遗址中发现一个跪坐的石人像，此石像头部已缺，其他部分保存均好。

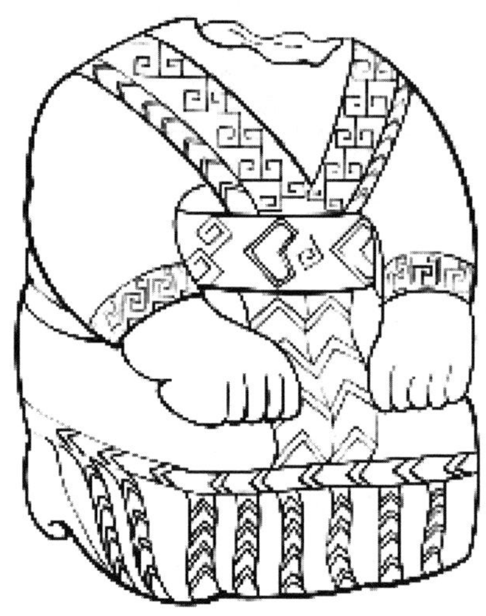

侯家庄墓地跪坐石人像

李济认为，这石人的坐姿，酷似一个现代日本人坐在家中“榻榻米”上的习惯姿势。经过几年的研究，他“发现这石人的残体的姿势在日语中历史上称为‘正’（日语），但它原先的汉字是‘正坐’，特别在中国的礼仪场合，如皇帝接见官员时出现的。在中国古代这正坐的姿势一直持续到汉末，而日本的‘正’是通过朝鲜的影响，仅能追溯到公元 14 世纪中期”②。李济的这一发现无疑具有重大意义。

---

① 刘梦溪主编：《中国现代学术经典 · 李济》，河北教育出版社 1996 年版，第 402 页。

② 刘梦溪主编：《中国现代学术经典 · 李济》，河北教育出版社 1996 年版，第 527 页。

第三，商朝审美发展趋向是从想象到现实，从怪诞到平易。这一点在雕刻艺术中体现得最为鲜明。商朝的装饰艺术，动物造型较多，动物造型风格主要有两类，一类为怪诞，主要有饕餮、夔龙、夔凤等造型；另一类为写实，主要为鹿、虎等造型。人物造型较之动物造型要少，它也可分为两类：一类为人与动物合体，体现为怪诞；另一类为人物独体，体现为平易。商朝的装饰图案，除了动物与人物图案外，还有大量的几何图案，几何图案有比较平易的，如云雷纹、复山形和 T 字形，但也有许多怪诞的几何纹，如“臣”字形，它像巨目，给人以恐怖感。

虽然商朝已经进入文明时代，但它毕竟距史前时代不算太远，遗存一些史前审美文化现象是完全可以理解的。商朝存世为公元前 16 世纪至公元前 11 世纪，当时代进入新的朝代——周朝时，这文明的天空就早已旭日东升，霞光万丈了。

# 第三章

# 青铜器美学

在历史的分期问题上，世界通用的方法是根据生产工具定性。史前主要为石器时代，石器时代又分旧石器时代和新石器时代。史前称之为“野蛮时代”（实质并不野蛮），史前之后，新的生产工具——青铜器出现了，于是出现了新的时代，是为青铜器时代，青铜器时代标志人类进入文明时代。这种分类法基本也适用于中国。世界上不少民族有过青铜器时代，他们也有青铜器，但相较中国的青铜器时代，都大为逊色。这是因为：第一，中国青铜器时代很长。中国进入青铜器时代的第一个朝代为夏朝，历经商周结束，时间跨度达 1800 年。第二，这 1800 年中，前面 500 年，没有文字，中间 500 年，有文字但文字不能充分地用于记载与表意，只有后 500 年，文字得到发展并得到充分运用。可以说，这长达千余年的文化都集中在青铜器上了，青铜器当得上长达千余年的中国变化的宝库。不仅如此，青铜器还吸收融会了史前彩陶文化、玉器文化的一切精华，因此可以说，青铜器还是史前文化的结晶。第三，中国青铜器种类繁多，造型美观，不仅体现出高超的科学技术水平，而且体现出高超的艺术水平和审美水平。

## 第一节　鼎立中国

夏朝于中国的意义在于它是真正意义上的第一个中国，这第一个中国除了需要有实际性的国家的形态之外，在标志上，还需要有体现国家政权的青铜鼎出现。中国的第一具青铜鼎出现在夏代。在考古发现这第一具青铜鼎之前，中国古籍早就有夏禹铸鼎的记载。

《左传·宣公三年》载：

> 定王使王孙满劳楚子，楚子问鼎之大小轻重焉。对曰："在德不在鼎。昔夏之方有德也，远方图物，贡金九牧，铸鼎象物，百物而为之备，使民知神奸。故民入川泽山林，不逢不若。螭魅罔两，莫能逢之，用能协于上下，以承天休。……周德虽衰，天命未改，鼎之轻重，不可问也。"

故事发生在公元前606年，周定王元年，楚庄王攻打陆浑之戎，归来，路经周王畿，陈兵示威。周定王派大臣王孙满去劳军。楚庄王竟然打听起收藏在周王宫中的"九鼎"有大小轻重来了。这直接引起了王孙满的警觉，他立马严肃地说，"在德不在鼎"，意思是政权的存在是否合理，在德不在鼎。如此说，是提醒楚庄王，周王室的存在是因为有德，而不是因为所拥有的鼎。表面上看是轻看了鼎，实际上正是因为鼎于国家太重要了，故王孙满立马截断楚庄王的问话。其实，打听鼎的大小轻重并不打紧，打紧的是攫取鼎的野心，王孙满凭这问话，一眼看穿了楚庄王的野心。

下面，王孙满谈到了鼎的来历：

夏朝有德的时候，九州的长官将从天下搜集的青铜铸成鼎，为了让鼎取得教育的作用，铸鼎时，将远方的奇异东西的图像铸造在鼎的表面上，让百姓认识神物与恶物，这样，百姓进入川泽山林，就不会碰上害人之物，螭魅魍魉也不会碰上，因而能够上下和谐，以承受上天的保佑。

根据这段历史记载，鼎是在"夏之方有德"时铸造的。这"有德"之时，是禹之时，还是启之时，历史上有两种说法：一种是禹，于是禹铸鼎；另一种是启，于是启铸鼎。《史记·封禅书》说："禹收九牧之金铸九鼎。"不管是禹铸鼎还是启铸鼎，都是在夏有德的时期铸的鼎。王孙满强调德与鼎的联系，是想说明政权的合理性实质在有德。

关于鼎的铸造，还有一种说法：黄帝铸鼎。《史记》也有记载："黄帝采首山铜，铸鼎于荆山下，鼎既成，有龙垂胡髯下迎黄帝。”[①] 这一说法当然不可信，它是神话。为什么要编这样的神话，为的是将中国第一个国家政权推之于黄帝。

比较几种说法，可信的应是夏初铸鼎，禹的可能性更大。

禹所在的时期为新石器时代后期，中国已进入铜石并用的时期。夏朝中心地区——河南，属于河南龙山文化。“20 世纪 50 年代前期，考古工作者曾在郑州牛砦遗址的 CIT31 第三层发掘出熔铜炉壁的残块”，“70 年代后期，曾在登封王城岗龙山文化遗存四期发现青铜容器残片 1 件（WT196H617：14）”，[②] 其他类似的发现还有一些，说明夏王朝初期完全有可能铸造青铜鼎。就当时夏王朝的影响来说，由于大禹治水的巨大成功，中国大地上林立的方国都拥护夏。让各方国的诸侯进贡铸青铜要用的原料——铜矿和锡矿，应该说没有太大问题。更重要的是，当时夏王朝已经建立了进贡的制度，《尚书 · 禹贡》云“禹别九州，随山浚川，任土作贡”，所以，让各方国“贡金九牧”，不过是遵制行事，各方国即算不乐意，也没有正当的理由提出来反对。

鼎的意义主要在其象征意义上。禹为什么想到要铸鼎，很可能当时就有了黄帝铸鼎的神话，夏禹受到了启发，也想铸巨鼎，以象征国家政权。不管怎样，禹鼎应该铸成功了。

以上所说的鼎的故事，主要是传说，至于真正的青铜器产生于何时，需要考古来确证。据考古，最早的青铜器发现于甘肃省东乡林家马家窑文化马家窑类型的地层中，其碳十四测定年代为公元前 3000 年左右。[③] 之后，在齐家文化遗址、登封王城岗遗址、淮阳平阳台龙山文化遗址等地发现青铜器工具的残片，完整的青铜器容器最早是在二里头遗址发现的。

夏代的考古的成果不是太多，主要出自二里头遗址。二里头遗址出土的青铜器据资料统计是：

---

① 《史记 · 封禅书》，岳麓书社 1988 年版，第 218 页。

② 郑杰祥：《新石器时代与夏代文明》，江苏教育出版社 2005 年版，第 279 页。

③ 参见北京钢铁学院冶金史组：《中国早期青铜器的初步研究》，《考古学报》1981 年第 3 期。

容器：爵 13 件，斝 3 件，盉 1 件，鼎 1 件。

兵器：钺 1 件，戈 2 件，刀 56 件，镞 16 枚。

乐器：铃 5 件。

装饰品：兽面纹牌饰 3 件，圆形牌饰 3 件，泡 1 件。

工具：锥 5 件，凿 7 件，锛 2 件，锯 1 件，纺轮 1 件。

渔具：鱼钩 3 件，还发现镬范、铜镬，共 18 个种类，104 件。①

这些发现中，最重要的无疑是这一件鼎。它出土于二里头文化遗址第五区一座墓葬中，编号为“五区 M1 ：1”。据考古报告，此鼎“折沿，薄唇内附一加厚边，沿上立二环状耳，一耳当足，平底，空心四棱锥状足，腹饰带状网格纹，器壁较薄，壁内一处底部有铸残修补痕。通高约 20 厘米，耳高分别为 25 厘米、26 厘米，口径 15.3 厘米，底径 9.8—10 厘米，壁厚 0.15 厘米左右”②。虽然相比于商朝的鼎，此鼎算不得高大，但它是中国第一具鼎，其意义是中国任何鼎都无法超过的。

二里头文化遗址青铜鼎

① 参见詹子庆：《夏史与夏代文明》，上海科学技术文献出版社 2007 年版，第 192—193 页。

② 中国社会科学院考古研究所二里头工作队：《河南偃师二里头遗址发现新的铜器》，《考古》1991 年第 12 期。

当然此鼎不会是大禹铸的那具鼎，不过可以肯定的是，此鼎与大禹铸的那具鼎在形制上是差不多的，在遵循礼制的夏朝，大禹后代造鼎不太可能在形制上有太大的突破。

大禹造的鼎，应该是九具，谓之九鼎。九鼎是国家政权的标志，鼎在谁手里，意味着谁掌握着或可能会掌握着国家政权，因此鼎的得与失是国家的头等大事。九鼎得失的故事有很多的，据《墨子》，“九鼎既成，迁于三国。夏后氏失之，殷人受之，殷人失之，周人受之”①。周鼎后来也失掉了，汉文帝时，有传言“周鼎亡于泗水中”②，汉文帝一度想打捞，但有人报告此言不确，只得放弃。其后，虽然周鼎再也没有出现过，但鼎从来没有在人们的心目中消失。在中华文化发展的过程中，鼎的物态化形象逐渐淡化，它的精神化形象则逐渐突出。鼎不仅成为国家政权的象征，而且成为社会安定和平的象征、成为中华民族万难不屈、顶天立地精神的象征。

九鼎的意义还不止此，《拾遗记》云：

> 禹铸九鼎，五者以应阳法，四者以象阴数。使工师以雌金为阴鼎，以雄金为阳鼎。鼎中常满，以占气象之休否。当夏桀之世，鼎水忽沸。及周将末，九鼎咸震，比灭亡之兆。后世圣人，因禹之迹，代代铸鼎焉。③

这里谈到九鼎与阴阳及占筮的关系，九鼎分阴阳，阴鼎用雌金打就，阳鼎用雄金打就，阴鼎四，阳鼎五。九鼎可以用来占筮，占筮时，鼎中放满水，从水面的变化来占天气的好坏。而天气之变化预示着政权的兴亡。正是因为夏鼎有这样的功能，所以后代的统治者均铸鼎。

不知此说有依据否，如有，这鼎的意义就更为丰富了。当今的人们当然不会相信鼎会成为江山兴替显示器的说法，但鼎水的盈亏能显示天气的变化，倒是有可能的。因此，鼎在夏代，它不仅是政权的象征，而且是科学或玄学仪器。

除了鼎以外，二里头文化遗址还出土了中国第一具青铜爵、青铜斝、青

---

① 《墨子·耕柱》。

② 司马迁：《史记·封禅书》。

③ 王嘉：《拾遗记》卷二。

铜盉。它们都是酒器，也都是礼器。

第一具青铜爵出土于二里头文化第六区第三号墓，此爵“薄胎，口沿稍厚。窄流，尖尾，细腰，平底。流较直，上扬，器口前部稍圆鼓，后部微内凹，尾较宽，上翘。半圆形鋬，两端稍宽，鋬面有三个长条形镂孔，下端接近器底。细长三棱足，长短不一，一棱面与器面相平，两足外撇，一足微卷，器表面有范痕……高 13.3 厘米，流至尾长 14.5 厘米，足高 9.8 厘米，底长 5.6 厘米，宽 3.8 厘米”①。

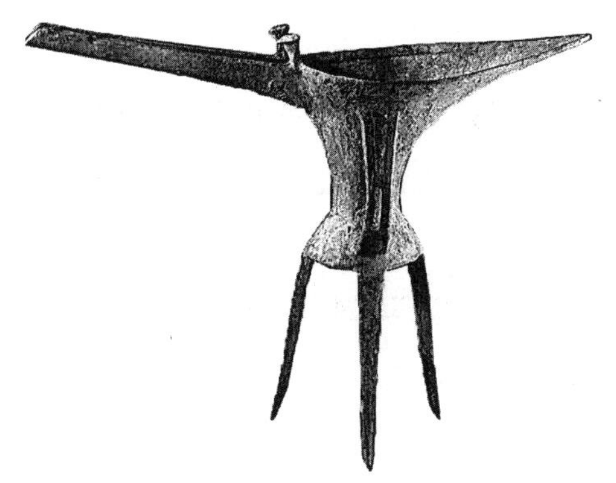

二里头文化遗址青铜爵

第一具青铜斝（六区 M9 :1）出土于二里头六区九号墓，此斝“素面，敞口，口沿上二个三棱锥状矮柱，单把，束腰平底，三条腿下呈三棱锥状，上部微显四棱。通高 30.5 厘米，口径 17—18 厘米”②。

第一具青铜盉出土于二里头遗址三区的一座残墓之中③，造型饱满，类似搪瓷杯，有三只棱锥形足。

青铜爵从陶爵发展而来。爵是酒器，说明中华民族制酒的历史可远推史前。饮酒虽然是一种享受，但由于制酒的难度并不大，史前的陶爵不一定是礼器。而在青铜器时代，由于青铜器昂贵与高档，它的享受只属于上层统治阶级，因此，青铜爵就自然而然地晋升为礼器了。也许就从夏朝开

① 郑杰祥：《新石器文化与夏代文明》，江苏教育出版社 2005 年版，第 423—424 页。

② 郑杰祥：《新石器文化与夏代文明》，江苏教育出版社 2005 年版，第 440 页。

③ 参见郑光等：《偃师县二里头遗址》，《中国考古学年鉴》，1986 年。

始，青铜酒器品种增多，到商代蔚为大观。不仅饮酒器有多种名目，而且盛酒器也有多种名目，另外，还出现诸多辅助性的器具。这样一来，用什么酒器饮酒就比饮酒显得更为重要，酒器足以成为酒器主人地位的标志。也正因为如此，酒器的制作也就更趋精美。不仅造型，而且纹饰，都竭尽青铜器艺术家的心血。纵观青铜器时代，青铜器之美有多半在酒器的美。

二里头出土的青铜礼器中，有一具青铜钺。“钺身中部隆起，横剖面呈橄榄形，器身较窄，前端增宽，刃边圆厚，形似长条窄身斧；内长方形，较薄，中间有一长方形穿，身与内间有锥形短阑。长 23.5 厘米，内长 5 厘米，宽 2.9 厘米。”①

钺是兵器，后来也成为军权的象征。史前有石钺，也有玉钺。良渚文化出土有玉钺，玉钺自然不可能是兵器，它只能是军权的象征。青铜钺既是兵器，又是礼器。《史记·殷本纪》云：“汤乃兴师率诸侯，伊尹从汤，汤自把钺伐昆吾，遂伐桀。”这把许是握在商王手中的青铜钺，是礼器，是主帅身份的标志。

中国礼器的诞生源远流长，首先是彩陶，制作精美的是礼器，龙山文化的薄壳黑陶无疑也是礼器。当玉器出现后，虽然陶的礼器位置没有完全退出，但逐渐为玉器所代替，特别是高端的礼器。红山文化的玉器是非常精美的，红山人的墓葬文化中有“唯玉为葬”传统，说明礼器中玉器的地位最高。青铜器产生后，同样玉器作为礼器的地位虽然没有完全退出，但逐渐让位于青铜器，一些重大的礼仪场合，青铜器形象非常突出，成为礼的主要体现。

夏商周三代，就青铜礼器来说，夏代开其端，周代结其尾，商代最为突出。三代青铜器是各有特点的。夏代青铜器作为礼器的发端，它的特点是值得我们特别注意的。从审美形象维度而言，夏代青铜器具有如下特点：

一是总体说比较朴素。表面上只有极少的乳钉纹、玉珠纹、网格纹，没有过多的装饰。这种情况与商代青铜器构成鲜明对比，商代青铜器表面纹

① 郑杰祥：《新石器文化与夏代文明》，江苏教育出版社 2005 年版，第 424 页。

饰繁复，堪谓富丽堂皇。夏朝青铜器的造型除鼎、盉外，都偏瘦，器体内敛，好像女人的束腰。青铜器的腿，都为棱锥形，着地的腿足，尖锐。器的把手都比较宽，便于把握。最特别的是爵的流与尾，都很长，特别是流，爵的口面构成赛艇状，这种器型，商代极少。

二里头文化遗址出土的青铜斝

二是整体上给人劲健之美，犹如出鞘的宝剑，锋芒毕露。夏人喜欢这种风采，反映出夏人的精神风貌，那就是进击，一往无前。

这种精神风采与审美观与商人截然不同，商人的青铜器，不论是造型还是纹饰，都极为考究，不遗细节。商人显然是借着青铜器在显示主人地位的高贵、财富的巨大，还有审美观的不凡。自然，这其中就包括有青铜器艺术设计师特异的才华。商代青铜器的审美，套用现代的一个概念就是"炫"——炫权、炫富、炫美。相比于商人的"炫"，夏代青铜器也可以用一个概念来表示，那就是"见"（现）——见险、见勇、见威。

礼器的功能起初主要用于敬神，祭祀用的祭具，大多属于礼器。后来，礼器的功能有所拓展，它不仅用作祭祀，也用来标志统治者的身份、地位。统治者身份有高有低，因而拥有礼器品种及规格就有所区别。最高的礼器自然是标志国家政权的鼎。夏朝开用鼎之始，所以，是夏代揭开了中国历史的序幕。

青铜器的审美基本品位是崇高，这崇高本质在权威、权贵。但在商人眼中，这权威与权贵之中多了一份享受、贪婪、狂妄与骄横。而在夏人，这权威与权贵之中多了一份勇猛与献身。

夏朝毕竟是刚刚从史前的野蛮冲决出来的，身上总是带着浓重的史前战争的硝烟。进入青铜器时代之后，天下并不太平，各种政治势力持续较量、林立方国不时反叛，将夏王朝不断地蒙上战争的风云。所有这些斗争都冲着国家权力而发生。

（1）禅让之战。据《史记》，大禹承袭尧舜禅让的传统，明确地表示将政权和平地交给伯益。然而，如同当年舜禅让禹一样，这种禅让受到严重障碍。障碍来自禹的儿子启。《史记·夏本纪》云："及禹崩，虽授益，益之佐禹日浅，天下未洽，故诸侯去益而朝启，曰：'吾君帝禹之子也。'于是启遂天子之位，是为夏后帝启。"没有发生战争，但蒙上战争的阴影。

（2）与有扈氏之战。战争的起因是对于启夺取益的位置，"有扈氏不服"，这就与政权相关了。最后，启灭了有扈氏。是战因发生在甘地，故名之曰"甘之战"。

（3）与东夷族首领后羿、寒促之战。战争的起因同样为了政权。据《左传·襄公四年》载，东夷族的首领有穷氏后羿趁太康离开京城去洛水北岸打猎几个月不回的机会，起兵夺取当时夏的首都安邑，自己做了国王。后羿是著名的射手，喜欢打猎。神话中后羿射日的故事，可能是从这后羿编造出来的。后来，后羿的亲信寒浞又夺取了后羿的政权。寒浞诈取后羿的故事，《左传·襄公四年》记之甚详，摘之如下："寒浞，伯明氏之谗子弟也。伯明后寒弃之，夷羿收之，信而使之，以为己相。促行媚于内，而施赂于外，愚弄其民，而虞羿于田，树之诈慝，以取其国家，外内咸服。羿犹不悛，将归自田，家众杀而亨之。以食其子，其子不忍食诸，死于穷门。"从这个情节，一是可知后羿、寒浞篡夏是真实存在的。二是可见权力如何让人性灭绝沦于不齿。寒浞可能是中国历史上第一位予以详细记载这方面的代表。第一，反恩为仇。后羿在其落拓之时收留他，并让他为相，他却诈取了他的国家，并杀死了后羿，夺取其妻及全部财产。第二，奸诈权谋。他"行媚于内""施赂于外”，骗取百姓拥护。第三，极度残忍。他让手下人杀了后羿，并将后羿烹成肉酱，并强迫后羿的儿子吃。后羿的儿子不肯吃，他竟将他杀死于穷国的城门口。这三个方面，可以说是坏到极致。这样灭绝人性的坏人首先出现在夏王朝，自夏王朝后，类似的例子数不胜数，为了攫取最高权力，父子、兄弟相残屡见不鲜。

青铜礼器在夏朝首先出现，意义不凡。礼器影响中国历史数千年。作为器，礼在商朝达到顶峰，到周就逐渐衰落。西周初期的周公深知，礼如果不内化为理论，就不能重铸人的灵魂；如果不外化为制度，就不能建立强大的国家政权。礼如果只是作为器，其作用毕竟只是象征性的，礼只有成为文，才真正具有无限的威力。自周朝开始，礼向文发展。由于周已经有了文字，因此，各种阐述礼的著述如雨后春笋，中国历史才真正开始了文明的篇章。由器而明到由文而明，让美学发生了重大的变化。先周的文明主要是器的文明，后周包括周的文明为文的文明，这就影响到美学。先周的美学主要在器，其理隐含于器之中，因此，对它的认识更多的是感受，是感悟，感受的直接性与感悟的模糊性，让审美既明若洞里观火，又隐若雾里观花。我们对于史前、夏朝、商朝的诸多审美，因为出自观物，因此具有更多的猜测性，而自周开始，审美主要是观文，文主要指著述，这审美虽然少了几分直接性，但因为文字能深入地阐述观念，因而增加了许多思想性，中华民族的美学思想进入了思想的长江大海，波涛澎湃，气象万千！

## 第二节 青铜饕餮

虽然青铜器历经三个朝代，但真正能成为青铜器时代代表的，只有商代。

商代的青铜器大致可分为三个时期：商代早期，大约为公元前 16 世纪至前 15 世纪中叶，大致相当于二里岗文化期。以鼎为中心的礼器体系已经形成，造型上鼎、鬲等食器为三足（方鼎为四足）。纹饰主体为兽面纹亦即通常称的饕餮纹。

饕餮纹

商代中期，大约为公元前 15 世纪中叶至公元前 13 世纪。造型上，鼎的形态趋向规范化，为两耳与三足或四足；而酒器，出现了多种类型，美不胜收。纹饰，由早期的简率，变得精致、繁缛，整器铺满纹饰，琳琅满目。饕餮纹的两眼格外突出，狞厉可怖。商代晚期，大约为公元前 13 世纪至公元前 11 世纪。这个时期的青铜器最为精彩，造型上花样翻新，艺术雕塑在造型上的作用突出，许多青铜器简直就是雕塑作品，如司母辛觥。它的造型，前为虎，后为枭，为怪兽与怪鸟的结合体，虽然是非自然的凑合，但整体结构却见出和谐与整一。这一时期出现诸多顶级的后世永远不可超越的经典，如四羊方尊、象尊。造型一直很少变化的鼎，也发生一些审美上的变化，出现了口唇外翻的鼎，柱足鼎纹饰更为讲究，出现层次，有地纹、主纹、辅纹。地纹通常是细密的云雷纹，与主纹构成强烈的对比。主纹为浮雕，有的圆浑，有的峻锐。浮雕有强烈的图案装饰味，左右对称，中间有一道凸出的扉棱。饕餮纹走向图案化，动物意味虽在，但开始淡化。

显示商代青铜器审美特征的是三大要素：鼎、酒器、饕餮纹。

## 一、鼎

鼎原本的功能是烹煮肉食。《周礼 · 天官冢宰第一》亨人："鼎掌鼎镬。"鼎既是煮肉的器具，又是盛放肉食的器具。史前有陶制的鼎，也许因为肉食美味，所以，它最有资格作为祭具，盛放肉食，敬献给神灵和祖宗。西周有列鼎的礼制，天子九鼎，第一鼎盛牛肉，称太牢，以下为羊、豕、鱼、腊、肠胃、肤、鲜鱼、鲜腊；诸侯用七鼎，减去鲜鱼、鲜腊两味；卿大夫用五鼎，为羊、豕、鱼、腊、肤；士用三鼎，盛放的是豕、鱼、腊三味；士也有用一鼎的，为豕。

鼎有圆鼎、方鼎、扁足鼎、鬲鼎、异形鼎等多种款式，其构成部位如耳、足、口、腹等均有各种变化。鼎的文化内涵，在夏朝已经奠定，它是国家政权的象征。

商朝多方鼎，殷墟墓葬共出土数十件方鼎。它往往配对出土，"这一重器的所有者或为国王及其配偶，或为方国之君"①。

妇好墓的后母戊方鼎是最大的鼎。此鼎通高 133 厘米，口长 79.2 厘米，重 875 千克。此鼎长方形腹，长宽高均为直线。腹外侧有由夔纹带构成的方框，两夔纹相对，作饕餮形。腹四隅有装饰，上为牛首纹，下为饕餮纹。有立耳一对，耳沿饰类似鱼形的花纹。四足，足上部饰兽首，下部有三道弦纹。鼎内壁有"后母戊"（以前有专家又释成"司母戊"）三字。

后母戊方鼎

后母戊是商王武丁配偶，名妇好，她的墓穴中这样高规格的鼎，说明她生前拥有很高的社会地位，执掌着国家一部分权力。

同样为商代后期作品的大禾人面方鼎堪为最让人骇异的鼎。

此鼎出土于湖南宁乡黄材镇。通高 38.5 厘米，口长 29.8 厘米。此鼎突出特点是鼎腹壁的四面均有一具人面浮雕。人面写真，五官清晰，符合

① 杨宝成：《殷墟文化研究》，武汉大学出版社 2002 年版，第 172 页。

大禾人面方鼎

比例，凸凹有致，可谓造型准确。耐人寻味的是人物表情：似是高傲，似是漠然，似是愠怒……此人面是何意义，虽然讨论不断，但一直没有结论，学者更多地认可传说中“黄帝四面”的说法。

## 二、酒器

礼器的组合是有一定规定的。“从二里头晚期开始至殷墟时期，在整个青铜礼器中，酒器一直占着很大的比例，而觚、爵是这一时期中最常见的组合，郭宝钧先生将这一组合形式形象地称之为‘重酒的组合’。”① 这一情况，直至西周才有所改变。“(周) 穆王以后，铜礼器中食器增加，酒器明显减少，以鼎、簋为核心的‘重食组合’取代了以觚、爵为核心的‘重酒的组合’。”②

商人好酒成风，商王尤其贪杯。商代最后一位王——纣王，史载他的生活为“肉山酒海”。正是因为如此，商代青铜器最为华美。一是器类多，大致有爵、角、觚、觯、饮壶、杯、斝、尊、壶、卣、方彝、觥、罍、醽、瓮、甂、盉、尊缶、甆、罍、和、枓、勺、禁等20余种。二是器型美观。这些酒器中，尤其是尊，除了普通的尊外，还有各种鸟兽形尊，造型与雕塑没有多少区别。

① 杨宝成：《殷墟文化研究》，武汉大学出版社2002年版，第169页。

② 杨宝成：《殷墟文化研究》，武汉大学出版社2002年版，第169页。

出土于湖南醴陵的象尊，美轮美奂。

青铜象尊

此尊仿象形而作，但又增加了一些装饰因素，突出的是象鼻高举，较现实中的象，其弯曲度、高度，更具美感。象尊通体刻有纹饰。躯侧饰有各种夔纹，前足饰虎纹，后足饰饕餮纹，甚至连中空腹内也饰有鳞纹。象的头部，更是做了诸多精细的装饰：象额有一对蛇纹，卷曲如角；象鼻端饰有兽首，上面还有一只伏虎。

酒器的美是多元化的，既有让人轻松的如象尊那样的优美，也有让人

虎食人卣

恐惧如虎食人卣那样的崇高。说到虎食人卣，这是至今让人猜不透意义的造型。此器通高325厘米，传为湖南安化出土，目前收藏在日本泉屋博古馆。

此器通体作虎踞坐形，顶有盖，有提梁，作为酒器的功能完全具备，但它却完全可以看作艺术雕塑。此器难以让人猜透的是它的意义。按人头在虎口之下的造型，理解为虎食人，是完全可以的，问题是，这人的头部却呈现出一副庄重严肃的神情来。尤其是那双大眼睛，圆瞪着；嘴噘着，向前突出。人的身体不见了，只露出头来，似乎是虎的前腿拥抱着人的身体。这人如此地镇定，就让人怀疑：这虎是真的要食人吗？如果不是，那应是什么呢？从虎的前腿护卫人身来看，就是“虎卫人”。如果是虎卫人，这人是什么人，这虎又是什么虎，就都要深入思考了。

鼎与酒器在青铜器中见出显赫的地位。鼎主要见出权势，酒器主要见出享受。对于统治者来说，还有比这更重要的吗？没有了。

### 三、饕餮纹

商朝青铜器标志性的纹饰是饕餮纹，学术界更喜欢称为兽面纹。它的标准像是一具兽头，鼻棱上下延展，将兽首分成左右两部分。有两只突出的圆眼，有一对向下弯曲的角，无下颚，吻张开，左右吻部呈钩爪。早期的饕餮纹具象性强，虽然具有装饰性，左右对称，但并不影响其整体性。后期，具象性淡化，兽首由鼻棱分开的两部，可以看成两条抽象性的夔龙纹，但仍然可以看出兽首来。再后，夔龙纹淡化，形成细密的装饰带，看不出夔龙的形象了。如果视觉关注中间，仍能见出兽首。

《吕氏春秋·先识览》云：“周鼎著饕餮，有首无身，食人无咽，害及全身，以言报更也，为不善亦然。”这里说“周鼎”欠准确，应就是“鼎”，因为商鼎上就有饕餮纹了。

饕餮纹给人的感觉是狞厉、诡异、恐怖。早期具象的饕餮纹，恐怖性更多一些，中后期具象性逐渐淡化，恐怖性就减弱，而诡异性增强了。

饕餮的来历有二：

(1) 饕餮是古帝缙云氏（又称帝鸿氏，即黄帝）的不才子。《左传·文公十八年》云：

> 缙云氏有不才子，贪于饮食，冒于货贿，侵欲崇侈，不可盈厌，聚敛积实，不知纪极，不分孤寡，不恤穷匮。天下之民，以比三凶，谓之饕餮。舜臣尧，宾于四门。浑敦、穷奇、梼杌、饕餮投诸四裔，以御螭魅。

从这段记载来看，饕餮本为缙云氏即古代帝鸿氏的一个不成才的儿子。此人突出的恶行是贪婪，其贪达到无不贪的地步——贪食、贪货、贪贿、贪欲……且没有尽头，与之相关就是对人民冷酷。人民将它比作“三凶”，称作“饕餮”。从这一记载看，“饕餮”未必是动物，而是没有人性犹如恶兽一般的“人”，后世从其动物性出发将其直接转化成贪婪凶猛的动物。

《左传》的这段记载，略作删削，为司马迁录入《史记·五帝本纪》。显然，司马迁是将这故事当作了真历史。

作为动物的“饕餮”是什么样子？

《春秋左传》正义引《神异经》“饕餮，兽名，身如牛，人面，目在腋下，食人”①。这动物突出特点是“身如牛”“食人”。这就与《山海经》中说的“狍鸮”相似。《山海经·北山经》这样说“狍鸮”：“钩吾之山……有兽焉，其状如羊身而人面。其目在腋下，虎齿人爪，其音如婴儿，名曰狍鸮，是食人。”

作为动物的“饕餮”，是怎样被作为装饰形象铸刻在鼎上？

《左传·文公十八年》说，在舜佐尧治国时，流放了四个凶恶的家族，就是“浑敦”“穷奇”“梼杌”“饕餮”。“饕餮”即“贪于饮食”的“缙云氏”的“不才子”，将它们流放到什么地方？——国家四边荒远的地方。让它们干什么？——“以御螭魅”，抵御妖怪。于是，饕餮就在贪婪的本性之外，多了一个功能——“以御螭魅”。

正是这“以御螭魅”让“饕餮”与鼎结上了缘。

九鼎铸刻上各种动物形象，目的是让人“知神奸”，进入山林后，不至于遇到“不若”即对人有害的怪物，也不至于遇到“螭魅罔两”。这就与“饕餮”联系上了，因为“饕餮”的一大功能就是“以御螭魅”。

---

① 转引自袁珂、周明：《中国神话资料萃编》，四川社会科学院出版社 1985 年版，第 59 页。

(2) 饕餮是蚩尤的形象。

此说来自《路史·蚩尤传》：

> (黄帝) 传战执 (蚩) 尤于中冀而殊之，爰谓之解。以甲兵释怒，用大政，顺天思，叙纪于太常，用名之曰绝辔之野。身首异处，以故后代圣人著其像于尊彝，以为贪戒。(罗苹注：蚩尤天符之神，状类不常，三代彝器多著蚩尤之像为贪虐者之戒，其状率为兽形，传以肉翅，盖始于黄帝)

众所周知，蚩尤曾经为争夺天下与黄帝发生过一场大战，战争的结果，蚩尤大败。据《艺文类聚》卷十一引《观鱼河图》：

> 制服蚩尤，(黄) 帝因使之主兵，以制八方，蚩尤没后，天下复扰乱。黄帝遂画蚩尤形象，以威天下。天下咸谓蚩尤不死，八方万邦皆为弭服。

蚩尤与黄帝大败后，其结果，有种种说法，有被杀说，有失踪说，有逃到南方成为南蛮首领说，有在黄帝朝“为六相之首”说，与本处谈饕餮相关的是上面所引之说。从蚩尤的特长来说，归顺后的蚩尤继续“主兵”“以制八方”应该是最好的结局。蚩尤死后，天下又动乱了，虽然没了蚩尤，但蚩尤的影响还在，黄帝就借助他的影响来制止动乱，“遂画蚩尤形象，以威天下”。没有想到此招很灵，“天下咸谓蚩尤不死，八方万邦皆为弭服”。

此事的可信程度如何，无法证实了。但有一点可以肯定，死后的蚩尤成为战神，具有崇高的威望。在迷信的古代，他的形象在特定情况下，可以起到威慑敌军的作用。正是因为蚩尤具有这样的威望，在日常生活中，就成为守护神，守护神的重要功能是辟邪。在中国民间，具有辟邪功能的守护神，最出名的是秦叔宝、尉迟恭，他们都是李世民的大将。不过，中国第一位守护神实为蚩尤。

既然蚩尤在黄帝时期就成为战神，他的形象有没有可能被刻在商朝的青铜器上呢？应该是有的。

第一，蚩尤与商代始祖同属东夷族。关于蚩尤的族属，著名的历史学家徐旭生说史前三大部族集团：华夏集团、东夷集团、苗蛮集团。华夏集团分两个亚族，一个是炎帝，另一个是黄帝，发祥于陕西黄土高原上。东夷集团“较早的民族，我们所知道的有太皞（或作太昊，实即大皞）有少皞（或作少昊，实即小皞），有蚩尤。《周书·尝麦篇》内说，命蚩尤于宇少昊。宇的本义为屋檐，屋檐下可居住，所以引申为居住的意思。……蚩尤既居于少昊之地，那他的部落应该是在山东的西南部”①。那么，商代始祖呢？《史记·殷本纪》云：“殷契，母曰简狄，有娀氏之女，为帝喾次妃。”② 那么，商始祖是帝喾的儿子，对此，诸多学者怀疑。从“天命玄鸟，降而生商”，可得知商人以鸟为图腾。《左传·昭公十七年》记载商朝王室郯子的追述：“我高祖少皞挚之立也，凤鸟适至，故纪于鸟，为鸟师而鸟名。”这里，明确说商人的先祖应出自少皞氏。考古发现，大汶口文化的器物中，鸟形的图形非常多，可以肯定大汶口文化的先民是崇拜鸟的，而大汶口文化正在今山东地面，属于东夷族生活的领域。既然商人与蚩尤同属东夷族，商人当然不会将蚩尤当作造反的失败者而看待，而只会以失败而不屈的英雄而崇拜。

第二，商人崇尚鬼神。在商人的心目中，不管蚩尤是被黄帝杀死的，还是自然死亡的，他死后，必成为神。这神是可以保护它的同族——商人的，因此，在鼎上铸刻上蚩尤的形象可以起到辟邪的作用。那么，为什么不将蚩尤画成人的模样，而要画成动物的模样？这可能与史前的动物崇拜有关。史前人类认为动物是有灵魂的，将人的来源视为动物，不是对人的侮辱，而是对人的赞美。既然史前传说中有蚩尤为牛首的形象，因此也就自然地将蚩尤画成牛首了。

第三，基于青铜礼器的崇高地位，在器身铸刻上蚩尤的图像有助于让人对青铜器产生崇敬感和畏惧感。

值得说明的是，崇敬与畏惧的对象，实质是国家政权，是对国家的崇敬，是对国权的畏惧。

青铜器的三大要素：鼎、酒器和饕餮纹，各有其重要的文化意义，也有其重要的美学意义。

---

① 徐旭生：《中国古史的传说时代》，文物出版社 1985 年版，第 48—50 页。

② 司马迁：《史记·殷本纪》。

鼎，它是国家政权的象征，是礼的中心，它的性质可以概括为“国权”。对于国民来说，至高的利益莫过于国权了。国权在，国在；国在，国民的身份在，国民的意义在。正是因为如此，鼎的造型规整，或端方，或圆满，总体上均给人以厚重感。鼎的美学品格概括起来就是崇高威严。

酒器，它的重要意义在于生活。酒是人们的一种饮品，这种饮品是用粮食酿造的，粮食是人的肉体生命保全的基本保障，用粮食来酿造作为饮品的酒，只能说这是人对于生活的更高追求。有些人为了它，甚至将江山社稷都忘却了，人们斥之为“醉生梦死”。因此，酒对于人的意义已经上升到高雅而又幸福（尽管它不是真正幸福）的层次了。适应这种文化意义，酒器的造型就向着美的方向发展，因为只有美，才能最好地体现生活高雅而又幸福的品质。

饕餮纹，它的重要意义在于鬼神。商人尚鬼神，祭祀不断，各种卜筮活动不断。饕餮纹作为辟邪神灵的代表充分体现了神权在商人生活中的地位。神权于人，它的基本品位，一是超人，二是唬人。超人，必定让人敬仰；唬人，必定让人恐惧。这种美，既怪异，又狞厉。我称之为“诡异奇美”①。

庄重、唯美、诡异构成了商代青铜器的审美三要素。

青铜器的美，是中国艺术崇高这种美的源头。中国美学的崇高就其源头来看，它的内涵有两个要素：神鬼的权威，政礼的权威。这两者，在商代青铜器中均有充分的体现，如果要分别一下这两个要素在构成崇高美的比例的话，那么，鼎的崇高，以政礼的权威为主，如后母戊方鼎和大禾人面方鼎；其他器的崇高，则可能以神鬼的权威为主，如虎食人卣。

从商代的青铜器的造型与纹饰，我们发现就艺术技巧来说，商朝的造型艺术家已经达到了不可重复的经典高度。主要体现在如下几种结合上：

第一，功能与审美的结合。青铜器作为器，它是具有一定实用功能的，制器必须得满足它的实用功能，这是前提，然而，青铜器均能达到很高的艺

① 笔者关于青铜器，出版过三本书：《狞厉之美——中国古代青铜艺术》，湖南美术出版社1990年版；《诡异奇美——中国古代青铜艺术鉴赏》，上海人民美术出版社2002年版；*CHINESE BRONZES*: *Ferocious Beauty*，［新加坡］亚太图书有限公司2001年版。

术水准，甚至可以与独立的纯艺术相媲美。这说明，制器的经典问题——功能与审美的统一，在商代青铜器制作中已经获得完满的解决。

第二，具象与抽象的结合。作为器，为了最大的功能化，不能不采取抽象的造型，然而为了审美，它又不能不独出心裁，让器见出为某物写真的具象来。这种具象与抽象的统一，如若做得不好，就很别扭，就不和谐，而青铜器实现这两者的结合却能达到高度的和谐，不让人生出丝毫别扭之感。

第三，写真与写意的结合。写真的目的重要的是形神兼备，写意的目的是意在形外。两者的结合同样要实现高度的和谐。青铜器这方面成功的突出显现是动物形象造型。青铜器的动物形象不论是呈现为造型还是纹饰，都能让人感受到写真与写意的完美统一。

第四，局部精细与整体大气的结合。青铜器的风格总体来说为繁缛，但它不失大气。它的繁缛主要体现在局部的造型和纹饰上，而其大气是它的整体气概。

以上四个方面的完美统一可以找出诸多优秀的例子，其中最具代表性的例子就是四羊方尊。

四羊方尊

此器出土于湖南宁乡月山铺，为商代后期的作品。此器高 38.3 厘米，口长 52.4 厘米。笔者在《狞厉之美》一书中，是这样描述它的魅力的：

就气魄的雄伟来说，也许它不及后母戊方鼎，但它形制的精美、纹饰的华丽、整体意境的超绝都较后母戊方鼎高出一筹。这具尊造型颇为特别，大体为方形，腹略鼓，高圈足，长长的颈部将呈喇叭状的方口伸向天空，口沿四角向下棱线由圆弧转为直线，兼刚柔相济之妙，既舒徐有致，又劲健挺拔。尊体的装饰繁复多姿。腹部四角有伸出的四只羊头，纯为写实，生动逼真，肩部有隆起的龙纹，龙首在羊首之间，形状要小；尊体镌刻夔纹、蕉叶纹；整个纹饰兼写实与写意之妙。羊首给人的亲切感与夔、龙给人的恐怖感是那样和谐地统一在一起。这具作品是古代艺术中极为难得的现实主义与浪漫主义相结合的佳作，堪称中国青铜艺术的绝诣。①

商代青铜器的审美不仅奠定了中国工艺审美的基础，而且奠定了中国造型艺术的基础。商代的青铜器艺术为整个青铜器时代的高峰。周朝青铜器虽然也有自己的创造，但总体成就不及商代青铜器。

## 第三节　亲和美丽

中国进入文明时代高举着两面大旗，器物文明方面是青铜器，精神文明方面是《周易》。让我们不能不高度注意的是这两大文明形成的关键阶段是商代，只是它们所展现的亮丽不一样。就青铜器来说，巅峰在商代，西周延续发展，并实现转型，到春秋战国则逐渐衰落。就《周易》来说，萌芽应是距今7000年到5000年左右的仰韶文化，成型是夏，中介是商，大成于周。三个朝代均有《易》，夏为《连山易》，商为《归藏易》，周为《周易》。考虑到论述的方便，周朝及此后的青铜器，我们就在此处做一个概括性的介绍，给三代器物文明的代表青铜器做一个了结，而关于《易》的问题则在论述周代的美学思想时做一个系统的介绍。

西周青铜器大体上承续殷商的青铜器继续着青铜器的辉煌，中间有变

① 陈望衡:《诡异奇美——中国古代青铜艺术鉴赏》，上海人民美术出版社2002年版，第6—7页。

革，不那么突出诡异、威严的风格，而变得亲和与美丽了，突出体现是凤凰纹的出现，风头盖过饕餮纹；而到东周，继续着崇尚“美丽”一路；同时，铭文大量增加，似乎器上记的事比器本身更为重要，事实也正是如此。毛公鼎、散氏盘、禹鼎、颂鼎都是国之重器，其铭文记载了周王室重要的征伐事件，也记载了一些封赏与任命官职的事，都是重要的历史文献。东周开始，青铜器开始走向衰落，造型基本上没有结构，纹饰则走向几何化，风格走向细密而小巧，工艺的精湛倒是达到新高峰，而美学趋向平庸，让人击节赞叹的图案几乎没有。到战国时期，素面青铜器大量出现，造型更是沿袭前代，青铜器走向衰退。虽然青铜器并没有中断，延续到东汉仍然为皇家喜爱，但多为观赏品和生活器具，少有鼎这样的象征国家政权的重器了。

走着“美丽”一路的周代青铜器，其标志主要有：

第一，器具造型朝着美观、新异的方向发展。作为礼器本具有的威严与庄重逐渐退居其后。美观器具大量出现，争奇斗胜，各逞其能。

这里有一个发展过程，大体上，西周早期器具尚保留商代青铜器的威严与诡异，但已经注重美艳与奇绝。它给人的感觉就是装饰过分，美艳过分。鸟纹卣就是一个代表。卣分盖、体、座三个部分，每一个部分都极尽美化之能事，特别突出的是器腹部突出四只长角，长角尾部向上翘起，顶端为龙首，角的中部向下伸出一支。这种向外发展做法，不仅体现在腹部的装饰中，还体现在盖部和基座的装饰中。此器的纹饰主要为凤凰纹，装饰遍及全身，不留空白，而提梁及器体伸出去的部分则装饰着龙头，或具象或抽象。

这个时期青铜器装饰有两个特点：一个特点是特别注重在器体上作高浮雕的装饰。如何尊，器身上有高浮雕的兽首纹，说是兽首，它并不注重兽的面部，而只突出兽的长角、鼓眼、眉毛。另外还有松散的云雷纹，均为浮雕，但高度不一。另一个特点就是非常注重器的扉棱，像卷体夔纹罍，左右各有一道自盖至基座的扉棱，扉棱不是简单地重复着几何花纹，而是有着形制和大小的变化，仿佛翅膀一样。这样一具酒器，当它摆放在桌上时，给你的感觉似欲飘然飞去。

何尊

这样做，显然是为了审美的需要，这个时候的青铜器，它不仅追求威严感，还追求高密度的装饰美感，它要繁缛，要丰富，要变化，以显出富丽堂皇。

鼎，是礼器中最重要的，商代的鼎总体风格为朴素、庄重，而西周早期的鼎就不一样，在保持鼎固有的庄重外，它开始追求华丽。成王方鼎风格就俨然有别于商代的鼎。此鼎腹部上层有双凤纹，中下部为乳钉纹。如同上面所举的卷体夔纹罍一样，成王方鼎也特别注重扉棱的装饰，除此以外，器耳上各装饰有两条夔龙，四只腿上既装饰有美丽的扉棱，又雕塑有神秘的夔龙。

到春秋，一味强调威严、诡异的青铜器就比较少了，清新、淡雅但不失华丽的风格出现了，这种风格在壶这种酒器上体现得特别突出。这个时期的莲鹤方壶堪为这方面的典型。

此壶通高 118 厘米，口长 30.5 厘米，1923 年在河南新郑李家楼郑公大墓出土。此器作为方壶，器体扁而圆，上瘦下肥，上加盖，盖有莲花瓣向外张开，与瘦颈构成张力，基座收缩，与肥腹构成反差；器腰两边各爬着一条夔龙。于是，整器呈长方形的态势立在我们面前。这种器体，给人的感觉既稳重，又活泼，亲和愉快。最为称道的是器体的装饰，器体全身饰满蟠虺纹，这些龙虽然繁复，但比较浅，且精致，因此，不给人恐惧感。器的基座由夔龙驮着，让笨重的基座显得轻灵起来。最让人称道的是器盖。中心立一只鹤，双翅微展，似欲高飞。周边是双重的莲花瓣。正是因为有了这莲

莲鹤方壶

花瓣，眼前似出现了“接天莲叶无穷碧，映日荷花别样红”① 的动人画面，似闻到了莲花的阵阵清香；而一鹤的独立，更是让人立马想到刘禹锡的佳句“晴空一鹤排云上，便引诗情到碧霄”②，一身顿时觉得轻飘起来，直欲飞上九天。这具器所体现的爽朗、潇洒、劲健、浪漫，在商代的青铜器中找不到，在西周早期的青铜器中也找不到，而只有春秋这样一个百家争鸣思想解放的时代才能找到。郭沫若从时代精神的角度对它做了一个解析：

> 此壶全身均浓重奇诡之传统花纹，予人以无名之压迫，几可窒息。乃于壶盖之周骈列莲瓣二层，以植物为图案，器在秦汉之前者，已为余所仅见之一例。而于莲瓣之中央复立一俊逸之白鹤，翔其双翅，单其一足，微隙其喙作欲鸣之状。余谓此乃时代精神之一象征也。此鹤初突破上古时代之鸿蒙，正踌躇满志，睥睨一切，践踏传统于其脚下，而欲作更高更远之飞翔。此正春秋初年由殷周半神话时代脱出时，一切社会情形及精神文化之一如实表现。③

① 杨万里：《晓出净慈寺送林子方》。

② 刘禹锡：《秋词》。

③ 郭沫若：《殷周青铜器铭文之研究》下册，大东书局 1937 年版，第 12 页。

第二，饕餮纹逐渐图案化、抽象化，其狞厉之感逐渐弱化，而凤凰纹饰大量出现，取代饕餮纹的地位，成为主流纹饰。凤凰纹的美艳、飘逸让青铜器优美的审美品位得以张扬与凸显，使得器具的审美效应趋向优美、轻松、活泼、浪漫。

饕餮纹在商代，主要形态为具象，可以清晰地看出兽首的样子，因此，它给人以骇怖之感。到了西周，饕餮纹形象逐渐走向抽象，抽象的第一步是用两条对称的夔龙纹组成饕餮纹，再其后，连夔龙纹也抽象了，如果不是因为有两只大眼睛就根本辨识不出饕餮纹了。饕餮纹的虚化，让青铜器的狞厉之感大为弱化，以至消失。

龙纹在青铜器中也是比较多见的纹饰，此种龙纹多为夔龙纹。器的腹部、足部、耳部、提梁是夔龙纹装饰的地方，在青铜器的发展过程中，同样，存在着具象向着抽象的演绎。更重要的是，器的腹部——装饰的主界面，龙纹用得越来越少，而凤凰纹则用得很多。凤凰纹有诸多品种，每一种都极其美艳。当然，最有魅力的是花冠凤纹，凤冠与凤翎极为张扬，似是多面彩旗飘展，从而，器的审美效应更显富丽堂皇。

花冠凤纹

凤凰纹逐渐成为西周青铜器纹饰的主体。这种情况的出现，也许跟周朝崇凤有关，《国语·周语》说："周之兴也，鸑鷟鸣于岐山。"[①] 鸑鷟就是凤凰。但是，殷人也崇凤，《诗经·商颂·玄鸟》："天命玄鸟，降而生商。"[②] 玄

① 邬国义等：《国语译注》，上海古籍出版社 1994 年版，第 25 页。

② 江荫香：《诗经译注》卷八，中国书店 1982 年版，第 60 页。

鸟，也是凤凰。事实是，商朝的青铜器上，也有凤凰纹，但问题是，只有到了周朝，凤凰纹才成为纹饰的主体，它的美丽与辉煌才张扬到极致。因此，笔者认为，时代才是凤凰纹得以充分发展的主要原因。西周这个时代，较之商，是一个思想解放的时代，解放之一是从商的神鬼崇拜到周的政礼崇拜。周较之商更重视礼制，此礼制的核心是人文。所以，周是人文精神第一次大释放、大发展的时代。凤凰纹应该是这种人文精神大释放、大发展的最好象征。

周朝青铜器的纹饰，虽然品类仍然繁多，诸多品种也是商代有的，但是，它的运用，似乎较商代更为大气，它似是在张扬一种气概，一种精神。在动物纹饰方面，它出现了一种有着象首的怪兽图案，虽然此图案让人产生陌生感与恐怖感，但是象鼻的高扬，更多的是在展示一种向上的发展态势，一种前进的精神。在抽象纹饰上，有一种类波浪纹，大起大落，气势磅礴。

第三，铭文得到突出的发展，不仅字数较商代大为增多，记载的内容更为重要，而且很注重书写技巧，开中国书法艺术之先河。

中国最早的文字是甲骨文，因为是用刀或石刻在龟甲上的，刻工艰难，因此，只能记事而已，艺术性受到了限制。对于书家来说，不能排除自觉的美学要求，但不能要求太高。铭文是铸造或錾刻在青铜器上的文字，虽然铸与刻不易，但都能见出较高的美学追求，不仅用笔结字有讲究，而且章法布局也极见用心。铭文铸刻前，书家需用兽毛笔蘸上动物的血或别的涂料，将字写在铸坯上，这是铭文书法之始。在铸刻的过程中，铸刻家又需要用一番心思，力求最好地实现字原有的风采，而实际效果不仅是真实地再现了字原有的风采，而且增加了金属特有的韵味，这是铭文书法之成。

铭文书法，可以分为三个方面：

(1) 就造字法来说，它具备汉字原有的以象形、会意为基础的美学意味，这种意味可以说是天然的，由汉字带来的，任何一种汉字书法都天然地拥有。

(2) 就结字来说，它的用笔法主要为圆笔。圆笔，系中锋用笔，书家比喻为“如锥划沙”，力在笔锋中心运行，同时又讲究藏头护尾，此种用笔如蛇行地，婉通而劲健，极具魅力。

(3) 就风格神采来说，铭文给人最强烈的审美感觉就是雄健粗犷、稚拙天真、生气洋溢。各个时代的铭文以及每篇铭文都有自己的特点，没有一篇风格是重复的。其中为后世书家赞叹不已的《散氏盘铭文》是铭文绝品。字体略向右偏斜，静中寓动，风格稚拙天真。整篇称得上溢彩流光，华美无比。

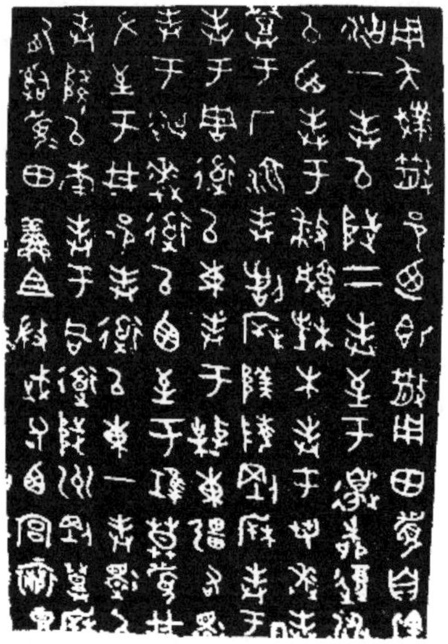

《散氏盘铭文》

与青铜器的命运由强盛趋向衰落相适应，铭文在战国时期风格逐渐趋向纤巧、柔弱，还出现了一种装饰性的鸟虫篆书，因为字体类似蚊子的长脚，称之为“蚊脚书”。此种字体，自然为后世书家所鄙弃。

青铜器到东周已经出现了衰败，但只是就其作为礼器的功能受到轻视而说的，它的铸造工艺和艺术水准还是一直在朝着正方向发展的。像湖北随县 1978 年出土的战国早期的蟠龙鼓座的工艺极为精湛，此器中部有插入鼓柱的孔，周围有雕龙 16 条纠结盘绕，又有难以数清的螭虺缠绕其间，龙体嵌绿松石纹饰，底沿饰蟠虺纹。此件由许多铸件合成，结构极其复杂，体现出极高的工艺水平。礼器中，虽然鼎、簋、爵等食器酒器未见有更多的创新，但乐器却显示出极高的音乐水准和工艺水准。1978 年湖北随县擂鼓堆出土的曾侯乙编钟是举世仅见的如此精美的古代击打乐器。

此器架长 748 厘米，宽 335 厘米，高 273 厘米。钟架为木质，呈曲尺形，分三层，中下层各有虡钟人作立柱。架上共悬钟 64 件，另镈一件。横梁上有着各种彩绘，并有青铜饰件。这是迄今发现的最大的一组编钟，至今还能演奏乐曲，音律准确。

周朝结束，全国统一于秦。秦是一个短命的王朝，留存下来的青铜礼器数量相当有限。但是，这个伟大的王朝仍然在青铜器文化上留下了光辉的一页。1980 年出土于陕西临潼秦始皇陵的铜车马，让世界为之惊叹。此件作品高 106.2 厘米，长 317 厘米。此器分为两个部分，一个部分是车与驾车人。驾车人戴冠束带，佩剑，跽坐，手执辔索，神态严肃。车与真车无异。最生动的是车前四匹马。造型逼真。据研究，车马模拟实物，比例约为二分之一。这车应是秦始皇在另一世界用的车，它的功能与墓穴中的兵马俑一样，都是专为始皇帝服务的。按照事死如事生的原则，这陪葬在墓穴中的器物除了比例可以小于实际用物外，其他应该没有太大的差别。从这铜车马的逼真程度，可以想见秦王朝的工匠具有何等高超的写实能力和青铜铸造水准。

汉帝国建国之初，崇尚黄老之治，到汉武帝时才开始重视名教，而此时的名教已经有它特有的传播方式，作为礼乐核心的等级制度也不需要青铜礼器作为象征。青铜器的高超制作技艺还在，甚至较先秦还有发展，因此，虽然青铜礼器的传统中断，但青铜器的传统并没有中断，只是这青铜器更多的不是作为工艺品而存在，而是作为纯艺术品而存在，就是作为工艺品的青铜器，其艺术性也占据着主导地位，最能说明问题的是西汉的长信宫灯。此件作品高 48 厘米，1968 年出土于河北满城汉墓。作品主体是一位宫女，跪姿，双手做持灯状。灯具有实用功能，灯罩可以开合，灯座附着短柄，能转动，可调整光的强度与方向。

这是一件工艺品。此器的主体是人，一位美丽的宫女。女子的脸部，丰满、秀美；眼光稍下，与灯照的方向一致，显出专注神情；鼻小巧，樱桃嘴，闭着；头部发髻向后，披着及肩的飘带；身着宫服，长长的宽袖与裙子连为一体。不管从哪个角度看，此件作品当得上非常成功的人物雕塑。汉代的

长信宫灯

青铜雕塑崇尚写实，也善写意，是现实主义与浪漫主义相结合的典范。出土于甘肃武威的东汉铜奔马，让马蹄踏在飞鸟上，其构思之精巧，让人赞叹不已。汉代不乏优秀的青铜雕塑，就是没有优秀的青铜礼器。也许，青铜礼器的历史使命真的不复存在了！

## 第四节 纵目之谜

1980 年，四川省广汉市三星堆的考古新发现，震动了全世界。英国学者戴维基斯说："广汉的发现很可能是一次金属文物最多的发现，它们的发现很可能会使人们对东方艺术重新评价。中国青铜器制造长期就被认为是古代最杰出的，而这次发现无论在数量上还是在质量上都使人们对中国金属制造的认识上升到了一个新的高度。"① 英国大英博物馆的首席中国考古专家卡罗森甚至认为，"这些发现看来比有名的中国兵马俑更要非同凡响"。

三星堆文化的年代，据《广汉三星堆遗址一号祭坑发掘的简报》："初步将三星堆遗址的文化堆积分为四大期：第一期的年代在新石器晚期年代范围内；第二期的年代大致在夏至商早期；第三期的年代相当于商代中期

① 《中国青铜器无与伦比》，英国《独立报》1987 年 8 月 13 日。

或略晚;第四期的年代约在商代晚期至西周早期。”[①]

三星堆青铜器主要来自两个坑。这“两个器物坑年代都为殷墟早期偏晚阶段”[②]。坑内的器物堆放零乱,不少还遭受到人为的烧毁。据此,学者们判断不可能是祭祀坑,它很可能是朝代更替时,前一个朝代的统治者有意为之,因为他们不愿意将如此精美的物品留给后来的统治者。三星堆的器物品种很多,有玉器、陶器、金器,最为重要的是青铜器。下面,我们挑最具代表性的作品来做分析。

(一) 铜人头像

三星堆出土了大量的人物雕塑,其中,人物头像 57 件。一号坑 13 件,二号坑 44 件。人物头像造型同而有异。相同处在于面目表情均严肃,耳大,鼻高而直,眼睛大,无瞳仁,目光向下,嘴紧闭。不同在于他们脸的胖瘦,方正,可以看出性别、年龄的区分。其次是头饰,有的有头饰,有的无头饰。头饰也很简单,可能是帽子。无头饰的有的有发辫,有的无。这些不同,可能显示人物身份的高低。这些人物可能是当地普通居民的形象,从他们严肃的神情,可以猜测,他们在虔诚地向神灵祷告。

(二) 面具像

三星堆最奇怪的雕塑是青铜面具,共三具,中空,后面开敞。宽眉,大眼,高鼻,阔嘴,嘴角上翘。最突出的一是纵目,二是尖耳。

三星堆青铜面具像

---

① 四川省文管会、文物考古所、广汉县文化局:《广汉三星堆遗址一号祭坑发掘的简报》,《文物》1989 年第 18 期。

② 孙华:《四川盆地的青铜时代》,科学出版社 2000 年版,第 161 页。

关于纵目，人们有种种猜测。《华阳国志·蜀志》云："周失纲纪，蜀先称王，有蜀侯蚕丛，其目纵，始称王。死作石棺石椁，国人从之。故俗称石棺石椁为纵目人冢。"纵目就是眼球凸出。这是蜀王蚕丛的特点，面具将这一特点夸张了。如果真是这样，这面具应是蜀王蚕丛专用的。这是大多数学者的看法。

学者孙华则认为，"纵目"是烛龙形象的特点，根据是《山海经·大荒北经》所载：

> 西北海之外，赤水之北，有章尾山。有神，人面蛇身而赤，身长千里，直目正乘，其瞑乃晦，其视乃明，不食，不寝，不息，风雨是谒。是烛九阴，是谓烛龙。

烛龙"直目"，最早为《山海经》作注的晋代学者郭璞说："直目，目纵也。""正乘"呢？清代学者毕沅认为，"乘恐朕字假音，俗作眹"，又据《说文新附》"眹，目精也"。孙华先生根据这些材料，认为纵目形象为烛龙的形象，并且进一步认为"烛龙就蜀龙，也就是蜀"①，蜀龙是蜀国尊崇的天神。

烛龙，人面蛇身，与中国古代神话中将诸多先祖如伏羲说成是"人首蛇身"是切合的，因此，它也可以理解为中华民族的祖先神。另外，烛龙"其瞑乃晦，其视乃明"，与太阳共同着作息，因此，也不是不可以将它理解成太阳神或与太阳相关的神。烛龙的主要功能是"风雨是谒"——控制风雨，应该是天上的神灵。

也许，纵目神更应该是天神，但毕竟将纵目神理解成烛龙是推断的，而将纵目神理解成蜀王蚕丛，有更为可靠的史实根据，因此，"蚕丛"说难以推翻。

不管做哪种理解，蜀人在某种特定的祭祀或庆典场合，需要有人来扮这纵目神。

至于这纵目神的长而尖的大耳，很可能是强调此神的超常的听觉能力，这种能力与纵目的视觉能力相配合，足以见出此神的伟大了。

---

① 孙华：《四川盆地的青铜时代》，科学出版社 2000 年版，第 245 页。

这里，值得我们思考的是，神，在人们的心目中是伟大的，它的伟大通常理解为力量的伟大，为了突出这种伟大，极力夸张它的四肢、躯干；而像三星堆出土的纵目神这样，极力夸张它的眼睛与耳朵，则仅此一例。也许在三星堆人看来，视觉与听觉的超常比之四肢和躯干的超常也许更重要。因为视觉与听觉能力直接关系到人的大脑的能力包括认识能力、思维能力和审美能力。从纵目神面具的制作，可以猜测到三星堆人精神上发展的高度。

这三具铜人面像的鼻梁上还插有卷云状的铜饰件。铜饰件的功能难以知晓，也许，是鼻孔吹出的气息，这气息化成一缕轻云，直上天空。气息，可以引申为信息，这是从人心中发出经鼻孔吹出的信息，它表达的是对上天的尊敬，也可能对上天的祈求。

（三）青铜立人像

三星堆出土的青铜立人像有两种，其中一种身上不带动物装饰。那尊最大的青铜立人像就是如此。

此立人像分人像与基座两部分，人像 1.72 米，基座 0.9 米。人像面目消瘦，神态严峻。头戴缀有头饰的花冠，身穿有夔龙、花带、云霓图案的长袍。内衣后裙下摆分叉下垂，呈燕尾状。赤脚，两手合抱，一上一下，似抱有一具长柱形的物件。神情严肃但不威，身段端方但不拘。立人像的基座由四个相连的怪兽头构成，意味着站在上面的人威压神兽。

此立人像有一个特点引人注意。他的眼睛没有瞳孔。为什么没有瞳孔？也许因为他是盲人。盲人称为“瞽”。在中国古代瞽人多以唱曲为业。《国语・周语》曰：“天子听政，使公卿至于列士献诗，瞽献曲，史献书，师箴、瞍赋、矇诵，百工谏，庶人传语，近臣尽规，亲戚补察，瞽、史教诲，耆、艾修之，而后王斟酌焉，是以事行而不悖。”在这里，“瞽”的地位与作用不一般，他要向天子献曲，这曲是民间乐曲，天子听民间的乐曲，不是欣赏民间艺术，而是从中了解民情。能有机会向天子献曲的“瞽”当然不会是一般的“瞽”，而且也不一定真是瞎子。对于“瞽为诗”一语，《左传・襄公十四年》的《正义》云：“《周礼》乐官大师之属，有瞽矇之职。”又引郑玄语：“凡乐之歌必使瞽矇

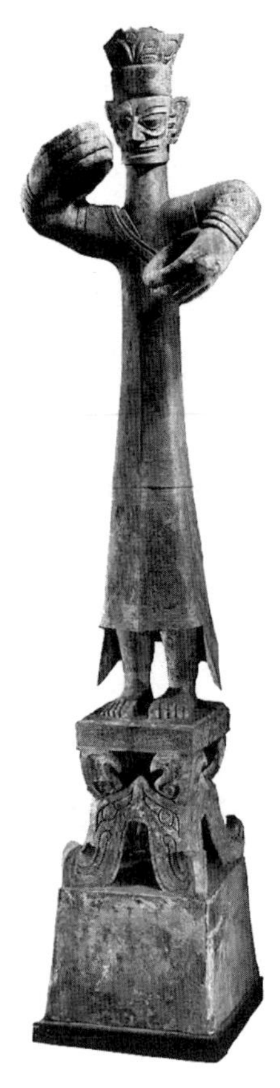
三星堆青铜立人像

为焉，命其贤知者为以为大师、小师。”由此可知，瞽不是一般的瞎子，而是朝廷中的乐官，其贤知者可以担任大师、小师这样的高位。据此，我们可以推测，三星堆中青铜立人像，应为朝廷的乐官。他手里抱着的物件应是乐器。

也许，最初确有来自民间的瞎子向天子献曲的事，但后来，向天子献曲即向天子献民间歌谣的就不是来自民间的瞎子了。朝廷专门设置了搜集民间歌谣的机构，称之为乐府，乐府供职的人员，定期下到民间去采风。这样负责采风的乐官，也被称为“瞽”，但实际上不是瞎子。据《周礼·明堂位》，殷商的学校称为“瞽宗”，既然是学校，当然就不只是学习音乐了。“瞽”的地位的提高，意味着“瞽”者就有可能是朝廷最有学问的人，就有可能成为天子的老师。我们这里所说的，是商朝的事，三星堆有这样高的文明吗？按年代，它与商朝相同，至于是否拥有殷商这样高的文明，没有文字资料可佐证。但仅就三星堆中青铜立人像来说，如果这青铜立人真的为乐师，那么，三星堆的文明就有可能与殷商差不多。

三星堆人将乐师铸成铜像体现出对乐官的尊崇。乐师为什么值得这样尊崇？可能不只是乐师有从民间采风和作为天子老师这样的职能，也许乐师还有更重要的职能——通过音乐与上天沟通。在古代，特别是远古，与上天沟通以获得上天的佑助，无疑是最重要的。

三星堆的出土材料还缺乏这方面的佐证，但是，中国的历史文献不乏古乐的记载。《吕氏春秋·古乐》云：

> 昔古朱襄氏之治天下也，多风而阳气畜积，万物散解，果实不成，故士达作五弦瑟，以来阴气，以定群生。
>
> 帝颛顼……惟天之合，正风乃行。其音若熙熙凄凄锵锵，帝颛顼好其音，乃令飞龙作效八风之音，命之曰《承云》，以祭上帝。
>
> 帝尧立，乃命质为乐。质乃效山林溪谷之音以歌，乃以麋鞈置缶而鼓之，乃拊石击石，以象上帝玉磬之音，以致舞百兽。瞽叟乃拌五弦琴，作以为十五之瑟。命之曰《大章》，以祭上帝。

这三条材料，第一条说古帝朱襄氏让臣下作五弦之瑟，以瑟声唤来阴气（实指吉雨），以定百姓。第二条说帝颛顼令飞龙作《承云》乐曲，以祭祀上帝。第三条说帝尧让瞽叟奏《大章》，同样以祭上帝。这些材料说明，音乐具有沟通上帝、神灵的效果。由是，我们猜测，三星堆的青铜立人，实是可以沟通上天的乐师，他们站立着正弹奏着乐器，在行使着“以奏上帝”，呼风唤雨的职能。

立人铜像中，有的身上有较多的动物装饰，而且主要是鸟体的装饰。二号坑就出土有两件这样的立人残片。这两件人像原报告为“兽首冠人像”，现在有学者认为，应是“鸟足戴冠立人铜像——扮着鸟形的巫师”①，人物面目仍然是大眼无瞳仁，高而宽的大鼻，闭嘴，神情严肃。两后胸前合抱，一上一下。笔者猜测，他们也是乐官，抱着乐器。

① 孙华：《四川盆地的青铜时代》，科学出版社2000年版，第254页。

值得注意的是，三星堆的青铜雕塑，其面目造型比较程式化，长脸，宽眉，大眼，无瞳仁，高且宽的大鼻，扁长的大嘴。

程式化的出现，说明这种乐师的活动，已经规范化了。就审美来说，也说明这种形式的审美已经取得社会公认的效果。

(四) 鸟的雕塑

三星堆的动物雕塑有中原地区常见的牛、羊、鸟的雕塑，这其中，鸟的雕塑最为突出。一是量特别多，一棵青铜神树上，就栖息着 10 只铜鸟。二是鸟的装饰比较丰富。装饰主要集中在鸟头的花冠和尾翎上，有的花冠大而亮丽，有的尾翎多而飞扬，这种造型与中原地区的凤凰很相似。也有一些鸟的造型，不重外在的装饰，主要突出鸟的某一种精神。铜鸡和铜鹰首可以视为代表。

铜鸡的造型，比较写实，并没有过度地夸张鸡冠和鸡毛的美丽，它就是生活中常见的公鸡，生动、活泼，充满着生活味。也许这鸡并没有神化，它不是通神的鸡，而是早上给人报晓的鸡。将这些生活型的动物用珍贵的青铜雕塑出来，试图表达一种情怀：人的情怀，而且是世俗的情怀。这非常难得。在中原地区，这种世俗化的动物雕塑没有，这说明，三星堆的这个社会虽然也是神权统治的社会，但人仍然拥有一份世俗的生活情趣。这份世俗

三星堆铜鸡

的生活情趣，是至高无上的神允许的。

铜鹰头，是一具精彩的雕塑。此作品突出了鹰的特点：上扬而又朝下弯钩的喙。此喙几乎占据鹰首二分之一比例，但它不会让人感到不协调，而觉得就应该有这样巨大且力量无比的尖喙。鹰的眼睛也是朝上的，似在洞察风云，搜寻猎物，其神情就是目空一切，无所畏惧，随时进击。这件作品是具象与抽象、写实与写意、写形与写神相统一的范例。作品简洁到最高程度，器面光洁，不作任何装饰，只留下数条劲健的阴刻线条，最突出的是鹰喙下部的一条弯钩线，它充分见出鹰进击勇猛与力量。其次是鹰顶的一条长长的冠状线。鹰本没有冠，为秃顶。也许将鹰的秃顶真实地雕塑出来，未必最佳，于是，在鹰顶露出一条长长的类似长鬣的凸起物，从侧面看，好像为巨眼添加了一道浓眉。眼圈部位刻出了两道凹线，从而突出了眼的凶狠。三星堆雕塑师熟谙雕刻的基本门道，他的这种功力完全是超前的。

三星堆铜鹰首

铜鹰首雕塑也许与古蜀国有一定的关系，据文献，古蜀国的都城，有“瞿上”一说。《路史前纪》：“蜀山氏，其始祖蚕丛，纵目，王瞿上。”瞿上在今四川成都双流县。“瞿”字，据《说文解字》：“鹰隼之视也”，那么，这鹰是不是古蜀国的图腾呢？如果鹰果真是古蜀国的图腾，三星堆中鸟首人身青铜雕塑以及各种鸟雕塑都可以得到解释。

（五）青铜神树

三星堆二号器物坑出土了青铜神树两棵。其中编号为 k2（2）：94 的神树保存得完整，而另编号为 k2（2）：194 的神树残损严重。就保存完整的这棵神树来看，极为精美。神树由底座、树和树枝上的鸟构成。树分三层，每层三枝，左右两枝，靠后一枝。每一树枝上都立着一只鸟，加上树梢一只，共有 10 只。树干上盘着一条龙，龙的造型极其怪诞，头上有一对上扬的犄角，后项有长鬣上卷。树上挂满了铜铃、铜花、铜贝、金叶等挂饰。

神树，在中国神话中，多有记载。神树名主要有建木、扶桑、若木等。《山海经》对于这些神树均有描述：

有木，青叶紫茎，玄华黄实，名曰建木。百仞无枝，（上）有九欘，下有九枸，其实如麻，其叶如芒，大皞爰过，黄帝所为。①

汤谷有扶木，一日方至，一日方出，皆载于乌。②

大荒之中，有衡石山、九阴山、泂野之山，上有赤树，青叶，赤华，名曰若木。③

也许，这种神话就是青铜神树所本。在史前先民看来，天上有一个奇异的世界，有太阳，有月亮，有星星，还有各种神人，唯一能去到天上的生灵只有鸟儿，而唯一能让天上的世界与地面相连接的神物就是大树了。史前先民渴望去天上的世界，但无法去，他们只有将希望寄托给鸟儿、大树。虽人不能去，但鸟儿可以捎话去，树梢可以带心意去。

（六）铜神坛

三星堆二号器物坑出土了一件今名为神坛的珍品。神坛高约 53 厘米，分为三层。第一层为圆座，立有两只怪兽，大致看得出来，这是以兽为主体，综合了鸟肢体的怪物。兽头有弯曲的角，翅膀上展，由角与翅膀顶起一个圆盘，圆盘上有四位武士，肢体粗壮，手中握有蛇状物。武士头顶有四座类蕉叶状的山峰，蕉叶状的山峰周围有带形的装饰，中部也有装饰，上为卷

① 《山海经·海内经》。

② 《山海经·大荒东经》。

③ 《山海经·大荒北经》。

云，下为相对的两带扣。山峰向外有武士头。四座山峰共顶着方箱形物（有学者称为“尊”），箱四面，露出四个大窗口，从窗口可以看见箱内排列着武士，武士抱胸。箱肩部四面的中央部位各有一个鸟身人首像。箱顶，正后面各一具怪兽头，而两侧则有两柱，柱上有鸟的立身雕塑。这座器结构严谨，气势宏大，繁复多姿。它的意义现在很难阐述。虽然如此，我们仍然能推测它的主题，企图表现天上、地面与地下三个不同的世界；结构中两个层次均为人，可见这个世界的主体是人。人虽是主体，却操纵不了自己的命运。从结构中怪兽为基座又居坛顶来看，承担与管理这一结构的力量为怪兽，怪兽是神。

（七）酒器

三星堆两个器物坑共出土青铜礼器 23 件，其中铜尊 14 件、铜罍 6 件。“三星堆文化的人们，其铜礼器的中心是以尊为中心。当时的祭司或巫师集团，不仅将这些铜器当作敬事神灵的祭祀用器，而且在一定程度上还将铜尊及尊形器当作神的载体，对其顶礼膜拜。”① 三星堆的青铜酒器，其造型与纹饰也与中原商周青铜器类似，有饕餮纹。这说明，远在四川的人们与中原文化仍然存在着一定的联系。

关于三星堆两个坑文物与中原文化的关系，“根据专家、学者的研究鉴定这些文物出土的时代在商代后期”②，三星堆文化是古蜀国的文化，而古蜀国并不游离于商朝之外，四川省考古学家林向先生根据对甲骨文卜辞的研究，认为“蜀应是殷商的西土外服方国”③。

三星堆文化的确是一种特色鲜明的文化，但它仍然是中国文化，它与中原商周文化在精神上是相通的。各种器具，基本上都可以从中国传统文化中找到解释。

三星堆的青铜器有一个鲜明的主题：天人关系。三星堆人崇拜天。他

---

① 孙华：《四川盆地的青铜时代》，科学出版社 2000 年版，第 259 页。

② 孟世凯：《商史与商代文明》，上海科学技术文献出版社 2007 年版，第 200 页。

③ 林向：《巴蜀文化新论》，转引自孟世凯：《商史与商代文明》，上海科学技术文献出版社 2007 年版，第 206 页。

们以各种手段沟通天神与凡人的关系，以求获得天神的佑助。充当沟通天人关系的角色的，有巫师，有神鸟，有怪兽，也有各种青铜酒器。三星堆目前还没有发现青铜鼎，而鼎在商周青铜器中地位特别重要，这不是说三星堆人不重视王权，而是说，他们重视的手段不同。作为体现王权的象征物，在商周青铜器中，是鼎；而在三星堆的青铜器中，是人物雕塑。三星堆文化中，青铜人物雕塑最为重要。不管这雕塑是王本人还是体现王意旨的巫师，只要有"纵目"，就是王的象征。

中国的青铜时代从夏朝（前 2070—前 1600 年）开始，经商朝（前 1600—前 1046 年），到周朝（前 1046—前 256 年）结束，历时 1800 多年。其间，自夏至西周，历时 1000 年，虽然有文字，但没有完整的文献著作，其文化的承载体主要就是青铜器。因此，可以说青铜器承载着夏商周文化的精华，也可以说，承载着中国文化的根基。其中最重要的，一是科技文化，中国青铜器是当时科学技术水平的代表；二是政治文化，青铜器的主体是礼器，正是在青铜器身上体现着中国特有的礼乐文化；三是工艺文化，青铜器主要是工艺品，它的制作体现出工艺文化中主体功能与审美的统一，在这方面，中国的青铜器无疑是不可超越的经典；四是审美文化，既是文化的综合又是文化的提升。它将人类的三大价值真善美融为一体，从而成为人类最为宝贵的精神财富，成为人性的最后确认和时代文明的最为亮丽的旗帜。

## 第五节 中国商周青铜器与古希腊雕塑文化意蕴之比较

根据历史学家的看法，人类由石器时代进入青铜器时代，大约在公元前 2000 年至公元前 500 年。这段时期在中国是夏商周三代，而在欧洲，这段时期文化比较发达的是古希腊。古希腊创造了人类历史上最为灿烂的文明，艺术上的代表是雕塑。中国夏商周三代最为重要的物质文明成果是青铜器。就文化地位看，商周青铜器与古希腊雕塑相当。古希腊雕塑是西方艺术文化的重要源头，中国商周青铜器是中国艺术文化的重要源头，将它们做个比较很有意义，从中我们可以发现中西文化的一些重要差别是如何形成的。

## 一、巫术与神话

人类的早期都经历过一个原始宗教的时代。由于生产力的低下，科学技术的发展很有限，面对宇宙的种种现象，人们惶惑不解，甚至惶恐不安，他们总以为有万能的神灵在主宰这个世界，人的命运也操纵在神的手中。为了生存，也为了获得更好的发展条件，人们总希望能获得神灵的帮助。于是，祭神、娱神之类活动都产生了。这类活动通常叫作巫术。热衷巫术活动，这是早期人类普遍的生活现象。中国夏商周三代青铜器与古希腊青铜雕塑都留下巫术活动影响的痕迹。但相比而言，中国夏商周三代青铜器受巫术的影响更明显些。

早期人类都创造了自己民族的神话体系，神话作为精神文化的摇篮，对民族精神的影响是非常之大的。神话的产生也类似于巫术的产生，也是早期人类对自然力的一种想象性的征服。中国与古希腊都有自己的神话，只是中国的神话远不及古希腊的发达。中国神话对夏商周三代青铜器的影响也是有的，但是并不很重要，也不突出；而古希腊神话对古希腊雕塑的影响可以说是巨大的、全局性的、根本性的。

巫，在中国古代社会是具有很高地位的特殊人物，他们是社会上最有学问的人，也是最为神奇的人。他们的学问、神奇在于，他们能与神灵沟通：或传达神灵的旨意，或表达人民的愿望。在各种敬神、请神、祭神、娱神的活动中，巫总是唱主角。在社会生活中，有专职的巫，他们在政府中都是官吏；其实，部落首领、国君也都是巫。《大戴礼记》说帝颛顼“依鬼神以制义，治气以教民，洁诚以祭祀，乘龙而至四海”。著名的历史学家徐旭生先生说，据此颛顼也就是大巫，就是宗教主。①

---

① 参见徐旭生：《中国古史的传说时代》，文物出版社 1985 年版，第 76 页。

巫师通天，是要借助各种工具手段的。按著名华裔学者张光直先生的研究，巫师通天的工具与手段有山、树、动物、占卜、仪式、法器、酒、药物、饮食、歌舞等。① 整个青铜器包括它的纹饰都是通天的手段。青铜器上的纹饰以动物居多，为什么要用动物做纹样，很可能在初民看来，动物与神灵更有沟通的可能性。某些动物在初民看来是很神秘的，它也许就是神灵的化身，或者是神灵在人世间的代表。某些动物如龙、鸟能高飞，更能让人想象为神灵的使者。树的形象也有用为青铜器纹样的，而且也有树形的青铜器灯具，如战国时的树形灯，这可能与中国古代扶桑、若木的神话有关，据《山海经》云，扶桑、若木是太阳栖息之处。

古希腊青铜雕塑也有种巫术色彩，如公元前 4 世纪的雕像《萨莫色雷斯的胜利女神》，它塑造的是胜利女神尼开的形象。这座女神像有一双张开的翅膀。但总的来说，希腊雕塑巫术的味道不是很浓。希腊雕塑主要是神话中神的塑像。这些神的形象都是按照人来塑造的，顶多是在人的形象的基础上加上一些具有巫术意义的装饰，如站立在帕特农神庙内的雅典娜神。整个造型给人的感觉是现实的又是超现实的，作为雅典的护卫神，她是神话中的人物。

夏商周青铜器不论是整体造型还是纹饰，人的形象很少，动物的形象居多。古希腊雕塑则主要是以人为模仿对象。这种情况是不是说明夏商周对人不够重视，而古希腊对人更为重视呢？似乎不好这样说。也许是对人神关系理解不同的缘故吧。中国古代视神为人的对立面，神与人一般是不相通的，能相通的是动物，巫师作为人，虽能与神相通，也须借助动物。这就是中国夏商周青铜器多用动物而少用人作纹饰的缘故。当然，商周青铜器也有用人的形象作纹饰的，如大禾人面方鼎，鼎的四面是人的头像。有人说那人面是黄帝的脸，我倒认为，那更可能是巫师的脸。这具由人面作装饰的鼎，也有夔龙、饕餮这样的动物形象。

古希腊不把人与神绝对地对立起来，区隔开来，人可以与神直接沟通。

① 参见张光直：《中国青铜时代》二集，人民出版社 1990 年版，第 102—114 页。

在古希腊的神话中，人甚至还可与神通婚。这样，他们直接表现神，对人的力量的重视，使古希腊人觉得应该将人的形象展现出来，展现人，实际上是歌颂神，因为神也只不过是伟大的人罢了。

中国远古将人与神相对地对立起来，区隔开来，以突出神的伟大，人与神不能直接沟通，沟通中介是动物，也不是任何人都能借助动物与神沟通，只有巫才可以。巫是部落中最有学问的人，也是神通最广大的人。在远古，巫与部落主可以得兼，也可以分开。正是因为如此，在远古，动物的形象在彩陶器、玉器、青铜器上广泛出现。至于人物，也都只表现巫师。

## 二、功利与审美

夏商周青铜器主要是实用的产品，但也是艺术；希腊雕塑主要是艺术品，当然，在当时它有功利性，也是实用产品。

夏商周青铜器作为实用品，功利性是非常突出的。《左传・宣公三年》中王孙满作为周天子派往楚军劳军的使臣对楚庄王的批评，就涉及鼎不同寻常的功能。第一，鼎是政权的象征。当年夏禹统一中国，远方图物，贡金九牧，铸就此鼎，代表江山鼎固。夏桀昏聩，鼎迁于商。商载祀六百年，商纣暴虐，民怨沸腾，武王革命，顺天应人，于是鼎迁于周。鼎在政权在，鼎移政权移。第二，鼎具有强大的教化功能。铸鼎象物，百物为之备，人民可以从鼎上知神奸。第三，鼎有强大的辟邪功能。人民进入川泽山林，不会遇到魑魅魍魉。第四，鼎有强大的协调功能。它能协调上下，和合君臣，团结人民。第五，鼎有强大的通天功能。作为祭祀的器具，通过它，将人民的心愿上达神灵，又将神灵的旨意转告人民。

鼎居于青铜礼器之首，以上所说的五点，大致可以涵盖整个青铜礼器的功能。这里，特别要强调青铜器作为礼器其弘扬礼仪的重大作用。礼在中国古代是至关重要的，它是治国的根本原则，立国的根本制度。礼之中，祭祀之礼最为重要。《礼记・祭统》云：“凡治人之道，莫急于礼，礼有五经，莫重于祭。”青铜器作为祭器，它的重要性就凸显出来了。祭不仅是与神灵沟通的重要方式，也是净化灵魂的重要手段。《礼记・祭统》云：“夫祭者，非物自外至者也，自中出生于心也，心怵而奉之以礼，是故唯贤者能尽祭之义。”祭要出于内心，要对神有怵的心态。因此，净化灵魂就显得非常重要。净化灵魂既是祭的前提，又是祭的结果。

中国商周青铜礼器主要是食器、酒器，这一事实也值得重视。民以食为天，对食看重本是自然的事，世界上各民族莫不如此。问题是中华民族对食的重视在相当程度上已超出了物质性的层面，而进入精神性的层面，使食与政治与伦理联系起来，形成了中国特有的饮食文化。饮食与政治相通，饮食的规格见出政治地位的高低，这在世界上也许不独中国有，但以中国为最大概说得过去。周礼规定，天子用九鼎八簋，诸侯用七鼎六簋。卿大夫五鼎四簋，大夫三鼎二簋，士一鼎一簋。不只是肉食与饭食，小菜的数目也有等级的差别；也不只是统治阶级内部有这样的等级差别，就是普通百姓中因长幼年龄的不同也有所差别。这种用餐的差别完全是政治上的、伦理上的，它成为国家的根本制度。

重视烹调艺术。这种重视不只是一般地将烹饪视为审美，也不只是将它与政治地位联系起来，而是将它与哲学、与管理艺术、与人生修养联系起来，这在世界上大概也以中国为最。《庄子》中庖丁解牛，不仅美如音乐，而且妙如哲理，用庖丁自己的话来说：“臣之所好者道也。”[①] 商代的名相伊尹原是商王的一个厨子，因会做汤而当上了相。这可不是商王昏聩荒唐，因为事实上，伊尹将国家管理得很好。伊尹是不是将烹饪的道理用在治国上这不得而知，但很可能如此。《左传·昭公二十年》记晏子与齐侯论和与同，晏子认为和与同异，他说“和如羹也”，“和”是最高的境界，有人和、家和、国和。伊尹将做羹的道理用于治国，使国和如羹，这治国的确达到最高水平了。在古人，也经常将饮食与人生修养联系起来，最为脍炙人口的是孔子夸奖他的学生颜回“一箪食，一瓢饮，在陋巷，人不堪其忧，回也不改其乐”[②]。这就是为儒家津津乐道的“孔颜乐处”。

---

① 《庄子·养生主》。

② 《论语·雍也》。

由此可见,饮食在中国人的生活中占有非常重要的地位。正因为如此,食器的价值远不只是盛食的工具,也绝不只是审美。比起盛食、审美来,它在政治、伦理、宗教、哲学等方面的价值就显得更为突出,更为重要。

古希腊雕塑艺术就不同了。虽然追求真善美相统一的综合价值也是古希腊雕塑艺术的宗旨,但美的独立价值显然显得格外突出。对美的追求是古希腊人重要的价值取向之一。温克尔曼说:“在希腊人那里,凡是可以提高美的东西没有一点被隐蔽起来,艺术家天天耳闻目见。美甚至成为一种功勋。”① 如此热爱美的民族怎能不极力地将美表现在它们的艺术作品中呢?

真善美三者是结合在一起的,但在这三者的结合体中,中国古代较多地注重其中的善,而将美置于善之下,或者说蕴含在善之中。而在古希腊,则较多地注重其中的美,将善隐含于美之中。我认为,这是两个民族对美的认识方面重要的不同。

希腊人是注重理性的民族,对任何事物哪怕是美这样很感性的东西,也要从理性的立场上做一番分析。美国历史学家伊迪丝·汉密尔顿说希腊人“根本不认为对于美的执著的探索是理性活动的休息,他们绝不让自己理性的活动在任何事物上停止工作,一定要对所有事物进行分析和探讨”②。正是因为希腊人对理性的重视,他们对美的本质、美的规律、美的形式法则,也就孜孜不倦地去追求。古希腊所有的雕塑都体现出古希腊人所推崇的美的理想——高贵的单纯、静穆的伟大。显然,在希腊艺术家那里,他所创造的一切都用理性的天平衡量过了,都用美的法则指导过了。

美在希腊总是与快乐联系在一起的。无比地热爱生活、品赏生活是古希腊民族的一大特点。正如伊迪丝·汉密尔顿说的:“希腊人十分清楚生活是何等的痛苦,也非常明白生活是何等的甜蜜,欢乐与悲哀、狂喜与悲剧

① [德] 温克尔曼:《论古代艺术》,中国人民大学出版社 1989 年版,第 134 页。

② [美] 伊迪丝·汉密尔顿:《希腊方式——通向西方文明的源流》,浙江人民出版社 1988 年版,第 16 页。

在希腊文学中同时存在。”[①] 相比而言，中国人却是具有更多忧患感的民族。悲剧的情怀，使得中国的艺术具有一种宏大的忧患意识，一种说不尽理不清的历史意蕴。这在中国商周青铜器上也体现出来了，不管是厚重的鼎，还是轻灵的尊，都给人一种人世沧桑的厚重感，一种不可说“不”的权威性。

### 三、象征与典型

从艺术创作原则来看，有现实主义与象征主义的区别，这两种创作原则涉及写实与写意两种创作手法。

应该说，这两种原则、两种手法也不是截然分开的，但是它们的侧重点却有所不同，这种不同，形成了两种艺术观念的分野。一种是重客观的，另一种是重主观的；一种是以认识论为基础的，另一种是以想象论为基础的；一种是世俗的、明朗的，另一种是超世的、神秘的；一种是现实的，另一种是理想的。从这个角度来比较中国夏商周三代青铜器与古希腊雕塑艺术，则明显见出它们的不同。

古希腊雕塑艺术有两个明显的特点：

其一，它是写实的。这种写实当然不是简单地模仿现实，而是在现实的基础上进行合理的集中，力求更为深刻地反映现实。希腊画家波利格诺斯为了画好海伦，来到出美人的地方——克罗托纳，花了很长的时间仔细地研究了此地美女们的相貌，然后将她们的美综合起来，加以创造。这种创作方式就是亚里士多德在《诗学》中一再阐明的典型化原则。古希腊艺术典型化原则建立在崇尚理性的哲学基础之上，古希腊哲学不把客观与主观混淆起来，强调主观对客观进行正确的反映。这种哲学体现在雕塑上就是很重视人体的结构、比例。古希腊的雕塑家主张对现实进行写生式的创作，许多人物雕塑直接取材于奥林匹克运动会上取得优胜的运动员。

其二，它是简洁的，朴素的。表现在文学上，它的语言简洁、质朴、直接、

① ［美］伊迪丝·汉密尔顿：《希腊方式——通向西方文明的源流》，浙江人民出版社 1988 年版，第 53—54 页。

生动。伊迪丝·汉密尔顿说："简单、明白的语言是思想家的座右铭，也是希腊诗人的座右铭。"① 表现在雕塑上也是如此，他说："当你欣赏了提香的名作以后，第一次观赏米洛斯的维纳斯，你一定会感到一阵寒噤，米洛斯的维纳斯身体直立，装饰质朴，头发向后倒梳，绾成一个发结。艺术家没有给她任何点缀，使她与众不同。"②

现在我们来看中国商周青铜器，从创作思想、创作原则来看，商周青铜器所体现的不是写实主义，而是象征主义。象征主义重要的不是再现什么，像什么，而是代表什么，标志什么。在客观与主观两方面，它更重视主观。它创造的不是典型，而是符号。这种创作原则在中国商周青铜器体现得特别清楚。从商周青铜器的纹饰看，除少部分外，大多不是象物的，但它是有意蕴的。比如，兽面纹，通常称为饕餮纹，它有兽面的一些痕迹，但它根本不像任何兽面。说它是兽面，只是为了方便。古人创造这样一种形象是有原因的，它代表一定的观念。观念是主观的，它只有借一定的外在形象表现出来才为人知晓。古人找到了兽面这种形象，但是又不能让人认为它就是兽面，因而将兽面变形，让它似兽非兽。也许在最早，它的意义是清楚的，但是时间长了，它的意义就模糊了。龙纹也是这样的情况，在青铜器纹饰中，龙纹的变化最多，含义也最丰富。兽面纹多少还有牛头的影子，龙纹就很难找到原型了。一般认为龙纹的原型是蛇，而青铜器的龙纹只有极少数还像蛇，许多称之为夔龙的龙纹其实更像是行走的兽。这样的图案，不能说是按照写实主义的创作原则创作出来的，而只能是属于象征主义。

青铜器的形制也有模仿动物的，形似的程度不一，也有很写实的，说明中国古代的艺术家并不缺乏写实的技能，但是更多的作品没有去追求写实。即使是肖形尊，也以神似为主，而且明显地具有装饰的意味。

就艺术风格来说，商周青铜器，尤其是商代中期的青铜器，纹饰富丽繁

① [美] 伊迪丝·汉密尔顿：《希腊方式——通向西方文明的源流》，浙江人民出版社 1988 年版，第 53—54 页。

② [美] 伊迪丝·汉密尔顿：《希腊方式——通向西方文明的源流》，浙江人民出版社 1988 年版，第 50—51 页。

缛，加上造型怪诞，给人一种神秘的恐吓加震撼的审美感受。这与古希腊雕塑的审美趣味大相径庭。“狞厉之美”是商周青铜器代表性的美，这类作品有很多，尤其是商代与西周早期的作品。

不论是中国的夏商周还是欧洲的古希腊都离我们很远了，正因为如此，它们的作品对我们有一种陌生感。但是它们毕竟是我们的文化之源，是我们的根，因此，又都有某种亲切感。正是因为它们都承载着陌生感与亲切感的统一，因此在当代它们仍然具有难以超越的审美价值。

作为艺术观念，不管是商周青铜器中所体现的象征主义，还是希腊雕塑中所体现的现实主义，都没有过去，它们仍然在我们今天的艺术中活着，发展着。其实岂止是艺术观念，它们中所蕴藏的文化精神也都在我们今天的社会中显示出巨大的活力。商周青铜器与希腊雕塑双峰对峙，同为人类文明的瑰宝。它们是可以相媲美的，都是不朽的。